VDE-Schriftenreihe **169**

W0203791

Zum Autor

Dipl.-Ing. **Siegfried Rudnik** hat eine Berufsausbildung zum Elektromaschinenbauer absolviert und anschließend ein Ingenieurstudium der Elektrotechnik abgeschlossen. Nach 25 Jahren als Projektierungsingenieur und Projektleiter im Anlagenbau war er bei der Firma Siemens verantwortlich für die nationale und internationale Normungsarbeit zum Thema „Elektrische Sicherheit" und Maschinensicherheit. Als Delegierter des Verbands ZVEI wurde er in die internationalen Normengremien IEC TC 44 und IEC TC 64, einschließlich ausgewählter Arbeitsgruppen für bestimmte Normen, als Experte delegiert. National war er Mitarbeiter in den Arbeitskreisen für „Erdungsanlagen und Schutzleiter" sowie für „Ableitströme" (VDE 0100-540) und für die „Elektrische Ausrüstung von Maschinen" (VDE 0113-1).
2011 verlieh die Internationale Elektrotechnische Kommission (IEC) Siegfried Rudnik den IEC-1906-Award. Mit dem „Award 1906" würdigt die IEC besonders aktive technische Experten in den IEC-Gremien. Im Mai 2014 wurde er mit der DKE-Nadel als Anerkennung für seine besonderen Verdienste um die elektrotechnische Normungsarbeit ausgezeichnet.

VDE-Schriftenreihe Normen verständlich **169**

Energieeffizienz in der Elektroinstallation

Erläuterungen zur DIN VDE 0100-801:2015-10, DIN 18015-5:2015-07 und zu effizienzrelevanten EG-Richtlinien/EG-Verordnungen

Dipl.-Ing. Siegfried Rudnik

VDE VERLAG GMBH

Bibliografische Information der Deutschen Nationalbibliothek
Die Deutsche Nationalbibliothek verzeichnet diese Publikation in der Deutschen Nationalbibliografie; detaillierte bibliografische Daten sind im Internet über http://dnb.dnb.de abrufbar.

ISBN 978-3-8007-4131-1 (Buch)
ISBN 978-3-8007-4132-8 (E-Book)
ISSN 0506-6719

Druck: CPI – Ebner & Spiegel GmbH, Ulm
Printed in Germany 2016-01

... für meine Enkeltochter Clara Kölbl

Vorwort

Die auf der Erde verfügbare Energie ist endlich. Durch die Optimierung beim Energieverbrauch kann die Endlichkeit zeitlich hinausgeschoben werden. Die Verbesserung der Energieeffizienz beim Verbrauch der Energie ist deshalb von globalem Interesse. Logischerweise kann durch die Verbesserung der Energieeffizienz bei der Verteilung der elektrischen Energie dazu ein Beitrag geleistet werden.

Nicht nur die Verluste elektrischer Betriebsmittel spielen bei der Bewertung der Energieeffizienz der eingesetzten elektrischen Energie eine Rolle, sondern auch die Verteilung der elektrischen Energie zu den Verbrauchern innerhalb einer elektrischen Anlage. DIN VDE 0100-801 enthält erstmalig Anforderungen für energieeffiziente Anlagen (Elektroinstallationen). Natürlich müssen die Anforderungen hierfür in der Zukunft noch weiterentwickelt werden, doch ein Anfang zu diesem Thema wurde durch die Erstveröffentlichung dieser Norm gemacht.

Die Norm enthält keine Anforderungen an die Energieeffizienz von elektrischen Betriebsmitteln, die in der Regel durch den Nutzer mit der elektrischen Anlage verbunden werden. Sind jedoch elektrische Betriebsmittel Teil der elektrischen Anlage, die vom Elektroinstallateur errichtet wird, muss dieser auch die für die elektrischen Betriebsmittel geltenden gesetzlichen und normativen Anforderungen beachten, so z. B. die erlaubte Energieeffizienzklasse von Elektromotoren oder den Wirkungsgrad von Transformatoren.

Wird eine elektrische Anlage in einem Gebäude errichtet, müssen dem Elektroinstallateur die angewandten Prinzipien der Wärmedämmung bekannt sein. In Abhängigkeit von der Ausführung der luftdichten, winddichten und wärmedämmenden Schichten muss unterschiedliches Installationsmaterial verwendet werden und dementsprechend sind auch unterschiedliche Installationsformen anzuwenden. Eine Absprache zwischen dem Architekten und dem Elektroinstallateur ist unbedingt erforderlich. Mit der Erstveröffentlichung der DIN 18015-5 wird jetzt der Elektroinstallateur in die Pflicht genommen, bei seiner Elektroinstallation die Wärmedämmmaßnahmen zu beachten und seine elektrische Anlage entsprechend zu planen und auszuführen.

Das Buch besteht aus drei Teilen: Teil A beschreibt die Anforderungen an die Energieeffizienz von elektrischen Anlagen, Teil B die Anforderungen an die Errichtung von Elektroinstallationen in Kombination mit Wärmedämmmaßnahmen und Teil C enthält eine Zusammenstellung von energieeffizienzrelevanten EG-Richtlinien und EG-Verordnungen.

Tuchenbach, Dezember 2015 Dipl.-Ing. *Siegfried Rudnik*

Übersicht der Hauptteile dieses Buchs

Teil A Kommentare zur DIN VDE 0100-801 Errichten von Niederspannungsanlagen – Teil 8-1: Energieeffizienz

Teil B Kommentare zur DIN 18015-5 Elektrische Anlagen in Wohngebäuden – Teil 5: Luftdichte und wärmebrückenfreie Elektroinstallationen

Teil C Energieeffizienzrelevante EG-Richtlinien und EG-Verordnungen

Inhalt

Teil A Energieeffiziente Niederspannungsanlagen

DEUTSCHE NORM Oktober 2015

DIN VDE 0100-801
(VDE 0100-801)

DIN

Diese Norm ist zugleich eine **VDE-Bestimmung** im Sinne von VDE 0022. Sie ist nach Durchführung des vom VDE-Präsidium beschlossenen Genehmigungsverfahrens unter der oben angeführten Nummer in das VDE-Vorschriftenwerk aufgenommen und in der „etz Elektrotechnik + Automation" bekannt gegeben worden.

VDE

ICS 91.140.50

Errichten von Niederspannungsanlagen –
Teil 8-1: Energieeffizienz
(IEC 60364-8-1:2014, modifiziert);
Deutsche Übernahme HD 60364-8-1:2015

Eingliederung des Teils 801 in die Struktur der Normen der Reihe DIN VDE 0100

DIN VDE 0100 — **Errichten von Niederspannungsanlagen**

Gruppe 100	Anwendungsbereich, Allgemeine Grundsätze	**Teil 100: Bestimmungen allgemeiner Merkmale**
Gruppe 200	Begriffe	**Teil 200: Begriffe** *(Erläuterungen dazu im Teil 100)*

Gruppe 300 Bestimmungen allgemeiner Merkmale	**Gruppe 400** Schutzmaßnahmen	**Gruppe 500** Auswahl und Errichtung elektrischer Betriebsmittel	**Gruppe 600** Prüfungen*)
Die Bestimmungen allgemeiner Merkmale wurden in den Teil 100 überführt	Teil 410: Schutz gegen elektrischen Schlag	Teil 510: Allgemeine Bestimmungen	Teil 600: Erstprüfungen mit den Abschnitten:
	Teil 420: Schutz gegen thermische Auswirkungen	Teil 520: Kabel- und Leitungsanlagen	
	Teil 430: Schutz von Kabeln und Leitungen bei Überstrom	Teil 530: Schalt- und Steuergeräte	
	Teil 440: Schutz bei Überspannungen	Teil 540: Erdungsanlagen, Schutzleiter, Schutzpotentialausgleichsleiter	
	Teil 450: Schutz bei Unterspannungen	Teil 550: Andere elektrische Betriebsmittel	
	Teil 460: Trennen und Schalten	Teil 560: Einrichtungen für Sicherheitszwecke	

Teil 600 (Abschnitte):

- Besichtigen
- Erproben und Messen
  - Durchgängigkeit der Leiter
  - Isolationswiderstand
  - SELV, PELV
  - Schutztrennung
  - Widerstände von Fußböden, Wänden
  - Schutz durch automatische Abschaltung der Stromversorgung
  - Zusätzlicher Schutz
  - Spannungspolarität
  - Phasenfolge
  - Funktionsprüfung
  - Spannungsfall

Gruppe 700 Betriebsstätten, Räume und Anlagen besonderer Art	Teil 701: Räume mit Badewanne oder Dusche	Teil 7…	Teil 7…	Teil 7…	Teil 7…
Gruppe 800 Energieeffizienz, Intelligente Niederspannungsanlagen	Teil 801: Energieeffizienz	Teil 8…	Teil 8…	Teil 8…	Teil 8…

*) Wiederkehrende Prüfungen siehe DIN VDE 0105-100 (VDE 0105-100)

1 Energieeffiziente Niederspannungsanlagen

Die Energieressourcen der Erde sind endlich. Der Verbrauch dieser Ressourcen sollte deshalb ohne Abstriche beim Komfort so gering wie möglich gehalten werden. Energieeffiziente elektrische Betriebsmittel, die an energieeffizienten elektrischen Anlagen betrieben werden, unterstützen diesen Prozess.

Eine Optimierung beim Verbrauch der elektrischen Energie kann mithilfe einer gewissenhaften Planung bei der Niederspannungsanlage zu einer Reduzierung des Stromverbrauchs ohne Komforteinbußen führen.

Ende 2015 veröffentlichte deshalb die DKE eine neue Norm innerhalb der Reihe DIN VDE 0100, die Anforderungen für die Errichtung von energieeffizienten Niederspannungsanlagen festlegt (DIN VDE 0100-801 [1]). Die Berücksichtigung dieser Norm unterstützt auch die gesetzlichen Vorgaben durch die Energieeinsparverordnung. Da diese Norm eine Erstveröffentlichung ist, kann sie noch nicht umfassend alle möglichen Maßnahmen zur Effizienzsteigerung enthalten.

Der Anhang B der Norm enthält Parameter, anhand deren eine elektrische Anlage klassifiziert werden kann. Elektrische Anlagen mit einer hohen Energieeffizienzklasse (EIEC) ermöglichen nicht nur eine Reduzierung der Betriebskosten, sondern erhöhen auch den Wiederverkaufswert der Immobilie, ähnlich dem Energieausweis mit der Einstufung in eine Energieeffizienzklasse und Angaben über den benötigten Wärmebedarf.

Im Zuge der Einführung dieser Norm werden in Zukunft sicherlich auch neue Materialien und Produkte für die Errichtung von energieeffizienten elektrischen Anlagen entwickelt und auf dem Markt angeboten. Dieses wiederum wird die Anforderungen an diese Norm auch zukünftig verändern.

Da die Erfahrungen und auch das Wissen über mögliche Maßnahmen zur energieeffizienten elektrischen Anlage noch nicht umfassend vorliegen, wird international die erst 2014 veröffentlichte Norm IEC 60364-8-1 [2] bereits wieder überarbeitet, sodass im Jahr 2017 mit einer überarbeiteten und erweiterten DIN VDE 0100-801 gerechnet werden kann.

1.1 Wirtschaftlichkeit oder Schonung der Ressourcen?

Gerade wenn Zusatzmaßnahmen zur Energieeffizienz der Elektroinstallation vorgesehen werden, reicht der Idealismus oder das Gefühl, ein Gutmensch zu sein, nicht aus, um zusätzliche Investitionen zu akzeptieren. Eine bessere Effizienz der elektrischen Anlage soll natürlich auch die Betriebskosten senken, wobei der Amortisierungszeitraum möglich kurz sein sollte.

Natürlich kann die Berücksichtigung der DIN VDE 0100-801 nicht bei jeder elektrischen Anlage eine Verbesserung der Energieeffizienz ergeben. Bei kleinen elektrischen Anlagen, insbesondere bei Anlagen für Wohnungen, kann die Energieeffizienz der Elektroinstallation nicht so einfach gesteigert werden. Hier liefert der Einsatz von energieeffizienten elektrischen Betriebsmitteln, z. B. LED-Beleuchtungen oder A+++ zertifizierte Haushaltsgeräte, ein viel höheres Einsparpotenzial. Auch die Automatisierung von elektrischen Betriebsmitteln, z. B. die Steuerung von Außenbeleuchtungen mit Bewegungsmeldern, Dämmerungsschaltern und Zeitschaltuhren, fördert die Energieeffizienz.

Die Kosten für spezielles Installationsmaterial für eine energieeffiziente elektrische Installation, z. B. luftdichte Gerätedosen oder luftdichte Verteilerdosen, werden sich sicherlich zukünftig durch den vermehrten Einsatz noch reduzieren.

Diese neue Norm sollte als ein Kick-off betrachtet werden, wodurch zukünftig weitere Anforderungen immer mehr an Bedeutung gewinnen.

1.2 Energieausweis (Wärmebedarf)

Beispielhaft für die Berücksichtigung von Maßnahmen zur Erzielung einer höheren Energieeffizienz ist die Energiesparverordnung für Gebäude [3], die Anforderungen zur Reduzierung der benötigten Wärmeenergie festlegt und die Gebäude zur Bewertung in Energieeffizienzklassen einteilt. Danach muss für jede Wohnung oder jedes Gebäude spätestens beim Verkauf ein Energieausweis vorgelegt werden, in dem die Energieeffizienzklasse ersichtlich sein muss, siehe **Bild 1.1**.

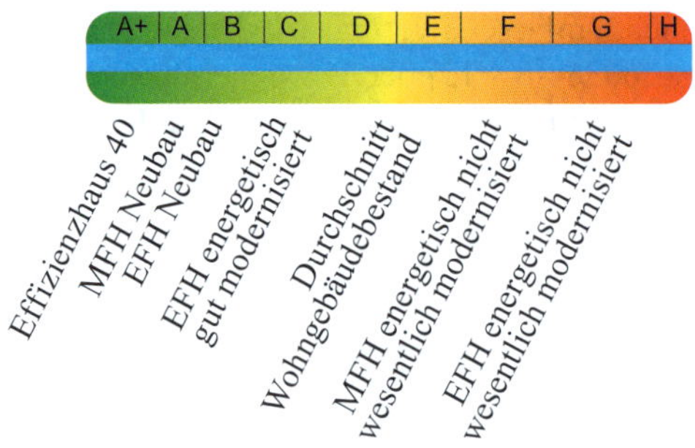

Bild 1.1 Klassifizierung der Energieeffizienz von Gebäuden

Übrigens: Verordnungen sind Gesetze und müssen eingehalten werden.

Dieser Energieausweis kann somit zu einem Kaufentscheid beim Verkauf der Wohnung oder des Gebäudes beitragen. Wohnungen oder Gebäude mit einer niedrigen Energieeffizienzklasse lassen sich schlechter verkaufen oder erzielen einen geringeren Verkaufspreis als solche mit einer höheren Energieeffizienzklasse. Somit wird die Energieeffizienz sowohl für den Käufer als auch für den Verkäufer einer Wohnung oder eines Gebäudes zu einem wirtschaftlichen Faktor.

Der Energieverbrauch für eine Wohnung oder für ein Gebäude wird in Kilowattstunden pro Quadratmeter in einem Jahr angegeben. Über den Energieverbrauch kann dann die Energieeffizienzklasse ermittelt werden, siehe **Tabelle 1.1**.

Energieeffizienzklasse	**Energieverbrauch in kWh/(m²a)**
A+	< 30
A	30 … 50
B	50 … 75
C	75 … 100
D	100 … 130
E	130 … 160
F	160 … 200
G	200 … 250
H	> 250

Tabelle 1.1 Energieeffizienzklassen in Abhängigkeit vom Energieverbrauch

Die Verordnung legt fest, dass beim Verkauf einer Immobilie ein Energieausweis mit folgenden Angaben vorgelegt werden muss:

- Energiebedarf,
- Energieträger,
- Baujahr,
- Energieeffizienzklasse.

Das Beispiel dieser Verordnung zeigt, dass heutzutage Angaben zur Effizienz (hier: Energiebedarf) zu einem wichtigen Bestandteil der Gesellschaft geworden sind.

1.3 Energieausweis (elektrische Energie)

Da auch der Verbrauch von elektrischer Energie Teil des Jahresprimärverbrauchs gemäß der EnEV ist, fördert die Anwendung der DIN VDE 0100-801 die Reduzierung des Jahresprimärverbrauchs einer Wohnung oder eines Gebäudes. Bei Wohngebäuden braucht der jährliche elektrische Energieverbrauch im Energieausweis zurzeit noch nicht betrachtet zu werden. Erst bei Elektroinstallationen in gewerblichen Gebäuden, wie Büros, Einzel- und Großhandel, in öffentlichen Gebäuden, Banken und Hotels ist der jährliche Verbrauch der elektrischen Energie, z. B. für die Beleuchtung, zu betrachten und wird damit Teil der Energieeffizienzklasse des Energieausweises.

Der Verbrauch eigenerzeugter erneuerbarer Energie darf bei der Betrachtung des jährlichen Verbrauchs der elektrischen Energie gegengerechnet werden.

In dieser Norm wird empfohlen, zukünftig ein Label der Effizienzklasse der elektrischen Anlage an einem markanten Ort, z. B. außen am Zählerschrank, anzubringen. Dabei gibt es folgende fünf Energieeffizienzklassen (EIEC), siehe **Tabelle 1.2**.

Energieeffizienzklasse	Bewertung der elektrischen Anlage
EIEC 0	sehr niedrige Effizienz
EIEC 1	niedrige Effizienz
EIEC 2	Standardeffizienz
EIEC 3	erhöhte Effizienz
EIEC 4	optimale Effizienz

Tabelle 1.2 Energieeffizienzklassen (EIEC) für elektrische Anlagen

Die Ermittlung der Energieeffizienzklasse für eine elektrische Anlage erfolgt mithilfe mehrerer Parameter, die in diesem Buch beschrieben werden.

Bauherren, die Wert auf einen hohen Wiederverkaufswert ihrer Immobilie legen, sollten deshalb bereits in ihrer Ausschreibung eine hohe Energieeffizienzklasse für die elektrische Anlage entsprechend DIN VDE 0100-801 vorgeben.

1.4 Einordnung der Norm innerhalb der elektrischen Stromversorgung

DIN VDE 0100-801 enthält Anforderungen, die nur für die elektrische Verteilung der Energieversorgung innerhalb eines Gebäudes gelten, siehe **Bild 1.2**. In dieser Norm wird die Energieeffizienz bei der Stromerzeugung und der Stromübertragung sowie der von Nutzern der elektrischen Anlage anschließbaren elektrischen Betriebsmittel nicht betrachtet. Hierfür gelten andere Normen.

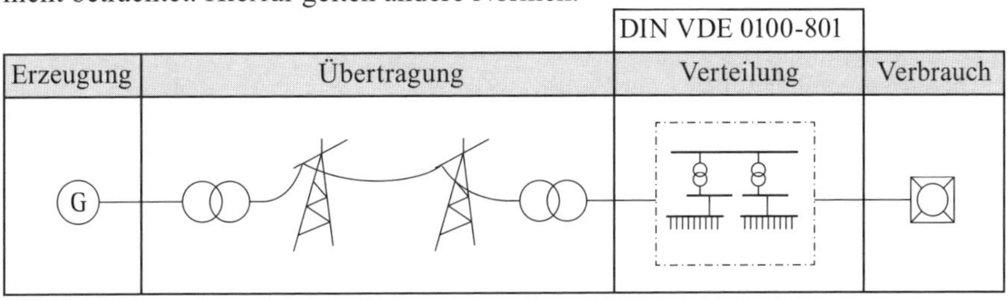

Bild 1.2 Geltungsbereich der DIN VDE 0100-801 innerhalb der Systeme für die Nutzung der elektrischen Energie

1.5 Sicherheit der elektrischen Anlage

Können elektrische Anlagen zusätzlich durch alternative Energiequellen versorgt werden, dürfen errichtete Schutzmaßnahmen entsprechend den Normen der Reihe DIN VDE 0100 nicht umgangen werden. Insbesondere bei Energiequellen die temporär über Steckverbindungen mit der elektrischen Anlage verbunden werden können, muss die Umgehung von Schutzeinrichtungen verhindert werden.

Aktive Maßnahmen der elektrischen Energieeffizienz dürfen passive Maßnahmen der Energieeffizienz eines Gebäudes nicht beeinträchtigen.

1.6 Verfügbarkeit der elektrischen Energie

Ein integriertes automatisches Energieeffizienzmanagementsystem darf die Verfügbarkeit der Stromversorgung nicht automatisch unter einen vom Betreiber festgelegten Grad absenken. Der Betreiber muss immer die Möglichkeit haben, zu entscheiden, ob die elektrische Versorgung mit Nennwerten oder bei optimierten Werten möglich ist. Für den Betreiber muss es auch möglich sein, automatische Energieeffizienzmaßnahmen abschalten zu können. Eine solche Absenkung muss erkennbar sein.

1.7 Planungsgrundsätze

Zur Beurteilung der Energieeffizienz einer elektrischen Anlage müssen folgende Aspekte betrachtet und bewertet werden:

- Lastprofil (aktiv und passiv),
- Verfügbarkeit örtlicher Energieerzeugung,
- Maßnahmen zur Reduzierung der Energieverluste der elektrischen Anlage,
- Anordnung von Stromkreisen,
- bedarfsgerechter Einsatz der Energie,
- Berücksichtigung von Tarifstrukturen des Energieversorgers.

1.8 Arten von Gebäuden

Die Norm enthält spezifische Methoden und Anforderungen zur elektrischen Energieeffizienz (EEE) für vier Arten von Gebäuden, die sich durch ihre Nutzung voneinander unterscheiden, siehe **Tabelle 1.3**.

Arten von Gebäuden	**Beispiele**
Wohngebäude (Wohnungen)	Gebäude zu Wohnzwecken
gewerbliche Gebäude	Büros Einzelhandel Großhandel öffentliche Gebäude Banken Hotels
Industriegebäude	Fabriken Werkstätten Logistikzentren
Infrastruktur	Flughafenterminals Hafenanlagen

Tabelle 1.3 Arten von Gebäuden für die Betrachtung der elektrischen Energieeffizienz (EEE)

2 Ermittlung des Lastprofils und des zentralen Lastschwerpunkts

Basis einer energieeffizienten Anlage ist die Versorgung elektrischer Betriebsmittel über möglichst kurze Zuleitungen. Um den optimalen Aufstellungsort der zentralen Versorgung und Verteilung der elektrischen Energie in einem Gebäude bestimmen zu können, müssen alle Verbraucher mit ihren Anschlussleistungen und ihrem jährlichen Verbrauch einschließlich ihrem Aufstellungsort im Gebäude bekannt sein. Diese Daten sind dann Grundlage für die Ermittlung des Lastschwerpunkts innerhalb eines Gebäudes.

2.1 Lastprofil

Als Grundlage für die Ermittlung des Lastschwerpunkts müssen zuerst die Verbraucher, die in einer elektrischen Anlage errichtet werden oder vom Betreiber angeschlossen werden können, erfasst werden. Welche Verbraucher erfasst werden, hängt von der Anschlussleistung ab. In manchen Fällen können auch elektrische Verbraucher mit einer geringen Anschlussleistung von Bedeutung sein, wenn sie z. B. in hoher Anzahl eingesetzt werden und somit ihre Gesamtanschlussleistung signifikant wird. Wer es etwas genauer haben will, kann statt der Anschlussleistung auch die benötigte Leistung einsetzen. Manchmal muss aufgrund von Typensprüngen bei der Auswahl von Motoren eine höhere Nennleistung angeschlossen werden, als benötigt wird.

Für die Erfassung der Verbraucher mit ihrem jährlichen Verbrauch und deren Koordinaten innerhalb der elektrischen Anlage ist eine systematische Methode erforderlich. **Tabelle 2.1** zeigt eine Möglichkeit der Katalogisierung.

Die Tabelle 2.1 enthält Daten wie Anschlussleistung, Betriebsdauer und Einbaukoordinaten. Zusätzlich ist auch die abgeschätzte jährlich benötigte Energie einzutragen. Damit stehen alle erforderlichen Daten für die Ermittlung des Lastschwerpunkts zur Verfügung.

Verbraucher	Anschlussleistung in kVA	Betriebsdauer in h/a	Jährlicher Verbrauch in kWh	Koordinaten des Einbauorts oder der Anschlussstelle in m
1. Verbraucher	… kVA	… h	… kWh	x_1: … m y_1: … m z_1: … m
2. Verbraucher	… kVA	… h	… kWh	x_2: … m y_2: … m z_2: … m

Tabelle 2.1 Katalogisierung der Verbraucher in einer elektrischen Anlage

2.2 Koordinatensystem

Damit die Verbraucher auch einem bestimmten Ort zugeordnet werden können, muss zuerst das Gebäude oder Gelände in Koordinaten aufgeteilt werden, siehe **Bild 2.1**.

Die Achsen werden bei einer 2-D-Betrachtung (alle Kabel und Leitungen werden auf einer horizontalen Ebene verlegt) mit den Koordinaten x und y gekennzeichnet und bei einer 3-D-Betrachtung (Kabel und Leitungen werden in einer horizontalen Ebene und in Etagen, z. B. über mehrere Stockwerke verlegt) zusätzlich mit der Koordinate z gekennzeichnet.

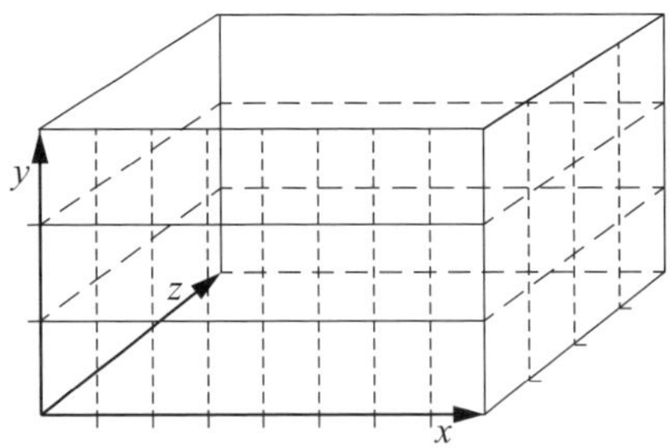

Bild 2.1 Beispiel eines Koordinatensystems für ein Gebäude

2.3 Koordinatenkennzeichnung der Verbraucher

Die Koordinaten für die Verbraucher werden mit einer fortlaufenden Nummer als tiefgestellte Zahl beginnend mit 1 gekennzeichnet. Die Koordinaten des ersten Verbrauchers lauten dann x_1, y_1, z_1 und die des zweiten Verbrauchers x_2, y_2, z_2. Bei zweidimensionalen Verkabelungen entfällt die z-Koordinate, siehe **Tabelle 2.2**.

	Koordinatenkennzeichnung bei 3-D-Verkabelung	**Koordinatenkennzeichnung bei 2-D-Verkabelung**
Lastschwerpunkt	x_b, y_b, z_b	x_b, y_b
1. Verbraucher	x_1, y_1, z_1	x_1, y_1
2. Verbraucher	x_2, y_2, z_2	x_2, y_2
n. Verbraucher	x_n, y_n, z_n	x_n, y_n

Tabelle 2.2 Koordinatenbezeichnungen für die Lastschwerpunktermittlung

2.4 Koordinatenkennzeichnung des Lastschwerpunkts

Die Koordinaten für den Lastschwerpunkt werden mit dem tiefgestellten Kennbuchstaben b im Index gekennzeichnet (x_b, y_b und z_b).

2.5 Lastschwerpunkt

Ein Element der Energieeffizienz einer elektrischen Anlage ist das Konzept der kurzen elektrischen Verbindungen durch die Ermittlung des Lastschwerpunkts. Erfolgt der Aufstellungsort der Transformatorstation und die Verteilung an diesem Ort, sind die Zuleitungen zu den einzelnen Verbrauchern kürzer, die Leitungsverluste sind geringer und damit ist auch der Spannungsfall niedriger. Durch diese Maßnahme verbessert sich nicht nur die Energieeffizienz während des Betriebs, sondern auch das Investment wird reduziert, da weniger Leitungen geringere Kosten verursachen.

Zusammenfassung der Vorteile:

- geringere Leitungsverluste,
- geringerer Spannungsfall,
- weniger Kabel/Leitungen.

Sind die Koordinaten der Verbraucher bekannt, können die Anordnung und der Aufstellungsort des Transformators und der Hauptverteilung oder Unterverteilung berechnet und festgelegt werden. Normalerweise ist die effektivste Anordnung von Transformatoren und Hauptverteilungen erreicht, wenn die Verbraucher mit der höchsten Leistung möglichst in der Nähe von Transformator und Hauptverteilung aufgestellt werden. Werden weitere Verbraucher berücksichtigt, wird der Standort immer konkreter.

Ob der ermittelte Lastschwerpunkt im Gebäude tatsächlich der Aufstellungsort für den Transformator und der Verteilung werden kann, hängt neben dem ermittelten Lastschwerpunkt noch von weiteren Faktoren ab. So bestimmt z. B. die Höhe der Etage eines Gebäudes die Aufstellungshöhe (y-Koordinate). Auch müssen die Räumlichkeiten dafür geeignet sein und die Statik muss berücksichtigt werden. So ist die Ermittlung des zentralen Lastschwerpunkts erst einmal eine Vorgabe, die mit anderen Parametern abgeglichen werden muss.

Der große Vorteil dieser Methode sind die kurzen Kabel-/Leitungsverbindungen zu den elektrischen Betriebsmitteln. Doch die tatsächliche Kabellänge ist nicht nur vom Standort der Verteilung abhängig, sondern auch von den Kabeltrassen, auf denen die Kabel verlegt werden. Die möglichen Kabeltrassen selbst sind abhängig von der Konstruktion des Gebäudes, vom Brandschutz von und anderen architektonischen Vorgaben, z. B. der Nutzung der Räume durch die eine Kabeltrasse eigentlich optimal wäre.

Statt einzelner Verbraucher können auch Gebäude als Verbraucherzentrum zusammengefasst werden, z. B. Lager, Büros oder Anordnungen von Produktionsmaschinen die koordiniert zusammenarbeiten und die dann über eine Unterverteilung versorgt werden.

2.5.1 Beispiel einer Lastschwerpunktberechnung für eine Fabrik

Für die Ermittlung des Lastschwerpunkts, z. B. auf einem Fabrikgelände, kann das in DIN VDE 0100-801 dargestellte Matrixverfahren angewandt werden (informativer Anhang A). Dabei wird jedes Verbraucherzentrum bzw. jede Anlage mit nennenswertem Energiebedarf in einem zweidimensionalen Koordinatensystem mit ihrem Abstand zu den anderen Verbraucherzentren/Anlagen ermittelt und die Position festgelegt.

Für das Rechenbeispiel werden folgende Gebäude (Verbraucherzentren) auf dem Fabrikgelände betrachtet, siehe **Bild 2.2**:

- Rechenzentrum (Koordinatenkennziffer 1),
- Büros (Koordinatenkennziffer 2),
- Kantine (Koordinatenkennziffer 3),

- Parkhaus (Koordinatenkennziffer 4),
- Fertigung (Koordinatenkennziffer 5).

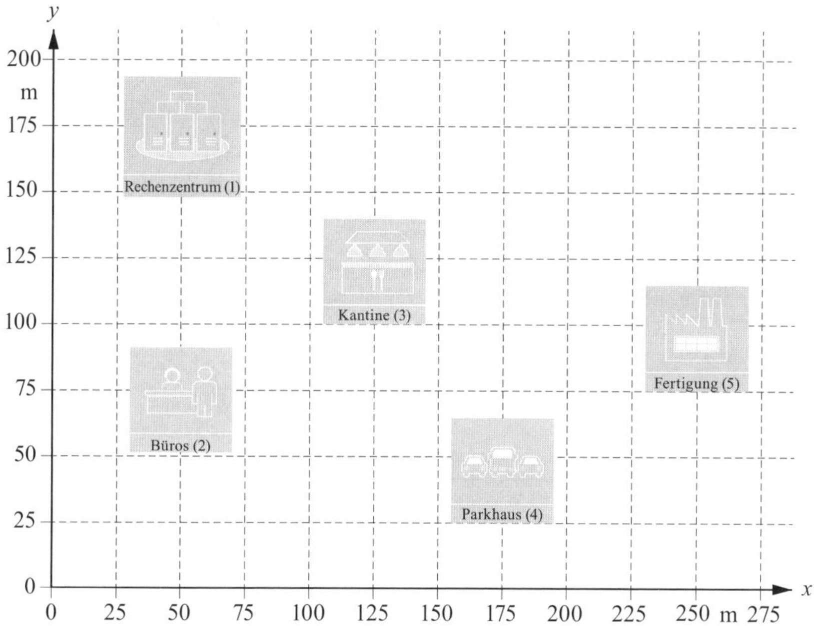

Bild 2.2 Verbraucher auf einem Fabrikgelände im 2-D-Koordinatensystem

Ermittlung des Energieverbrauchs für das Rechenbeispiel

Damit eine Berechnung des Lastschwerpunkts auf dem Fabrikgelände möglich ist, muss für die einzelnen Verbraucher der geschätzte jährliche Energieverbrauch ermittelt werden. Zusätzlich müssen die Koordinaten der Unterverteilung oder der elektrischen Betriebsmittel innerhalb des Fabrikgeländes festgelegt werden, siehe **Tabellen 2.3 bis 2.7**.

Die im Bild 2.2 positionierten Gebäude auf dem Gelände einer Fabrik haben demnach folgende Koordinaten mit einem ermittelten Jahresverbrauch, siehe **Tabelle 2.8**.

Da die Lastschwerpunktermittlung nur zweidimensional erfolgt, werden nur die Koordinaten x_b und y_b betrachtet.

Bei den Koordinatenangaben geht man davon aus, dass die Abstände der Verbraucherzentren gleich den Längen der Kabelwege sind. Die tatsächlichen Längen der Kabel/Leitungen sind von den realen Kabeltrassen zwischen Schaltanlage und Verbrauchern abhängig.

Rechenzentrum (Koordinaten)						
Verbraucher	**Anzahl**	**Anschlusswert**	**Nutzung pro Tag** in Stunden	**Nutzung pro Woche** in Tagen	**Nutzung im Jahr** in Wochen	**EAC**
Beleuchtung	10	0,050 kW	9 h	5 d	48 Wo.	1 080 kWh
Klimaanlage	3	1 kW	24 h	7 d	52 Wo.	26 208 kWh
Server	20	0,250 kW	24 h	7 d	52 Wo.	43 680 kWh
Speicher	10	0,250 kW	24 h	7 d	52 Wo.	21 840 kWh
Terminals	2	0,150 kW	24 h	7 d	52 Wo.	2 620 kWh
Gesamt					Σ	**95 428 kWh**

Tabelle 2.3 Ermittlung des jährlichen Energieverbrauchs für das Rechenzentrum

Büro						
Verbraucher	**Anzahl**	**Anschlusswert**	**Nutzung pro Tag** in Stunden	**Nutzung pro Woche** in Tagen	**Nutzung im Jahr** in Wochen	**EAC**
Beleuchtung	50	0,050 kW	9 h	5 d	48 Wo.	5 400 kWh
Klimaanlage	1	15 kW	9 h	5 d	48 Wo.	32 400 kWh
PC/Laptop	40	0,150 kW	9 h	5 d	48 Wo.	12 960 kWh
Drucker	5	0,250 kW	4 h	5 d	48 Wo.	1 200 kWh
Kaffeemaschine	5	1 kW	1 h	5 d	48 Wo.	1 200 kWh
Spülmaschine	2	1,5 kW	1 h	5 d	48 Wo.	720 kWh
Gesamt					Σ	**53 880 kWh**

Tabelle 2.4 Ermittlung des jährlichen Energieverbrauchs für das Büro

Kantine						
Verbraucher	**Anzahl**	**Anschlusswert**	**Nutzung pro Tag** in Stunden	**Nutzung pro Woche** in Tagen	**Nutzung im Jahr** in Wochen	**EAC**
Beleuchtung	100	0,050 kW	3 h	5 d	48 Wo.	3 600 kWh
Wärmestrahler Essenausgabe	6	2 kW	3 h	5 d	48 Wo.	8 640 kWh
Registrierkassen	4	0,150 kW	3 h	5 d	48 Wo.	576 kWh
Herd	2	32 kW	2 h	5 d	48 Wo.	30 720 kWh
Bräter	2	12 kW	2 h	5 d	48 Wo.	11 520 kWh
Tellerwärmer	4	0,2 kW	4 h	5 d	48 Wo.	768 kWh
Spülmaschine	2	22 kW	2 h	5 d	48 Wo.	21 120 kWh
Kühlschrank	4	0,30 kW	24 h	7 d	52 Wo.	10 483 kWh
Gesamt					Σ	**52 310 kWh**

Tabelle 2.5 Ermittlung des jährlichen Energieverbrauchs für die Kantine

Parkhaus						
Verbraucher	**Anzahl**	**Anschlusswert**	**Nutzung pro Tag** in Stunden	**Nutzung pro Woche** in Tagen	**Nutzung im Jahr** in Wochen	**EAC**
Beleuchtung	100	0,050 kW	4 h	5 d	48 Wo.	4 800 kWh
Schranken	2	0,5 kW	2 h	5 d	48 Wo.	480 kWh
Lüftung	4	0,5 kW	4 h	5 d	48 Wo.	1 920 kWh
Gesamt					Σ	**7 200 kWh**

Tabelle 2.6 Ermittlung des jährlichen Energieverbrauchs für das Parkhaus

Fertigung						
Verbraucher	**Anzahl**	**Anschlusswert**	**Nutzung pro Tag** in Stunden	**Nutzung pro Woche** in Tagen	**Nutzung im Jahr** in Wochen	**EAC**
Beleuchtung	100	0,050 kW	9 h	5 d	48 Wo.	4800 kWh
Maschinentyp A	10	25 kW	8 h	5 d	48 Wo.	480000 kWh
Maschinentyp B	20	10 kW	8 h	5 d	48 Wo.	384000 kWh
Maschinentyp C	30	5 kW	8 h	5 d	48 Wo.	288000 kWh
Lüftungsanlage	8	0,5 kW	9 h	5 d	48 Wo.	8640 kWh
Gesamt					Σ	**1156440 kWh**

Tabelle 2.7 Ermittlung des jährlichen Energieverbrauchs für die Fertigung

Verbraucher/Einrichtung	*x*-Koordinaten	*y*-Koordinaten	EHC*) jährlicher Energieverbrauch
Rechenzentrum	$x_1 = 50$ m	$y_1 = 175$ m	$W_1 =$ 95428 kWh
Büros	$x_2 = 50$ m	$y_2 = 75$ m	$W_2 =$ 53880 kWh
Kantine	$x_3 = 125$ m	$y_3 = 125$ m	$W_3 =$ 52310 kWh
Parkhaus	$x_4 = 175$ m	$y_4 = 50$ m	$W_4 =$ 7200 kWh
Fertigung	$x_5 = 250$ m	$y_5 = 100$ m	$W_5 =$ 1156440 kWh

*) EHC: estimated annual consumption = geschätzter Jahresverbrauch

Tabelle 2.8 Zuordnung der Koordinaten von Verbraucherzentren/Anlagen

Formeln für die Berechnung der Lastschwerpunktkoordinaten in einem zweidimensionalen Koordinatensystem

Für die Ermittlung der Lastschwerpunktkoordinaten wird jede Koordinate einzeln berechnet, siehe **Tabelle 2.9**.

Koordinaten	Formeln
x-Koordinate	$x_b = \frac{(x_1 \cdot W_1) + (x_2 \cdot W_2) + \cdots (x_n \cdot W_n)}{W_1 + W_2 + \cdots W_n}$
y-Koordinate	$y_b = \frac{(y_1 \cdot W_1) + (y_2 \cdot W_2) + \cdots (y_n \cdot W_n)}{W_1 + W_2 + \cdots W_n}$

Tabelle 2.9 Berechnung der Koordinaten des Lastschwerpunkts in einem zweidimensionalen Koordinatensystem

Berechnung der *x*-Koordinaten des Lastschwerpunkts

$$x_b = \frac{(x_1 \cdot W_1) + (x_2 \cdot W_2) + (x_3 \cdot W_3) + (x_4 \cdot W_4) + (x_5 \cdot W_5)}{W_1 + W_2 + W_3 + W_4 + W_5}$$

$$= \frac{(50 \cdot 95\,428) + (50 \cdot 53\,880) + (125 \cdot 52\,310) + (175 \cdot 7\,200) + (250 \cdot 1\,156\,440)}{95\,428 + 53\,880 + 52\,310 + 7\,200 + 1\,156\,440}$$

$$= \frac{(4\,771\,400) + (2\,694\,000) + (6\,538\,750) + (1\,260\,000) + (289\,110\,000)}{95\,428 + 53\,880 + 52\,310 + 7\,200 + 1\,156\,440}$$

$$= \frac{304\,374\,150}{1\,365\,258} = \underline{\underline{222{,}94\ \text{m.}}}$$

Berechnung der *y*-Koordinaten des Lastschwerpunkts

$$y_b = \frac{(y_1 \cdot W_1) + (y_2 \cdot W_2) + (y_3 \cdot W_3) + (y_4 \cdot W_4) + (y_5 \cdot W_5)}{W_1 + W_2 + W_3 + W_4 + W_5}$$

$$= \frac{(175 \cdot 95\,428) + (75 \cdot 53\,880) + (125 \cdot 52\,310) + (50 \cdot 7\,200) + (100 \cdot 1\,156\,440)}{95\,428 + 53\,880 + 52\,310 + 7\,200 + 1\,156\,440}$$

$$= \frac{(16\,699\,900) + (4\,041\,000) + (6\,538\,750) + (360\,000) + (115\,644\,000)}{95\,428 + 53\,880 + 52\,310 + 7\,200 + 1\,156\,440}$$

$$= \frac{143\,283\,650}{1\,365\,258} = \underline{\underline{104{,}95\ \text{m.}}}$$

Da die Fertigung die meiste Energie benötigt, liegt der Lastschwerpunkt bei diesem Beispiel in der Nähe der Fertigung. In diesem Fall können die Transformatorstation und die zentrale Hauptverteilung in der Halle der Fertigung errichtet werden, siehe **Bild 2.3**. Das Berechnungsbeispiel wurde bewusst so einfach ausgewählt, damit der Beweis für die Richtigkeit der Rechnungsmethode einfach nachvollziehbar ist. Bei komplexen Anlagen kann der Lastschwerpunkt jedoch nicht ohne Weiteres emotional festgelegt werden.

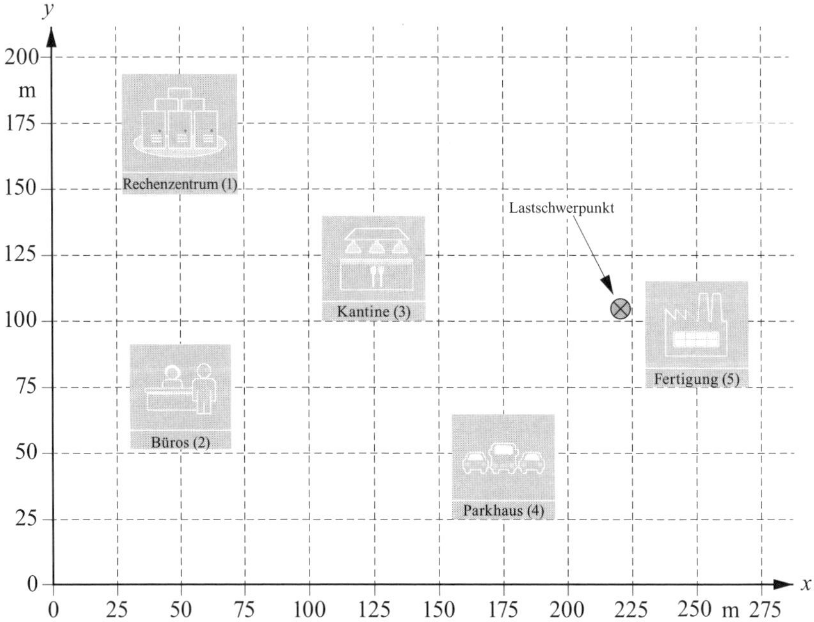

Bild 2.3 Position des Lastschwerpunkts im Fabrikgelände

2.5.2 Beispiel einer Lastschwerpunktberechnung für ein Bürohaus

Für die Ermittlung des Lastschwerpunkts in einem Bürogebäude, kann auch das Matrixverfahren angewandt werden. Doch bei einer solchen elektrischen Anlage lohnt es sich, die dreidimensionale Bewertung vorzunehmen (**Bild 2.4**). Elektrische Verbraucher, die nur zusammen einen nennenswerten Verbraucher darstellen, sollten dabei für jede Etage in einer Unterverteilung zusammengefasst betrachtet werden. Dies können z. B. die Beleuchtung, die Stromversorgung der Telefone, der PCs und Monitore sein. Auch bei der dreidimensionalen Auswertung werden die elektrischen Betriebsmittel und die Unterverteiler mit nennenswertem Verbrauch in einem Koordinatensystem mit ihrem Abstand zu den anderen elektrischen Betriebsmitteln/ Unterverteilungen ermittelt und deren Positionen festgelegt.

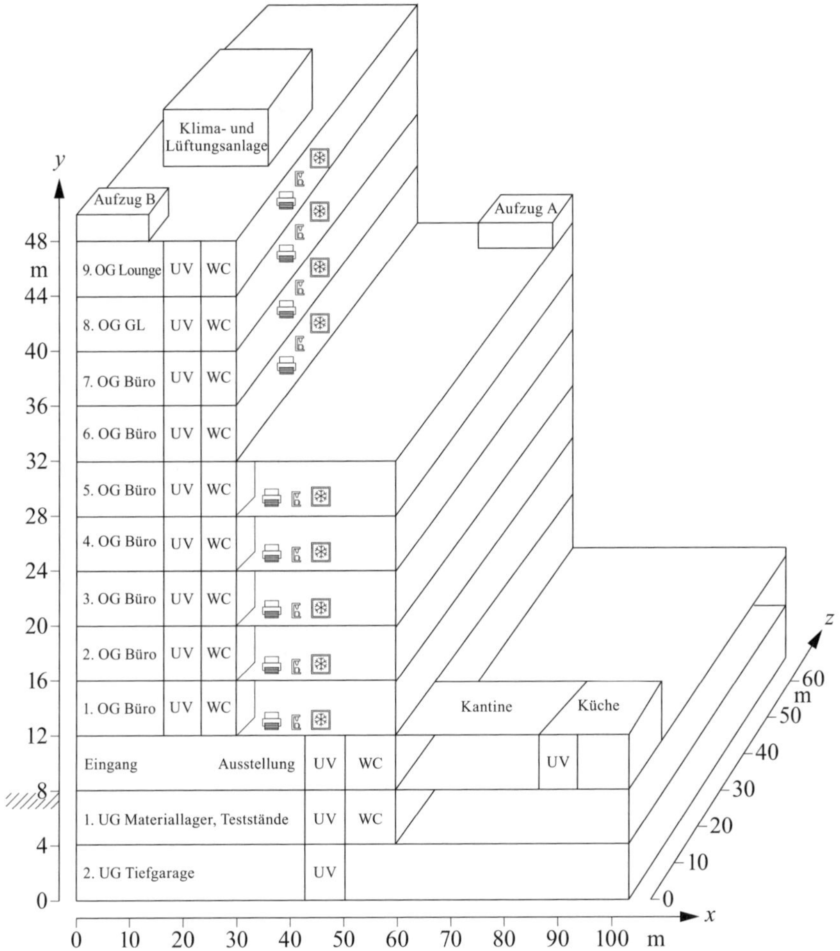

Bild 2.4 Verbraucher in einem Bürogebäude im 3-D-Koordinatensystem

Für das Rechenbeispiel werden die Verbraucher je Etage betrachtet. Als Einzelverbraucher bzw. Unterverteilung werden dann weitere Kennziffern angefügt:

- 2. UG Tiefgarage (Koordinatenkennziffer 1.*x*),
- 1. UG Materiallager/Teststände (Koordinatenkennziffer 2.*x*),
- EG (Eingang, Ausstellung, Kantine, Küche) (Koordinatenkennziffer 3.*x*),
- 1. OG Büro (Koordinatenkennziffer 4.*x*),
- 2. OG Büro (Koordinatenkennziffer 5.*x*),
- 3. OG Büro (Koordinatenkennziffer 6.*x*),
- 4. OG Büro (Koordinatenkennziffer 7.*x*),
- 5. OG Büro (Koordinatenkennziffer 8.*x*),
- 6. OG Büro (Koordinatenkennziffer 9.*x*),
- 7. OG Büro (Koordinatenkennziffer 10.*x*),
- 8. OG Geschäftsleitung (Koordinatenkennziffer 11.*x*),
- 9. OG Lounge (Koordinatenkennziffer 12.*x*),
- Dach (Koordinatenkennziffer 13.*x*).

Ermittlung des jährlichen Energiebedarfs je Unterverteilung/Anlage

Für jede Etage wird der jährlich zu erwartende Energieverbrauch eines jeden elektrischen Verbrauchers geschätzt, wobei die Unterverteiler jeder einzelnen Etage als Verbraucher betrachtet werden, siehe **Tabellen 2.10 bis 2.23**.

Die Verbraucher eines Bürogebäudes haben demnach einen ermittelten Jahresverbrauch mit den in **Tabelle 2.24** gezeigten Koordinaten.

2. UG Tiefgarage							
Koordinate	**Verbraucher**	**Anzahl**	**Anschlusswert**	**Nutzung pro Tag** in Stunden	**Nutzung pro Woche** in Tagen	**Nutzung im Jahr** in Wochen	**EAC**
	Beleuchtung	1 400	0,050 kW	4 h	5 d	48 Wo.	67 200 kWh
	Beleuchtung, reduziert	140	0,050 kW	8 h	5 d	48 Wo.	13 440 kWh
1.1	Unterverteilung, gesamt					Σ	**80 640 kWh**

Tabelle 2.10 Ermittlung des jährlichen Energieverbrauchs für das 2. UG

1. UG Materiallager, Teststände							
Koordinate	**Verbraucher**	**Anzahl**	**Anschlusswert**	**Nutzung pro Tag** in Stunden	**Nutzung pro Woche** in Tagen	**Nutzung im Jahr** in Wochen	**EAC**
	Beleuchtung	400	0,050 kW	12 h	5 d	48 Wo.	57 600 kWh
	Steckdosen	20	0,500 kW	2 h	5 d	48 Wo.	13 440 kWh
	WC, Beleuchtung	6	0,050 kW	12 h	5 d	48 Wo.	864 kWh
	WC, Händetrockner	4	1,5 kW	2 h	5 d	48 Wo.	2 880 kWh
2.1	Unterverteilung, gesamt					Σ	**74 784 kWh**

Tabelle 2.11 Ermittlung des jährlichen Energieverbrauchs für das 1. UG

EG Eingang/Ausstellung							
Koordinate	**Verbraucher**	**Anzahl**	**Anschlusswert**	**Nutzung pro Tag** in Stunden	**Nutzung pro Woche** in Tagen	**Nutzung im Jahr** in Wochen	**EAC**
	Beleuchtung	800	0,050 kW	12 h	5 d	48 Wo.	115 200 kWh
	Steckdosen	20	0,500 kW	2 h	5 d	48 Wo.	13 440 kWh
	WC, Beleuchtung	6	0,050 kW	12 h	5 d	48 Wo.	864 kWh
	WC, Händetrockner	4	1,5 kW	2 h	5 d	48 Wo.	2 880 kWh
3.1	Unterverteilung, gesamt					Σ	**83 384 kWh**

Tabelle 2.12 Ermittlung des jährlichen Energieverbrauchs für das Erdgeschoss

EG Kantine/Küche							
Koordinate	**Verbraucher**	**Anzahl**	**Anschlusswert**	**Nutzung pro Tag** in Stunden	**Nutzung pro Woche** in Tagen	**Nutzung im Jahr** in Wochen	**EAC**
	Beleuchtung	100	0,050 kW	3 h	5 d	48 Wo.	3 600 kWh
	Wärmestrahler Essensausgabe	6	2 kW	3 h	5 d	48 Wo.	8 640 kWh
	Registrierkassen	4	0,150 kW	3 h	5 d	48 Wo.	576 kWh
	Herd	2	32 kW	2 h	5 d	48 Wo.	30 720 kWh
	Bräter	2	12 kW	2 h	5 d	48 Wo.	11 520 kWh
	Tellerwärmer	4	0,2 kW	4 h	5 d	48 Wo.	768 kWh
	Spülmaschine	2	22 kW	2 h	5 d	48 Wo.	21 120 kWh
	Kühlschrank	4	0,30 kW	24 h	7 d	52 Wo.	10 483 kWh
3.2	Gesamt					Σ	**52 310 kWh**

Tabelle 2.13 Ermittlung des jährlichen Energieverbrauchs für die Kantine/Küche im Erdgeschoss

1. OG Büro							
Ko-ordi-nate	**Verbraucher**	**An-zahl**	**An-schluss-wert**	**Nutzung pro Tag** in Stunden	**Nutzung pro Woche** in Tagen	**Nutzung im Jahr** in Wochen	**EAC**
	Beleuchtung	300	0,050 kW	12 h	5 d	48 Wo.	43 200 kWh
	3er-Steckdosen	150	0,250 kW	8 h	5 d	48 Wo.	72 000 kWh
	WC, Beleuchtung	6	0,050 kW	12 h	5 d	48 Wo.	864 kWh
	WC, Händetrockner	4	1,5 kW	2 h	5 d	48 Wo.	2 880 kWh
	Drucker, Stand-by	2	0,070 kW	10 h	5 d	48 Wo.	336 kWh
	Drucker, Betrieb	2	0,5 kW	2 h	5 d	48 Wo.	480 kWh
	Kaffeemaschinen	4	0,8 kW	2 h	5 d	48 Wo.	1 536 kWh
	Kühlschränke	2	0,3 kW	6 h	5 d	48 Wo.	864 kWh
4.1	Unterverteilung, gesamt					Σ	**122 160 kWh**

Tabelle 2.14 Ermittlung des jährlichen Energieverbrauchs für das 1. OG

2. OG Büro							
Ko-ordi-nate	**Verbraucher**	**An-zahl**	**An-schluss-wert**	**Nutzung pro Tag** in Stunden	**Nutzung pro Woche** in Tagen	**Nutzung im Jahr** in Wochen	**EAC**
	Beleuchtung	300	0,050 kW	12 h	5 d	48 Wo.	43 200 kWh
	3er-Steckdosen	150	0,250 kW	8 h	5 d	48 Wo.	72 000 kWh
	WC, Beleuchtung	6	0,050 kW	12 h	5 d	48 Wo.	864 kWh
	WC, Händetrockner	4	1,5 kW	2 h	5 d	48 Wo.	2 880 kWh
	Drucker, Stand-by	2	0,070 kW	10 h	5 d	48 Wo.	336 kWh
	Drucker, Betrieb	2	0,5 kW	2 h	5 d	48 Wo.	480 kWh
	Kaffeemaschinen	4	0,8 kW	2 h	5 d	48 Wo.	1 536 kWh
	Kühlschränke	2	0,3 kW	6 h	5 d	48 Wo.	864 kWh
5.1	Unterverteilung, gesamt					Σ	**122 160 kWh**

Tabelle 2.15 Ermittlung des jährlichen Energieverbrauchs für das 2. OG

3. OG Büro							
Ko-ordi-nate	**Verbraucher**	**An-zahl**	**An-schluss-wert**	**Nutzung pro Tag** in Stunden	**Nutzung pro Woche** in Tagen	**Nutzung im Jahr** in Wochen	**EAC**
	Beleuchtung	300	0,050 kW	12 h	5 d	48 Wo.	43 200 kWh
	3er-Steckdosen	150	0,250 kW	8 h	5 d	48 Wo.	72 000 kWh
	WC, Beleuchtung	6	0,050 kW	12 h	5 d	48 Wo.	864 kWh
	WC, Händetrockner	4	1,5 kW	2 h	5 d	48 Wo.	2 880 kWh
	Drucker, Stand-by	2	0,070 kW	10 h	5 d	48 Wo.	336 kWh
	Drucker, Betrieb	2	0,5 kW	2 h	5 d	48 Wo.	480 kWh
	Kaffeemaschinen	4	0,8 kW	2 h	5 d	48 Wo.	1 536 kWh
	Kühlschränke	2	0,3 kW	6 h	5 d	48 Wo.	864 kWh
6.1	Unterverteilung, gesamt					Σ	**122 160 kWh**

Tabelle 2.16 Ermittlung des jährlichen Energieverbrauchs für das 3. OG

4. OG Büro							
Ko-ordi-nate	**Verbraucher**	**An-zahl**	**An-schluss-wert**	**Nutzung pro Tag** in Stunden	**Nutzung pro Woche** in Tagen	**Nutzung im Jahr** in Wochen	**EAC**
	Beleuchtung	300	0,050 kW	12 h	5 d	48 Wo.	43 200 kWh
	3er-Steckdosen	150	0,250 kW	8 h	5 d	48 Wo.	72 000 kWh
	WC, Beleuchtung	6	0,050 kW	12 h	5 d	48 Wo.	864 kWh
	WC, Händetrockner	4	1,5 kW	2 h	5 d	48 Wo.	2 880 kWh
	Drucker, Stand-by	2	0,070 kW	10 h	5 d	48 Wo.	336 kWh
	Drucker, Betrieb	2	0,5 kW	2 h	5 d	48 Wo.	480 kWh
	Kaffeemaschinen	4	0,8 kW	2 h	5 d	48 Wo.	1 536 kWh
	Kühlschränke	2	0,3 kW	6 h	5 d	48 Wo.	864 kWh
7.1	Unterverteilung, gesamt					Σ	**122 160 kWh**

Tabelle 2.17 Ermittlung des jährlichen Energieverbrauchs für das 4. OG

5. OG Büro							
Ko-ordi-nate	**Verbraucher**	**An-zahl**	**An-schluss-wert**	**Nutzung pro Tag** in Stunden	**Nutzung pro Woche** in Tagen	**Nutzung im Jahr** in Wochen	**EAC**
	Beleuchtung	300	0,050 kW	12 h	5 d	48 Wo.	43 200 kWh
	3er-Steckdosen	150	0,250 kW	8 h	5 d	48 Wo.	72 000 kWh
	WC, Beleuchtung	6	0,050 kW	12 h	5 d	48 Wo.	864 kWh
	WC, Händetrockner	4	1,5 kW	2 h	5 d	48 Wo.	2 880 kWh
	Drucker, Stand-by	2	0,070 kW	10 h	5 d	48 Wo.	336 kWh
	Drucker, Betrieb	2	0,5 kW	2 h	5 d	48 Wo.	480 kWh
	Kaffeemaschinen	4	0,8 kW	2 h	5 d	48 Wo.	1 536 kWh
	Kühlschränke	2	0,3 kW	6 h	5 d	48 Wo.	864 kWh
8.1	Unterverteilung, gesamt					Σ	**122 160 kWh**

Tabelle 2.18 Ermittlung des jährlichen Energieverbrauchs für das 5. OG

6. OG Büro							
Ko-ordi-nate	**Verbraucher**	**An-zahl**	**An-schluss-wert**	**Nutzung pro Tag** in Stunden	**Nutzung pro Woche** in Tagen	**Nutzung im Jahr** in Wochen	**EAC**
	Beleuchtung	150	0,050 kW	12 h	5 d	48 Wo.	21 600 kWh
	3er-Steckdosen	75	0,250 kW	8 h	5 d	48 Wo.	36 000 kWh
	WC, Beleuchtung	6	0,050 kW	12 h	5 d	48 Wo.	864 kWh
	WC, Händetrockner	4	1,5 kW	2 h	5 d	48 Wo.	2 880 kWh
	Drucker, Stand-by	1	0,070 kW	10 h	5 d	48 Wo.	168 kWh
	Drucker, Betrieb	1	0,5 kW	2 h	5 d	48 Wo.	240 kWh
	Kaffeemaschinen	2	0,8 kW	2 h	5 d	48 Wo.	768 kWh
	Kühlschränke	2	0,3 kW	6 h	5 d	48 Wo.	864 kWh
9.1	Unterverteilung, gesamt					Σ	**63 384 kWh**
9.2	Aufzug A	1	25 kW	4 h	5 d	48 Wo.	**21 600 kWh**

Tabelle 2.19 Ermittlung des jährlichen Energieverbrauchs für das 6. OG

7. OG Büro							
Ko-ordi-nate	**Verbraucher**	**An-zahl**	**An-schluss-wert**	**Nutzung pro Tag** in Stunden	**Nutzung pro Woche** in Tagen	**Nutzung im Jahr** im Jahr	**EAC**
	Beleuchtung	150	0,050 kW	12 h	5 d	48 Wo.	21 600 kWh
	3er-Steckdosen	75	0,250 kW	8 h	5 d	48 Wo.	36 000 kWh
	WC, Beleuchtung	6	0,050 kW	12 h	5 d	48 Wo.	864 kWh
	WC, Händetrockner	4	1,5 kW	2 h	5 d	48 Wo.	2 880 kWh
	Drucker, Stand-by	1	0,070 kW	10 h	5 d	48 Wo.	168 kWh
	Drucker, Betrieb	1	0,5 kW	2 h	5 d	48 Wo.	240 kWh
	Kaffeemaschinen	2	0,8 kW	2 h	5 d	48 Wo.	768 kWh
	Kühlschränke	2	0,3 kW	6 h	5 d	48 Wo.	864 kWh
10.1	Unterverteilung, gesamt					Σ	**63 384 kWh**

Tabelle 2.20 Ermittlung des jährlichen Energieverbrauchs für das 7. OG

8. OG Geschäftsleitung							
Ko-ordi-nate	**Verbraucher**	**An-zahl**	**An-schluss-wert**	**Nutzung pro Tag** in Stunden	**Nutzung pro Woche** in Tagen	**Nutzung im Jahr** in Wochen	**EAC**
	Beleuchtung	75	0,050 kW	12 h	5 d	48 Wo.	10 800 kWh
	3er-Steckdosen	35	0,250 kW	8 h	5 d	48 Wo.	16 800 kWh
	WC, Beleuchtung	3	0,050 kW	12 h	5 d	48 Wo.	432 kWh
	WC, Händetrockner	2	1,5 kW	2 h	5 d	48 Wo.	1 440 kWh
	Drucker, Stand-by	1	0,070 kW	10 h	5 d	48 Wo.	168 kWh
	Drucker, Betrieb	1	0,5 kW	2 h	5 d	48 Wo.	240 kWh
	Kaffeemaschinen	2	0,8 kW	2 h	5 d	48 Wo.	768 kWh
	Kühlschränke	2	0,3 kW	6 h	5 d	48 Wo.	864 kWh
11.1	Unterverteilung, gesamt					Σ	**31 512 kWh**

Tabelle 2.21 Ermittlung des jährlichen Energieverbrauchs für das 8. OG

9. OG Lounge							
Ko-ordi-nate	**Verbraucher**	**An-zahl**	**An-schluss-wert**	**Nutzung pro Tag** in Stunden	**Nutzung pro Woche** in Tagen	**Nutzung im Jahr** in Wochen	**EAC**
	Beleuchtung	75	0,050 kW	12 h	5 d	48 Wo.	10800 kWh
	3er-Steckdosen	30	0,250 kW	8 h	5 d	48 Wo.	14400 kWh
	WC, Beleuchtung	6	0,050 kW	12 h	5 d	48 Wo.	864 kWh
	WC, Händetrockner	4	1,5 kW	2 h	5 d	48 Wo.	2880 kWh
	Drucker, Stand-by	1	0,070 kW	10 h	5 d	48 Wo.	168 kWh
	Drucker, Betrieb	1	0,5 kW	1 h	5 d	48 Wo.	120 kWh
	Kaffeemaschinen	2	0,8 kW	2 h	5 d	48 Wo.	768 kWh
	Kühlschränke	2	0,3 kW	6 h	5 d	48 Wo.	864 kWh
12.1	Unterverteilung, gesamt					Σ	**30864 kWh**

Tabelle 2.22 Ermittlung des jährlichen Energieverbrauchs für das 9. OG

Dach							
Ko-ordi-nate	**Verbraucher**	**An-zahl**	**An-schluss-wert**	**Nutzung pro Tag** in Stunden	**Nutzung pro Woche** in Tagen	**Nutzung im Jahr** in Wochen	**EAC**
13.1	Aufzug B	1	25 kW	4 h	5 d	48 Wo.	**21600 kWh**
13.2	Klima- und Lüftungsanlage	1	80 kW	12 h	5 d	48 Wo.	**230400 kWh**

Tabelle 2.23 Ermittlung des jährlichen Energieverbrauchs auf dem Dach

Verbraucher/ Unterverteilung	Koordinate	x-Koordinate	y-Koordinate	z-Koordinate	EHC*) jährlicher Energieverbrauch
2. UG Unterverteilung	1.1	x_1 = 45 m	y_1 = 2 m	z_1 = 5 m	W_1 = 80 640 kWh
1. UG Unterverteilung	2.1	x_2 = 45 m	y_2 = 6 m	z_2 = 5 m	W_2 = 74 784 kWh
EG Unterverteilung	3.1	x_3 = 45 m	y_3 = 10 m	z_3 = 5 m	W_3 = 83 384 kWh
EG Kantine/Küche	3.2	x_4 = 90 m	y_4 = 10 m	z_4 = 5 m	W_4 = 52 310 kWh
1. OG Unterverteilung	4.1	x_5 = 20 m	y_5 = 14 m	z_5 = 5 m	W_5 = 122 160 kWh
2. OG Unterverteilung	5.1	x_6 = 20 m	y_6 = 18 m	z_6 = 5 m	W_6 = 122 160 kWh
3. OG Unterverteilung	6.1	x_7 = 20 m	y_7 = 22 m	z_7 = 5 m	W_7 = 122 160 kWh
4. OG Unterverteilung	7.1	x_8 = 20 m	y_8 = 26 m	z_8 = 5 m	W_8 = 122 160 kWh
5. OG Unterverteilung	8.1	x_9 = 20 m	y_9 = 30 m	z_9 = 5 m	W_9 = 122 160 kWh
6. OG Unterverteilung	9.1	x_{10} = 20 m	y_{10} = 34 m	z_{10} = 5 m	W_{10} = 63 384 kWh
6. OG Aufzug A	9.2	x_{11} = 50 m	y_{11} = 34 m	z_{11} = 63 m	W_{11} = 21 600 kWh
7. OG Unterverteilung	10.1	x_{12} = 20 m	y_{12} = 38 m	z_{12} = 5 m	W_{12} = 63 384 kWh
8. OG Unterverteilung	11.1	x_{13} = 20 m	y_{13} = 42 m	z_{13} = 5 m	W_{13} = 31 512 kWh
9. OG Unterverteilung	12.1	x_{14} = 20 m	y_{14} = 46 m	z_{14} = 5 m	W_{14} = 30 864 kWh
Dach Aufzug B	13.1	x_{15} = 5 m	y_{15} = 50 m	z_{15} = 5 m	W_{15} = 21 600 kWh
Dach Klima- und Lüftungsanlage	13.2	x_{16} = 15 m	y_{16} = 50 m	z_{16} = 35 m	W_{16} = 230 400 kWh
Gesamt				Σ	**1 364 662 kWh**

*) EHC: estimated annual consumption = geschätzter Jahresverbrauch

Tabelle 2.24 Zuordnung der Koordinaten zu den von Unterverteilungen/Anlagen

Formeln für die Berechnung der Lastschwerpunktkoordinaten in einem dreidimensionalen Koordinatensystem

Für die Ermittlung der Lastschwerpunktkoordinaten wird jede Koordinate einzeln berechnet, siehe **Tabelle 2.25**.

Koordinaten	Formeln
x-Koordinate	$x_\mathrm{b} = \dfrac{(x_1 \cdot W_1) + (x_2 \cdot W_2) + \cdots (x_n \cdot W_n)}{W_1 + W_2 + \cdots W_n}$
y-Koordinate	$y_\mathrm{b} = \dfrac{(y_1 \cdot W_1) + (y_2 \cdot W_2) + \cdots (y_n \cdot W_n)}{W_1 + W_2 + \cdots W_n}$
z-Koordinate	$z_\mathrm{b} = \dfrac{(z_1 \cdot W_1) + (z_2 \cdot W_2) + \cdots (z_n \cdot W_n)}{W_1 + W_2 + \cdots W_n}$

Tabelle 2.25 Berechnung der Koordinaten des Lastschwerpunkts in einem dreidimensionalen Koordinatensystem

Ergebnis der Berechnung für die *x*-Koordinate des Lastschwerpunkts

$$x_\mathrm{b} = \frac{36\,097\,140}{1\,364\,662} = \underline{\underline{26\text{ m}}}.$$

Ergebnis der Berechnung für die *y*-Koordinate des Lastschwerpunkts

$$y_\mathrm{b} = \frac{35\,158\,444}{1\,364\,662} = \underline{\underline{26\text{ m}}}.$$

Ergebnis der Berechnung für die *z*-Koordinate des Lastschwerpunkts

$$z_\mathrm{b} = \frac{14\,988\,110}{1\,364\,662} = \underline{\underline{11\text{ m}}}.$$

Die Werte wurden einfachheitshalber mit einer Tabellenkalkulation (MS-Excel) ermittelt, siehe Screenshots in **Bild 2.5, Bild 2.6 und Bild 2.7**.

Koordinate	x_n	W_n	$(x_n \times W_n)$	
1.1	45	80640	3628800	
2.1	45	74784	3365280	
3.1	45	83384	3752280	
3.2	90	52310	4707900	
4.1	20	122160	2443200	
5.1	20	122160	2443200	
6.1	20	122160	2443200	
7.1	20	122160	2443200	
8.1	20	122160	2443200	
9.1	20	63384	1267680	
9.2	50	21600	1080000	
10.1	20	63384	1267680	
11.1	20	31512	630240	
12.1	20	30864	617280	
13.1	5	21600	108000	
13.2	15	230400	3456000	
Gesamtwert			36097140	Zähler
			1364662	Nenner
x_b	26m			

Bild 2.5 Ermittlung der x-Koordinate des Lastschwerpunkts

Koordinate	y_n	W_n	$(x_n \times W_n)$	
1.1	2	80640	161280	
2.1	6	74784	448704	
3.1	10	83384	833840	
3.2	10	52310	523100	
4.1	14	122160	1710240	
5.1	18	122160	2198880	
6.1	22	122160	2687520	
7.1	26	122160	3176160	
8.1	30	122160	3664800	
9.1	20	63384	1267680	
9.2	34	21600	734400	
10.1	38	63384	2408592	
11.1	42	31512	1323504	
12.1	46	30864	1419744	
13.1	50	21600	1080000	
13.2	50	230400	11520000	
Gesamtwert			35158444	Zähler
			1364662	Nenner
y_b	26m			

Bild 2.6 Ermittlung der y-Koordinate des Lastschwerpunkts

Koordinate	z_n	W_n	$(x_n \times W_n)$	
1.1	5	80640	403200	
2.1	5	74784	373920	
3.1	5	83384	416920	
3.2	5	52310	261550	
4.1	5	122160	610800	
5.1	5	122160	610800	
6.1	5	122160	610800	
7.1	5	122160	610800	
8.1	5	122160	610800	
9.1	5	63384	316920	
9.2	63	21600	1360800	
10.1	5	63384	316920	
11.1	5	31512	157560	
12.1	5	30864	154320	
13.1	5	21600	108000	
13.2	35	230400	8064000	
Gesamtwert			14988110	Zähler
			1364662	Nenner
z_b	11m			

Bild 2.7 Ermittlung der *z*-Koordinate des Lastschwerpunkts

Entsprechend den Berechnungen nach der Matrixmethode gemäß Anhang A der DIN VDE 0100-801 liegt der Lastschwerpunkt im 4. OG, 11 m von der Außenwand entfernt, siehe **Bild 2.8**. Die Entscheidung, an welchem Ort die Transformatorstation mit der Hauptverteilung tatsächlich errichtet werden darf, ist jedoch von weiteren Betrachtungen abhängig, z. B.:

a) **Statik**
Da der benötigte 630-kVA-Transformator ein Gewicht von ca. 2000 kg hat und die Hauptverteilung sicherlich mehr als 500 kg wiegt, spricht der Statiker bei der Bestimmung des Aufbauorts „ein Wörtchen“ mit. Wird zusätzlich eine zentrale Blindstromkompensationsanlage errichtet, wird das Gesamtgewicht der elektrischen Einrichtungen durch Drosselspulen und Kondensatoren weiter erhöht.

b) **Belüftung**
Damit die Verlustwärme des Transformators, der Hauptschaltanlage und ggf. einer zusätzlich errichteten Blindstromkompensationsanlage abgeführt werden kann, müssen bei Naturzuglüftung erheblich große Öffnungen für die Zu- und Abluft geschaffen werden. Solche Öffnungen müssen dann in der Regel größer als 1 m^2 sein.

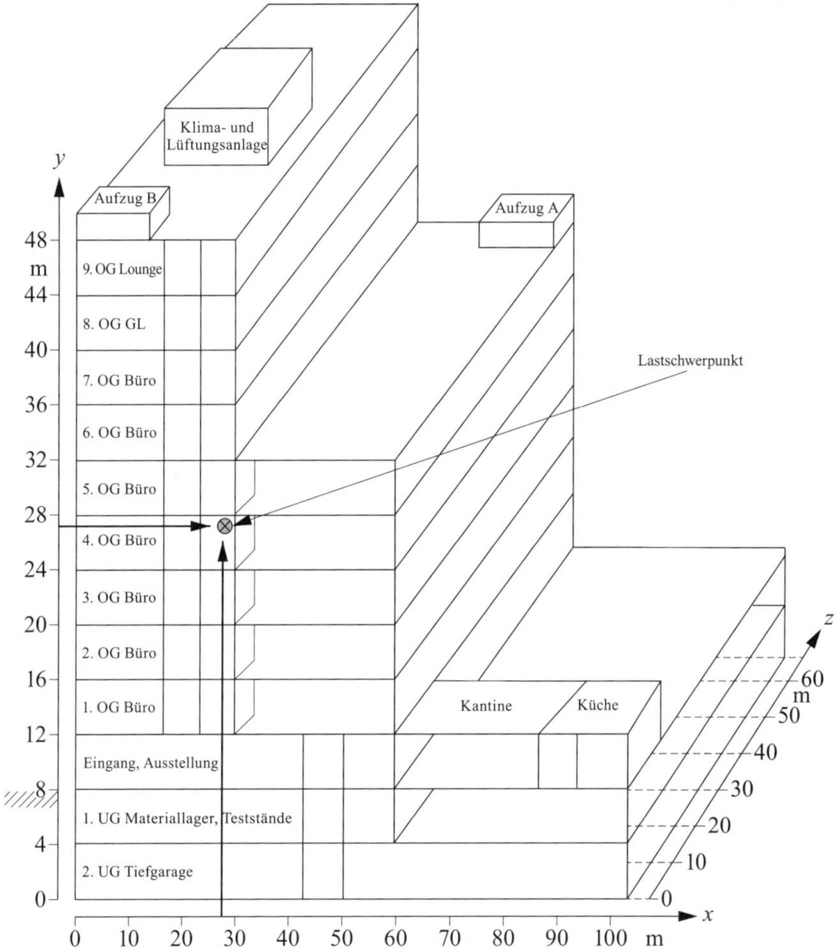

Bild 2.8 Position des Lastschwerpunkts in einem Bürogebäude

c) **Brandschutz**

Die Verlegung des Hochspannungskabels vom öffentlichen Stromversorger im Gebäude zum Transformator ist aus Brandschutzgründen eine diffizile Angelegenheit und muss sorgfältig geplant werden, da bei der Planung von Hochspannungseinrichtungen DIN EN 61936-1 (**VDE 0101-1**) [4] höhere Anforderungen an die Errichtung stellt als DIN VDE 0100.

d) **Geräuschpegel**
Die bei Transformatoren bei der Magnetisierung üblicherweise auftretenden Schwingungen mit niedriger Frequenz können sehr leicht Gebäudeteile in eine Resonanzschwingung versetzen, die dann in den umgebenden Räumen als störendes Brummen wahrgenommen wird.

e) **EMV**
Bei einem Bürogebäude mit signifikanten EMV-empfindlichen Geräten und Datenleitungen bzw. einem WLAN-Netz, ist die EMV-Betrachtung entsprechend DIN VDE 0100-444 [5] ein wichtiges Element, bei dem die EMV-Maßnahmen und der Störpegel der Hauptschaltanlage bewertet werden müssen. Wird zusätzlich noch eine zentrale Blindstromkompensationsanlage dazugebaut, werden die Störquellen erheblich und bedürfen umfangreicher EMV-Maßnahmen. Dabei sind die Anforderungen zu beachten. In einem einleitenden Absatz der DIN VDE 0100-444 wird bereits darauf hingewiesen, dass Transformatoren, Schaltanlagen und Kompensationsanlagen zu den leistungsfähigen EMV-Störern gezählt werden.

Auszug aus der DIN VDE 0100-444:

Quellen elektromagnetischer Störungen

Elektrische Betriebsmittel, die gegen elektromagnetische Störungen empfindlich sind, sollen nicht in der Nähe von Quellen starker elektromagnetischer Felder angeordnet werden. Solche Quellen sind z. B.:

- *Kompensationsanlagen;*
- *Transformatoren;*
- *Schaltanlagen;*
- *Leistungsverteiler mit Stromschienen.*

f) **Elektrische Betriebsstätte**
Eine solche elektrische Anlage, bestehend aus Transformator und Hauptschaltanlage, gilt als elektrische Betriebsstätte und ist deshalb entsprechend DIN VDE 0100-731 [6] auszuführen. Eine unangenehme Forderung ist dabei der Abschnitt 731.513.101:

Auszug aus der DIN VDE 0100-731:

Für Großkomponenten der elektrischen Ausrüstung, die innerhalb der abgeschlossenen elektrischen Betriebsstätte aufgebaut sind und zu Instandhaltungszwecken ausgebaut werden müssen, sind entsprechend dem Gewicht und der Größe geeignete Transportwege und Öffnungen (z. B. für einen Kraneinsatz) vorzusehen.

g) **Betrieb der Anlage**

Wird das zukünftige Wartungspersonal bei der Wahl des Aufstellungsorts mit einbezogen, tauchen noch weitere Aspekte auf, die zugleich betrachtet werden müssen. So ist sicherlich die schnelle und sichere Erreichbarkeit der elektrischen Betriebsstätte auch bei abgeschalteter Schaltanlage wichtig. Ebenso muss der Transportweg zur elektrischen Betriebsstätte für schwere Komponenten auch bei Ausfall der Stromversorgung und damit auch bei Ausfall des Aufzugs geeignet sein. Da in der Regel Transformatorstationen eine höhere Deckenhöhe benötigen als üblicherweise in Bürohäusern vorgesehen wird, kann es erforderlich sein, dass z. B. das berechnete Stockwerk (hier: das 4. OG) eine andere Geschosshöhe haben muss als die anderen Stockwerke.

2.5.3 Grenzen der Matrixmethode

Die Aufzählung zeigt, dass bei der Optimierung des Lastschwerpunkts die Betrachtungen anderer Aspekte einen nicht zu unterschätzenden Einfluss haben können.

Natürlich berücksichtigt dieses Matrixverfahren nicht die tatsächlichen Lastprofile von elektrischen Verbrauchern. Die Häufigkeit oder der Gleichzeitigkeitsfaktor kann bei einer optimalen Ortsbestimmung der Schaltanlage auch eine Rolle spielen, wird aber bei diesem Matrixverfahren nicht berücksichtigt. In der Regel wird die elektrische Energie durch unterschiedliche Betriebsbedingungen bestimmt, z. B. bei einem Motor, der im Anlauf einen höheren Strom benötigt als unter Volllast- oder Teillastbetrieb.

Auch die Länge der Kabel/Leitungen ist nicht von den Koordinaten der Verbraucherzentren/Anlagen abhängig, sondern von den Wegen der Kabeltrassen. Da die Kabeltrassen nicht auf dem direkten Weg, z. B. diagonal über ein Gelände, geführt werden, ist die wahre Kabellänge immer größer als der Abstand zwischen den Lastschwerpunkten und den Verbrauchern.

3 Hochspannungs-/Niederspannungshauptverteilung

Bei der Auswahl des Transformators ist unbedingt darauf zu achten, dass ein solcher mit dem bestmöglichen Wirkungsgrad ausgewählt wird. Bei der Festlegung der Transformatorleistung ist der optimale Arbeitspunkt, bei dem der Transformator seinen höchsten Wirkungsgrad erreicht, zu berücksichtigen. Dies führt zu größeren Transformatoren, mit größerem Gewicht und größerem Einbauvolumen und zu einem höheren Investment.

Wenn der Gesamtverbrauch einer elektrischen Anlage im Tages- und/oder Wochenverlauf sehr unterschiedlich sein kann, sollte die Hauptverteilung ggf. über mehrere kleinere Transformatoren versorgt werden.

Eine Hauptverteilung ist mit den erforderlichen Abgängen so auszustatten, dass alle Unterverteilungen und Einzelverbraucher mit signifikantem Leistungsbedarf gleichzeitig versorgt werden können. Unterverteilungen sollten immer Einzeln von der Hauptverteilung versorgt werden. Verbraucher mit kleiner Leistung sollten vorzugsweise über eine Unterverteilung zusammengefasst werden. Unterverteilungen sollten, wenn möglich, in der Nähe ihres jeweils größten angeschlossenen Verbrauchers errichtet werden.

Bei Mehrfacheinspeisungen ist im Besonderen DIN VDE 0100-444 zu beachten. Hierbei dürfen die Sternpunkte der Transformatoren zentral an nur einer Stelle zusammengefasst geerdet werden, siehe **Bild 3.1**.

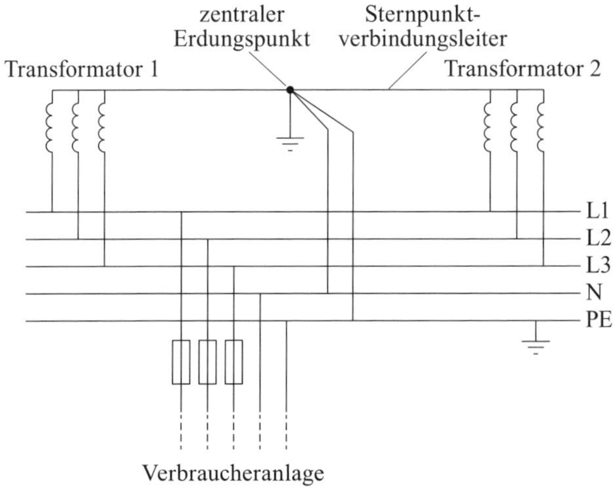

Bild 3.1 Zentraler Erdungspunkt bei einer Mehrfacheinspeisung

4 Kabel-/Leitungsverluste

Die Übertragung von elektrischem Strom über einen Leiter verursacht elektrische Verluste. Für eine funktionsgerechte Elektroinstallation muss auch der Spannungsverlust bewertet werden. Eventuell sind Kabel/Leitungen mit größerem Querschnitt auszuwählen.

Bei der Bewertung der Energieeffizienz während der Übertragung von elektrischer Energie müssen die Übertragungsverluste bewertet werden.

Berechnung des Leitungswiderstands für die Zuleitung

Bevor der Widerstand einer Leitung berechnet werden kann, muss bekannt sein, aus welchem Material der Leiter besteht. Der spezifische Widerstand ist je nach verwendetem Material unterschiedlich.

Der spezifische Widerstand ρ beträgt für:

Kupfer: $$\rho_{\mathrm{Cu}} = 0{,}01786 \frac{\Omega \cdot \mathrm{mm}^2}{\mathrm{m}}$$

und für

Aluminium: $$\rho_{\mathrm{Al}} = 0{,}0278 \frac{\Omega \cdot \mathrm{mm}^2}{\mathrm{m}}.$$

Formel für die Widerstandsberechnung mit dem spezifischen Widerstand

Für die Berechnung des Widerstands eines Leiters mit dem spezifischen Widerstand ρ lautet die Formel:

$$R = \frac{l \cdot \rho}{A}.$$

Formel für die Widerstandsberechnung mit dem elektrischen Leitwert

Der Widerstand einer Leitung kann auch mit dem elektrischen Leitwert κ berechnen werden. Dann lautet die Formel für die Berechnung des Widerstands:

$$R = \frac{l}{\kappa \cdot A}.$$

Die Umrechnung vom spezifischen Widerstand ρ in den elektrischen Leitwert κ für ein bestimmtes Material erfolgt mit der Formel:

$$\kappa = \frac{1}{\rho}.$$

Der elektrische Leitwert κ beträgt für:

Kupfer: $$\kappa_{\mathrm{Cu}} = 56 \frac{\mathrm{m}}{\Omega \cdot \mathrm{mm}^2}$$

und für

Aluminium: $$\kappa_{\mathrm{Al}} = 36 \frac{\mathrm{m}}{\Omega \cdot \mathrm{mm}^2}.$$

Spezifischer Widerstand ρ oder elektrischer Leitwert κ?

Die Frage, wann mit dem spezifischen Widerstand und wann mit dem elektrischen Leitwert gerechnet wird, ist eigentlich einfach zu beantworten. Der elektrische Leitwert κ ist nur der Kehrwert des spezifischen Widerstands ρ. Wer also lieber mit dem Wert 56 statt mit dem Wert 0,017 86 rechnen möchte, muss die dafür entsprechend geltende Berechnungsformel verwenden.

Welche Leitungslänge muss bei der Widerstandsberechnung berücksichtigt werden?

Bei der Berechnung des Spannungsfalls müssen, je nach Nutzung der Stromversorgung unterschiedliche Leitungslängen in die Formel eingesetzt werden.

Einphasige Verbraucher

Bei der Zuleitung zu einem einphasigen Verbraucher wird für die Stromführung sowohl der Außenleiter L als auch der Neutralleiter N für den Stromtransport verwendet. Damit muss bei der Widerstandsberechnung die doppelte Länge des Kabels eingesetzt werden.

Dreiphasige Verbraucher

Bei einem symmetrischen dreiphasigen Verbraucher, der über die drei Außenleiter L1, L2 und L3 versorgt wird, wird nur die einfache Länge des Kabels für die Widerstandsberechnung eingesetzt.

Spannungsfall

Die ermittelten Widerstandswerte werden für die Berechnung des Spannungsfalls benötigt. Bei der Berechnung der Übertragungsverluste einer symmetrisch belasteten Drehstromleitung kommt dann noch der Faktor $\sqrt{3}$ ins Spiel.

Entsprechend DIN VDE 0100-520 [7] darf der Spannungsfall zwischen dem Hausanschlusskasten (HAS) des öffentlichen Stromversorgers und den Verbrauchmitteln in Abhängigkeit von den vorgesehenen Verbrauchern unterschiedlich groß sein, siehe **Tabelle 3.1**. Demnach gilt der niedrige Wert von ≤ 3 % ausschließlich nur für Beleuchtungsstromkreise.

Verbraucher	Spannungsfall
Beleuchtung	≤ 3 %
andere elektrische Verbrauchsmittel	≤ 5 %

Tabelle 4.1 Zulässiger Spannungsfall

Aufgrund der immer häufiger eingesetzten LED-Beleuchtungseinrichtungen, spielt der Spannungsfall von 3 % bei einem Leiterquerschnitt von 1,5 mm² praktisch keine Rolle mehr und braucht deshalb auch bei langen Zuleitungen nicht berechnet zu werden, siehe folgendes Beispiel:

Beispiel:

Werden an einer 100 m langen 3 × 1,5 mm² Zuleitung 20 LED-Lampen mit je 5 W Anschlussleistung angeschlossen, so ergeben sich folgende Werte:

Leitungswiderstand: $R = \frac{2 \cdot l}{\kappa \cdot A} = \frac{2 \cdot 100\ \text{m}}{56 \cdot 1{,}5\ \text{mm}^2} = 2{,}38\ \Omega,$

Strom: $I = \frac{P}{U} = \frac{100\ \text{W}}{230\ \text{V}} = 0{,}34\ \text{A},$

Spannungsfall: $\Delta U = I \cdot R = 0{,}34\ \text{A} \cdot 2{,}38\ \Omega = 0{,}81\ \text{V}.$

Dies entspricht einem Spannungsfall von **0,35 %**.

Ausnahmen

Benötigen elektrische Verbraucher beim Einschalten einen höheren Strom als den Nennstrom, so darf sich kurzzeitig der Spannungsfall erhöhen, wenn für die Betriebsmittel der erhöhte Spannungsfall zulässig ist.

Spannungsfall wird reduziert

Wird der Leiterquerschnitt einer Zuleitung aus Gründen der Energieeffizienz größer gewählt als benötigt, so reduziert sich auch der Spannungsfall.

4.1 Reduzierung der Leitungsverluste

Die Reduzierung der Verluste bei der Übertragung der elektrischen Energie durch die Querschnittsvergrößerung der Kabel/Leitungen scheint auf den ersten Blick ein guter Ansatz für die Optimierung der Energieeffizienz einer elektrischen Anlage zu sein. Doch bei näherem Hinsehen fällt auf, dass die höheren Kosten von Kabeln/Leitungen, Anschlussklemmen und Montagemehrkosten schnell die Amortisierung auf die lange Bank schieben. Natürlich spielt die Lebensdauer einer elektrischen Anlage eine entscheidende Rolle, doch der Amortisierungszeitraum sollte schon für den Auftraggeber, insbesondere wenn es sich um privat genutzte Wohnungen handelt, erlebbar sein. Dies bedeutet, dass eine Lebensdauer von mehr als 25 Jahren bei der Wirtschaftlichkeitsbetrachtung eigentlich nicht angesetzt werden sollte, auch wenn elektrische Anlagen normalerweise länger als 25 Jahre genutzt werden.

Querschnitte von Kabeln/Leitungen müssen entsprechend ihrer zu erwartenden Belastung dimensioniert werden. Dabei spielt sowohl der Ausnutzungsgrad des Verbrauchers als auch der Gleichzeitigkeitsfaktor mit anderen Verbrauchern eine Rolle. Auch die Häufigkeit der Nutzung ist für die Betrachtung der Energieeffizienz von Kabeln/Leitungen wichtig.

4.2 Wohnbereich

In einer Wohnung werden üblicherweise folgende elektrische Verbraucher verwendet:

- Beleuchtung;
- Steckdosen für
  - weitere Beleuchtungseinrichtungen,
  - Wasserkocher,
  - Toaster,
  - elektrisch betriebene Küchengeräte,
  - Bügeleisen,
  - Hochdruckreiniger,
  - Dampfreiniger,
  - elektrisch betriebene Werkzeuge,
  - Rundfunk- und Fernsehgeräte;
- Elektroherd;
- Mikrowelle;
- Spülmaschine;
- Waschmaschine;
- Wäschetrockner.

Die Auslastung der Zuleitungen zu den einzelnen Verbrauchern wird durch die Häufigkeit der Nutzung und den Verbrauch bestimmt. Doch die oben aufgezählten Verbraucher werden meistens nur temporär benutzt (Toaster nur zum Frühstück) und lasten die Zuleitung nur teilweise aus.

Grundsätzlich gilt, dass die elektrische Energie für alle Verbraucher immer zur Verfügung stehen muss, egal was, wie oft und wie lange benutzt wird. Jeder einzelne Endstromkreis wird so dimensioniert, als würde dieser Endstromkreis dauernd mit dem Nennstrom des Leitungsschutzschalters/der Sicherung belastet.

Bei der Planung der elektrischen Anlage wird deshalb natürlich nicht für alle Endstromkreise ein Gleichzeitigkeitsfaktor von 100 % angenommen. Die Erfahrungen der E-Planer helfen, eine bezahlbare Anlage zu errichten. Auch die öffentlichen Stromversorger berücksichtigen bei der Dimensionierung ihrer Ortsnetztransformatoren und Zuleitungen zu den Gebäuden Erfahrungswerte für den Gleichzeitigkeitsfaktor.

Wie gering die Leitungsverluste in einer Wohnung sind, zeigt das **Rechenbeispiel 1** anhand einer Waschmaschine.

Rechenbeispiel 1: Waschmaschine im Wohnbereich

Eine Waschmaschine mit einer Anschlussleistung von 2 kW einphasig ist über ein 15 m langes Kabel mit einem Querschnitt von 1,5 mm² an eine Unterverteilung angeschlossen. Die Waschmaschine wird dreimal pro Woche genutzt. Da das zweistündige Programm der Waschmaschine in Abhängigkeit vom Programm unterschiedlicher Leistung bedarf, muss zuerst der zeitliche Verlauf der benötigten Leistung ausgewertet werden. Beim Deutschen Kupferinstitut [8] wurde von einer Waschmaschine für den Privathaushalt der in **Bild 4.1** gezeigte Leistungsverlauf ermittelt.

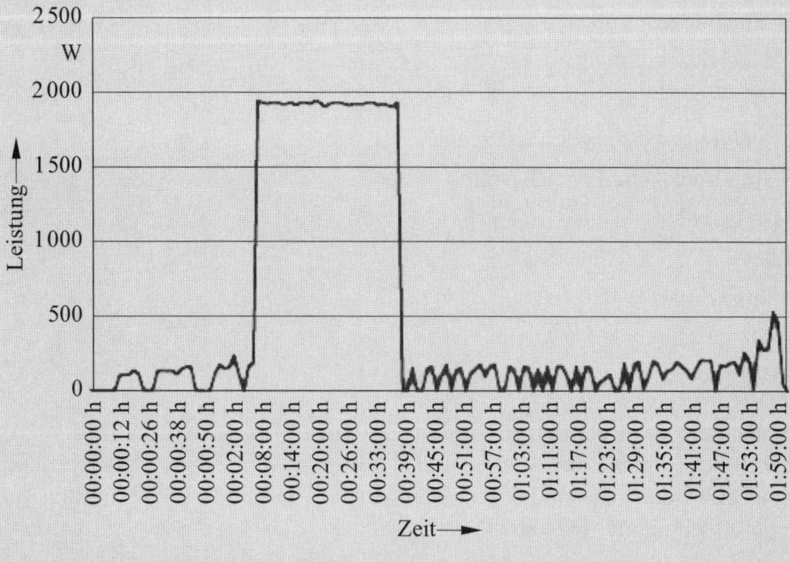

Bild 4.1 Zeitlicher Verlauf des Leistungsbedarfs einer Waschmaschine

Der zeitliche Verlauf zeigt, dass die Betrachtung der Anschlussleistung einer Waschmaschine und die Betriebszeit für einen Waschvorgang zu einem falschen Ergebnis führt. Der höchste Bedarf besteht also in der Zeit von der 7. Minute bis zur 37. Minute des Programms. Der höchste Leistungsbedarf von 1 900 W (8,26 A) wird für ca. 30 min innerhalb des zweistündigen Waschprogramms benötigt. Für die Berechnung der Leiterverluste ist die Leistung des restlichen Programms nicht gewichtig.

Berechnung des Leiterwiderstands bei einem einphasigen Verbraucher (1,5 mm²):

$$R = \frac{2 \cdot l}{\kappa \cdot A} = \frac{2 \cdot 15\ \text{m}}{56 \cdot 1{,}5\ \text{mm}^2} = 0{,}357\ \Omega.$$

Berechnung der Übertragungsverluste:

$$P_\text{V} = I^2 \cdot R = 8{,}26\ \text{A}^2 \cdot 0{,}357\ \Omega = 24\ \text{W}.$$

Berechnung der Energieverluste:

$$W = 0{,}024\ \text{kW} \cdot 0{,}5\ \text{h} \cdot 3\ \text{d} \cdot 52\ \text{Wo} = 1{,}87\ \text{kWh pro Jahr.}$$

Berechnung des Leiterwiderstands bei einem einphasigen Verbraucher (2,5 mm²):

$$R = \frac{2 \cdot l}{\kappa \cdot A} = \frac{2 \cdot 15\ \text{m}}{56 \cdot 2{,}5\ \text{mm}^2} = 0{,}214\ \Omega.$$

Berechnung der Übertragungsverluste:

$$P_\text{V} = I^2 \cdot R = 8{,}26\ \text{A}^2 \cdot 0{,}214\ \Omega = 14{,}6\ \text{W}.$$

Berechnung der Energieverluste:

$$W = 0{,}014\ \text{kW} \cdot 0{,}5\ \text{h} \cdot 3\ \text{d} \cdot 52\ \text{Wo} = 1{,}09\ \text{kWh pro Jahr.}$$

Ergebnis der Reduzierung der Energieverluste durch Erhöhung des Leiterquerschnitts von 1,5 mm² auf 2,5 mm²:

Die Reduzierung der Leitungsverluste pro Jahr beträgt 0,78 kWh. Bei einem Preis von z. B. 0,28 €/kWh ergeben sich pro Jahr Einsparungen von ca. 0,22 €.

Mehrkosten für den größeren Querschnitt:

NYY-J 3 × 1,5 mm² kosten ca. 45 €/100 m = für 15 m: 6,75 €,

NYY-J 3 × 2,5 mm² kosten ca. 70 €/100 m = für 15 m: 10,50 €,

Mehrkosten für die Investition: 3,75 €.

Die Berechnung zeigt, dass sich die Mehrkosten für das Kabel zur Waschmaschine mit dem größeren Querschnitt erst nach ca. 17 Jahren amortisiert haben.

Grundsätzlich kann gesagt werden, dass eine Querschnittserhöhung bei Kabeln/Leitungen in Wohnungen zu keiner signifikanten Verbesserung der Energieeffizienz durch geringere Leitungsverluste führt. Alle Zuleitungen zu Steckdosen und Beleuchtungseinrichtungen werden in der Regel nur mit einem niedrigen Auslastungsgrad belastet. Wenn schon ein Verbraucher mit einer hohen Anschlussleistung keinen signifikanten Vorteil durch einen größeren Querschnitt bei der Energieeffizienz liefert, sind alle anderen Zuleitungen erst recht nicht durch Querschnittserhöhung optimierbar.

Würde eine elektrische Anlage grundsätzlich mit 2,5-mm^2-Leitern errichtet, müssen auch die Unterputz-Gerätedosen tiefer sein, da der Einbau von Schaltern und Steckdosen mit Leitern größeren Querschnitts wegen des größeren Biegeradius sonst schwierig wird. Bei der Auswahl von Steckdosen und Schaltern muss dann auch darauf geachtet werden, dass die Anschlussklemmen dieser Geräte für den größeren Querschnitt geeignet sind.

4.3 Industriebereich

Elektrische Verbraucher im Industriebereich und bei kommerziellen Anlagen werden in der Regel mit einer hohen Anzahl von Betriebsstunden pro Jahr eingesetzt und deren Nennleistung wird auch tatsächlich verbraucht. In solchen Fällen führt die Erhöhung der Leiterquerschnitte tatsächlich zu Einsparungen und die Amortisierung der Mehrkosten kann schon nach einem Jahr erreicht werden, siehe **Rechenbeispiel 2**.

Rechenbeispiel 2: Drehstrommotor im Industriebereich

Ein Drehstrommotor mit einer Nennleistung von 15 kW und einem Nennstrom von 27 A ist über ein 100 m langes Kabel mit einem Querschnitt von 4 mm^2 an eine Schaltanlage angeschlossen. Der Motor läuft täglich 12 h bei Nennlast.

Berechnung des Leiterwiderstands (**4 mm²**):

$$R = \frac{l}{\kappa \cdot A} = \frac{100\ \text{m}}{56 \cdot 4\ \text{mm}^2} = 0{,}446\ \Omega.$$

Berechnung der Übertragungsverluste:

$$P_\text{V} = I^2 \cdot R = 27\ \text{A}^2 \cdot 0{,}446\ \Omega = 325\ \text{W}.$$

Berechnung der Energieverluste:

$$W = 0{,}325\ \text{kW} \cdot 12\ \text{h} \cdot 5\ \text{d} \cdot 48\ \text{Wo} \cdot 3 = 2\,808\ \text{kWh pro Jahr}.$$

Berechnung des Leiterwiderstands (**6 mm²**):

$$R = \frac{l}{\kappa \cdot A} = \frac{100\ \text{m}}{56 \cdot 6\ \text{mm}^2} = 0{,}3\ \Omega.$$

Berechnung der Übertragungsverluste:

$$P_\text{V} = I^2 \cdot R = 27\ \text{A}^2 \cdot 0{,}3\ \Omega = 219\ \text{W}.$$

Berechnung der Energieverluste:

$$W = 0{,}219\ \text{kW} \cdot 12\ \text{h} \cdot 5\ \text{d} \cdot 48\ \text{Wo} \cdot 3 = 1892\ \text{kWh pro Jahr}.$$

Ergebnis der Reduzierung der Energieverluste durch Erhöhung des Leiterquerschnitts von 4 mm² auf 6 mm²:

Die Reduzierung der Leitungsverluste pro Jahr beträgt 916 kWh. Bei einem Preis von z. B. 0,28 €/kWh ergeben sich pro Jahr Einsparungen von 256 €.

Mehrkosten für den größeren Querschnitt:

NYY-J 4 × 4 mm² kosten ca. 154 €/100 m,

NYY-J 4 × 6 mm² kosten ca. 210 €/100 m.

Mehrkosten für die Investition: 56 €.

Die Berechnung zeigt, dass sich die Mehrkosten für das Kabel mit dem größeren Querschnitt bereits nach ca. 1 Jahr amortisiert haben.

Berechnung des Leiterwiderstands (**10 mm²**):

$$R = \frac{l}{\kappa \cdot A} = \frac{100\ \text{m}}{56 \cdot 10\ \text{mm}^2} = 0{,}178\ \Omega.$$

Berechnung der Übertragungsverluste:

$$P_\text{V} = I^2 \cdot R = 27\ \text{A}^2 \cdot 0{,}178\ \Omega = 130\ \text{W}.$$

Berechnung der Energieverluste:

$$W = 0{,}130\ \text{kW} \cdot 12\ \text{h} \cdot 5\ \text{d} \cdot 48\ \text{Wo} \cdot 3 = 1123\ \text{kWh pro Jahr}.$$

Ergebnis der Reduzierung der Energieverluste durch Erhöhung des Leiterquerschnitts von 4 mm^2 auf 6 mm^2:

Die Reduzierung der Leitungsverluste pro Jahr beträgt 1 689 kWh. Bei einem Preis von z. B. 0,28 €/kWh ergeben sich pro Jahr Einsparungen von 471 €.

Mehrkosten für den größeren Querschnitt:

NYY-J 4 × 4 mm^2 kosten ca. 154 €/100 m,

NYY-J 4 × 10 mm^2 kosten ca. 310 €/100 m.

Mehrkosten für die Investition: 156 €.

Einsparungen innerhalb eines Jahrs: 315 €.

Die Berechnung zeigt, dass sich die Mehrkosten für das Kabel mit dem größeren Querschnitt bereits nach ca. einem halben Jahr amortisiert haben.

Natürlich sind die Errichtungskosten bei einem Kabel mit größerem Querschnitt höher, sie sind aber bei dieser Höhe der Einsparungen nicht relevant.

Es muss jedoch immer geprüft werden, ob ein Kabel mit einem größeren Querschnitt in den Klemmenkasten des betroffenen Motors eingeführt (Kabelverschraubung) und angeschlossen (Anschlussklemmen) werden kann. Auch die möglichen Biegeradien innerhalb des Klemmenkastens müssen betrachtet werden.

Fazit: Die beiden Rechenbeispiele zeigen, dass sich die Energieeinsparung durch die Verwendung von größeren Kabelquerschnitten erst dann lohnt, wenn Verbraucher mit hoher Leistung an langen Leitungen und mit langer Betriebszeit betrieben werden.

5 Blindleistungskompensation

Viele elektrische Betriebsmittel nehmen zur nutzbaren Wirkleistung P auch eine Blindleistung Q (meistens eine induktive) auf. Wird die Blindleistung vom Netz geliefert, verursacht sie an den Generatoren, Transformatoren, Schaltanlagen, Freileitungen und Kabeln einen erhöhten Spannungsfall und zusätzliche Verluste.

Durch Kompensationsmaßnahmen auf der Niederspannungsseite können die Netzspannung stabilisiert und Übertragungsverluste gesenkt werden. Öffentliche Stromversorger verlangen deshalb in der Regel von Kunden mit einem eigenen Hochspannungstransformator, dass der Blindstromanteil einen festgelegten Wert nicht überschreitet.

Private Haushalte

Bevor die Verbesserung der Energieeffizienz der Leitungsverluste durch Reduzierung der Blindstromanteile in einer elektrischen Anlage betrachtet wird, muss zuerst der Drehstromzähler (eigentlich: Energiezähler) einer Stromversorgung für einen Haushalt betrachtet werden. Der Drehstromzähler für einen Haushalt, der für die Kostenermittlung des Energieversorgers verwendet wird, zählt nämlich nur die verbrauchte Wirkleistung über die Zeit, siehe **Bild 5.1**.

Damit führen Kompensationsmaßnahmen zur Reduzierung von Blindleistung in elektrischen Anlagen für Wohnungen zu keiner Reduzierung der Energiekosten. Der Blindleistungsanteil wird nicht erfasst.

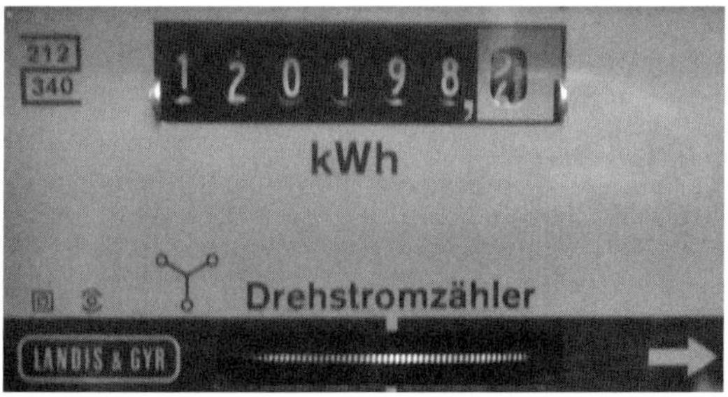

Bild 5.1 Energiezähler für Privathaushalt

Warum interessiert sich der öffentliche Stromversorger nicht für die verbrauchte Blindleistung von Haushalten?

Eigentlich liefern die öffentlichen Stromversorger die benötigte Scheinleistung. Doch ihre Verteilernetze sind häufig kapazitiv. Durch die Erzeugung von induktiver Blindleistung durch die Privathaushalte können kapazitive Netze der öffentliche Stromversorger kompensiert werden. So entsteht eine Win-win-Situation, von der sowohl der Versorger als auch der Verbraucher einen Nutzen hat. Deshalb erfassen die Energiezähler auch nur die Wirkleistung über die Zeit.

Blindleistung von Industrieanlagen muss zusätzlich bezahlt werden

Industrieanlagen erzeugen meistens einen sehr hohen Blindleistungsanteil. Wenn dazu noch geregelte Antriebe vorhanden sind, entstehen auch Oberschwingungen in bedeutsamer Höhe. Da Industrieanlagen in der Regel mit Hochspannung versorgt werden, gibt es auch keine signifikanten Leitungskapazitäten, die die induktive Blindleistung der Verbraucheranlage automatisch kompensieren. Die Netzbetreiber legen daher in ihren Verträgen fest, wie hoch der Anteil der Blindleistung bzw. der Anteil der Oberschwingungen sein darf. Bei Überschreitung entstehen Kosten für den Stromkunden. **Bild 5.2** zeigt den Energiefluss bei einer unkompensierten und einer kompensierten Anlage.

Kompensationsanlagen werden meistens auf der Niederspannungsseite errichtet.

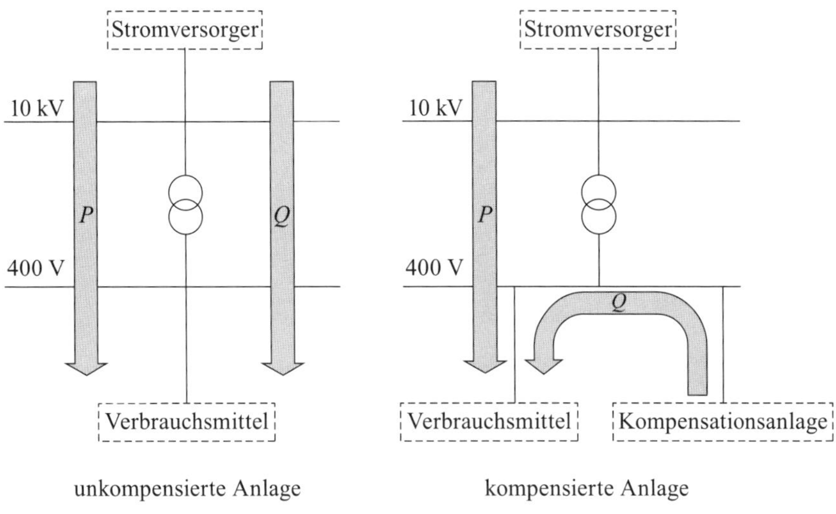

Bild 5.2 Leistungsfluss in einer Niederspannungsanlage

Zusammenhänge zwischen Wirk-, Schein- und Blindleistung

Die drei verschiedenen Leistungen stehen in einer gegenseitigen Abhängigkeit und können durch den Satz des Pythagoras berechnet werden:

$$S = \sqrt{P^2 + Q^2}.$$

Leistungsfaktor

Das Verhältnis zwischen Wirkleistung P und Scheinleistung S ist der Leistungsfaktor und wird auf Typenschildern und in den Formeln als cos-φ-Wert angegeben:

$$\cos\varphi = \frac{P}{S}.$$

Überkompensation

Werden zu Kompensationszwecken Kondensatoren in einer Niederspannungsanlage errichtet, muss darauf geachtet werden, dass es aufgrund zu groß gewählter Kapazitäten nicht zu einer Überkompensation kommt, da sonst eine überkompensierte Kundenanlage A zusätzlich eine andere, nicht kompensierte oder unterkompensierte Kundenanlage B mitkompensieren würde. In solchen Fällen würden Ausgleichsströme zwischen zwei unabhängigen Kundenanlagen, die mit eigenen Wirkleistungs- und Blindleistungszählern ausgestattet sind, fließen.

Kompensation

Elektrische Verbraucher die mit Wechselstrom versorgt werden, erzeugen oft zusätzlich eine induktive Blindleistung. In den meisten Fällen erzeugen Elektromotoren eine Blindleistung. Wenn sie geregelt betrieben werden, entstehen auch Oberschwingungen. Auch andere Verbraucher mit einer Induktivität (Eisenkern) gehören dazu, z. B. Transformatoren oder Drosselspulen. Auf dem Typenschild von solchen elektrischen Betriebsmitteln wird der Blindleistungsanteil durch den cos-φ-Wert angegeben.

Verbraucher die eine kapazitive Blindleistung erzeugen, gibt es eher selten. Doch induktive Leistungen können mithilfe kapazitiver Leistungen reduziert (kompensiert) werden und umgekehrt. **Bild 5.3** zeigt die grundsätzlichen Zusammenhänge an einem rechtwinkligen Dreieck. Das Dreieck zeigt, dass die Größe der Scheinleistung von der Restblindleistung bestimmt wird. Eine Kompensation von induktiver Blindleistung kann durch zusätzlich errichtete kapazitive Blindleistung in Form von Kondensatorbatterien erreicht werden.

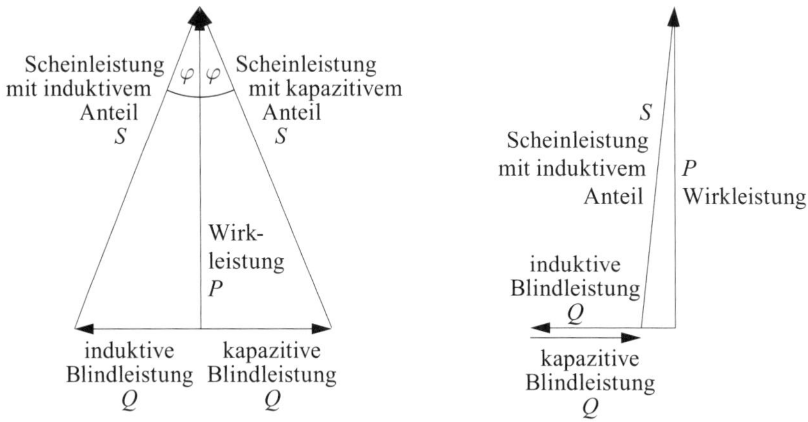

Bild 5.3 Reduzierung der Scheinleistung durch Kompensation

Damit die einzelnen physikalischen Größen in Formeln unterscheidbar werden, gibt es für jede Leistung ein eigenes Formelzeichen. Auch das Einheitenzeichen gibt Auskunft darüber, welche Leistung betrachtet wird. **Tabelle 5.1** enthält die dafür vorgesehenen Formel- und Einheitenzeichen sowie die Formeln für die Berechnung der verschiedenen Leistungen.

	Formelzeichen	**Einheitenzeichen**	**Formel**
Wirkleistung	P	W	$P = \sqrt{3} \cdot U_N \cdot I_N$
Scheinleistung	S	VA	$S = \sqrt{3} \cdot U_N \cdot I_N \cdot \cos\varphi$
Blindleistung	Q	var	$Q = \sqrt{3} \cdot U_N \cdot I_N \cdot \sin\varphi$

Tabelle 5.1 Formeln für die Berechnung der Leistungen

Blindleistungskompensation in der Einspeisung

Wird eine Kompensationsanlage direkt an der Einspeisung einer Verbraucheranlage errichtet, siehe **Bild 5.4**, werden die Leitungsverluste durch Reduzierung der Scheinleistung in der elektrischen Anlage nicht gemindert. Erst ab dem Einspeisepunkt erfolgt bei dieser Konfiguration eine Reduzierung der Blindleistungsanteile. Doch der Vorteil liegt dann nur noch auf dem Einspeisekabel des öffentlichen Energieversorgers.

Eine zentrale Blindleistungskompensation ist von den Errichtungskosten gegenüber einer verbrauchernahen dezentralen Kompensation die kostengünstigere Variante. Früher wurde in Leuchtstoffleuchten, die mit einem KVG (konventionelles Vorschaltgerät) ausgerüstet waren, zur Kompensation der Drosselspule zusätzlich ein Kondensator eingebaut. Mithilfe dieser Vor-Ort-Kompensation konnten die Leitungsverluste reduziert und die Anzahl von Leuchten pro Leitung erhöht werden.

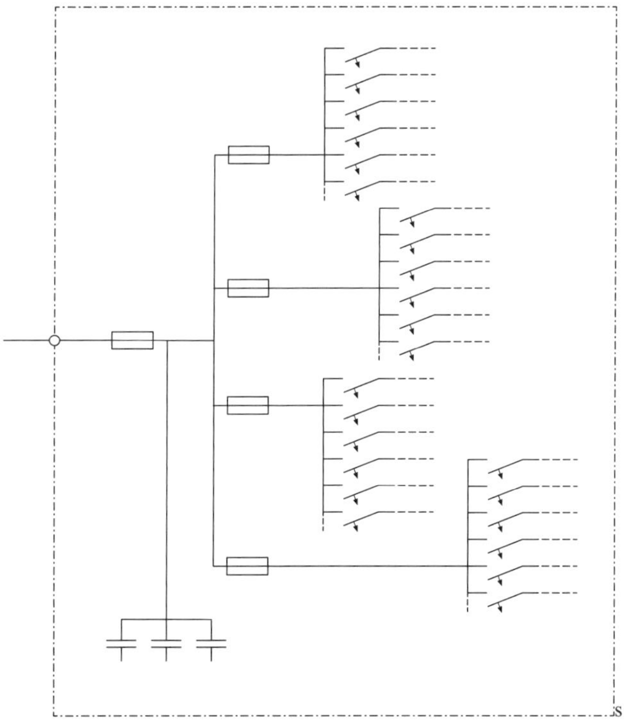

Bild 5.4 Zentral an der Einspeisung errichtete Blindleistungskompensationsanlage

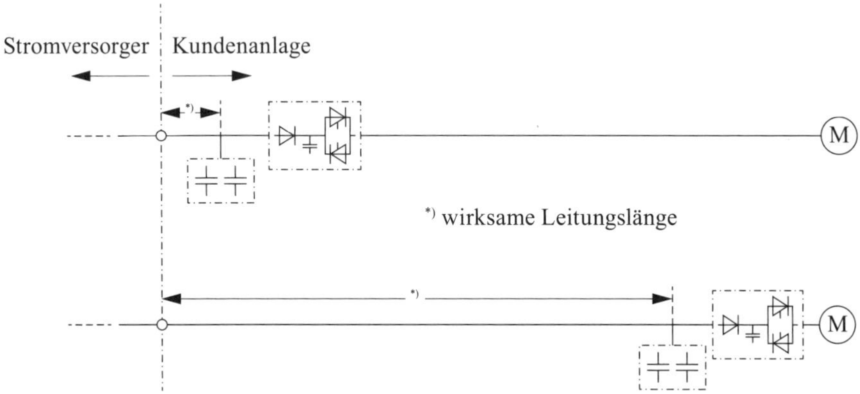

Bild 5.5 Reduzierung der Leitungsverluste durch Vor-Ort-Kompensation

In Industrieanlagen oder kommerziellen Anlagen kann sich das Vor-Ort-Kompensieren lohnen. Doch dann muss die Zuleitung zum Verbraucher lang und der Ausnutzungsgrad der Leitung hoch sein. Nur dann können Leitungsverluste in einer Verbraucheranlage aufgrund reduzierter Scheinleistung verringert werden, siehe **Bild 5.5**.

Die Industrie muss Blindleistungsanteile bezahlen

Betreibern von Industrieanlagen, die über eine Hochspannungsanlage versorgt werden, wird vom Energieversorger die Blindleistungsinanspruchnahme zusätzlich zur verbrauchten Energie in Rechnung gestellt. Dafür gibt es meistens drei Stufen:

- Die erste Stufe ist ein sogenannter Standardbereich, bei dem keine zusätzlichen Kosten anfallen.
- Die zweite Stufe legt fest, dass eine bestimmte Menge von Blindleistung für einen niedrigen Betrag (z. B. 0,07 ct/kvarh) aus dem Verteilnetz in Anspruch genommen werden darf (erweiterter Bereich).
- Wird jedoch dieser Wert überschritten (unzulässiger Bereich), muss entsprechend dieser dritten Stufe ein deutlich höherer Betrag (z. B. 1 ct/kvarh) bezahlt werden.

Ein Industriebetrieb sollte deshalb immer die jährlichen Kosten für die Blindleistungsinanspruchnahme prüfen. Sind viele Motoren im Einsatz, lohnt sich meistens der Einbau einer zentralen Blindleistungskompensationsanlage. Dabei sind stufig zuschaltbare Kompensationsanlagen, die lastabhängig die kapazitiven Leistungen automatisch zu- oder abschalten, von Vorteil.

6 Reduzierung von Oberschwingungsströmen

DIN VDE 0100-801 enthält zum Thema Oberschwingungsströme keine normativen Anforderungen. Es wird lediglich darauf hingewiesen, dass die Reduzierung von Oberschwingungen die thermischen Verluste (Kabel-/Leitungsverluste) in einer Anlage verringert.

Netzqualität

Bei der Verwendung von Wechselrichtern und Frequenzumrichtern werden Oberschwingungen in das Netz der Energieversorger eingespeist. Ist die Leistung der Oberschwingungen zu hoch, beeinflussen sie die Sinusform der Netzspannung erheblich. DIN EN 50160 [9] enthält max. Werte für den Oberschwingungsanteil. Die öffentlichen Stromversorger müssen deshalb darauf achten, dass ihre Kunden keinen zu hohen Anteil an Oberschwingungen produzieren.

Industriebereich

Im Industriebereich, mit einem hohen Anteil an geregelten Antrieben werden energiereiche Oberschwingungen erzeugt. Hier empfiehlt es sich, bereits an den Maschinen oder Anlagenteilen Kompensationsanlagen zur Reduzierung der Oberschwingungen zu errichten.

Hierfür können verdrosselte Kompensationsanlagen vorgesehen werden, die einen Großteil der Oberschwingungen vernichten. Solche Kompensationsanlagen werden normalerweise nicht genau auf eine bestimmte Oberschwingungsfrequenz optimiert, z. B. auf die energiestärkste fünfte Harmonische, sondern mit einer leichten „Verstimmung“ ausgeführt, die unterhalb der Frequenz von 250 Hz liegt. Durch diesen Trick hat der Filterkreis bei 250 Hz nicht eine Impedanz, die nahe null liegt, sondern weist einen Innenwiderstand auf, sodass ein kontrollierter Kompensationsstrom fließt. Solche Kompensationsanlagen enthalten Kondensatoren und Drosselspulen, siehe **Bild 6.1**.

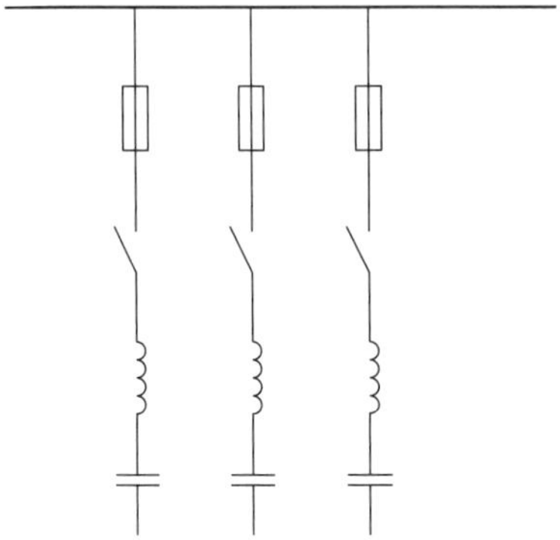

Bild 6.1 Verdrosselte mehrstufige Oberschwingungskompensationsanlage

Ein- und Ausschalten

Doch Vorsicht beim Ein- und Ausschalten. Bevor eine verdrosselte Kompensationsanlage eingeschaltet werden darf, muss die Anlage vorher ohne die Kompensationsanlage eingeschaltet werden. Beim Ausschalten muss zuerst die Kompensationsanlage ausgeschaltet werden und dann die Anlage selbst. Das Wiedereinschalten der Anlage und der Kompensationsanlage darf erst vorgenommen werden, wenn die Spannung der Kondensatoren auf nahe 0 V abgeklungen ist. Diese Prozedur ist wichtig, da sonst ggf. gegenphasig aufgeschaltet werden kann, was zu großen Einschaltströmen führt.

Die Kompensation der Oberschwingungen beeinflusst auch den cos φ

Durch den hohen Kapazitätsanteil werden nicht nur die Oberschwingungen kompensiert, sondern gleichzeitig auch der Blindleistungsanteil einer Anlage reduziert. Muss z. B. bei einer Anlage der cos-φ-Wert verbessert werden und sind gleichzeitig die Oberschwingungen zu reduzieren, ist eine Kompensation mit verdrosselten Kondensatoren die beste Lösung. Eine reine Blindleistungskompensationsanlage wird normalerweise nicht zusätzlich zu einer Oberschwingungskompensationsanlage errichtet.

Neutralleiterüberlastung

In Wohnungen und kommerziellen Anlagen, z. B. Bürogebäuden, in denen einphasige Verbraucher mit elektronischen Netzgeräten an unterschiedlichen Außenleitern betrieben werden, siehe **Bild 6.2**, tritt ein Phänomen auf, das eine Überlastung des N-Leiters hervorrufen kann.

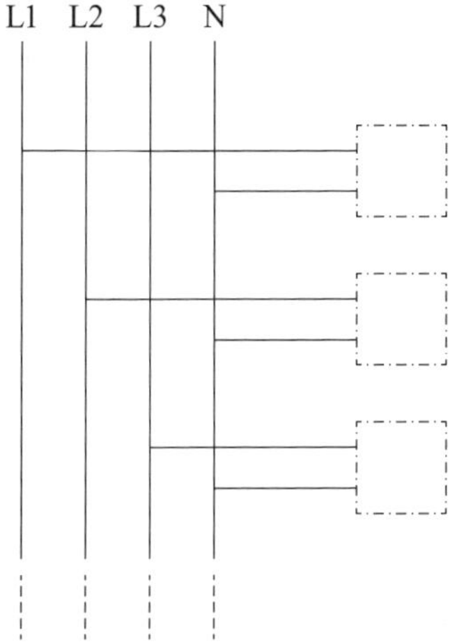

Bild 6.2 Anschlussschemata von einphasigen Verbrauchern

In solchen Fällen kann dann der Strom im N-Leiter höher sein als in den einzelnen Außenleitern der Zuleitung. Die Ursache sind die sich im Neutralleiter addierenden Ströme der dritten Oberschwingung, siehe **Bild 6.3**.

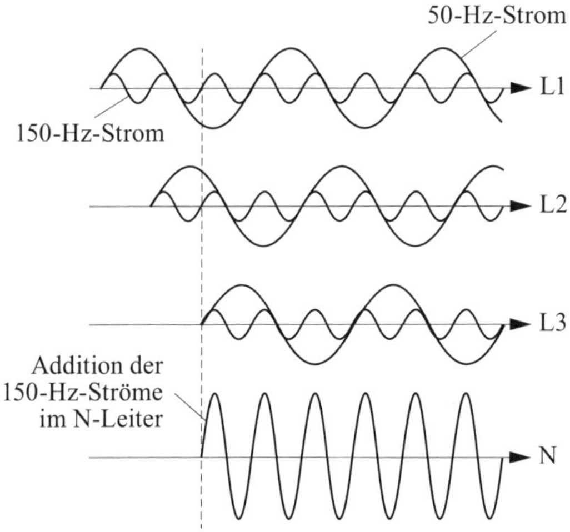

Bild 6.3 Sich addierende Neutralleiterströme der Oberschwingungen dritter Ordnung

Der Planer kann in der Regel das Auftreten der dritten Oberschwingung und deren Pegel in der Anlage nur abschätzen, da solche Verbraucher meistens an den errichteten Steckdosen, die für die Versorgung von jeglichen elektrischen Betriebsmitteln grundsätzlich zur Verfügung stehen, angeschlossen werden.

Der Effekt der sich addierenden Neutralleiterströme tritt nicht in den Endstromkreisen für einphasige Verbraucher auf, sondern erst in den Verteilerstromkreisen, in denen die Neutralleiterströme der einzelnen Außenleiter zusammengefasst sind. Es kann deshalb durchaus erforderlich sein, dass der Neutralleiter in den Verteilerstromkreisen gegenüber den Außenleitern verstärkt werden muss.

Gefährlich kann es werden, wenn Kabel verwendet werden, bei denen der Neutralleiter normgerecht kleiner ausgeführt sein darf. So darf bei einem fünfadrigen Kabel (ab einem Querschnitt von 16 mm^2) der Querschnitt des Neutralleiters gegenüber den Außenleitern kleiner sein.

In DIN VDE 0100-520:2013-06 [7] ist deshalb im Abschnitt 524.2.1 dazu festgelegt, dass in dreiphasigen Wechselstromnetzen der Neutralleiter nicht reduziert werden darf, wenn voraussichtlich Oberschwingungen der dritten Ordnung und Ungerade des Vielfachen der dritten Ordnung fließen und die Gesamtoberschwingungsverzerrung im Außenleiter zwischen 15 % und 33 % liegt.

Doch auch die Außenleiter müssen in Abhängigkeit von den zu erwartenden Oberschwingungsanteilen dimensioniert werden. Im Beiblatt 3 zur DIN VDE 0100-520 werden max. Belastbarkeitswerte für den üblicherweise verwendeten Leiterquerschnitt in Abhängigkeit vom Oberschwingungsanteil im Außenleiter festgelegt. Die Verlegeart muss dabei auch berücksichtigt werden. Durch diese Auswahl hat natürlich auch der Neutralleiter automatisch einen größeren Querschnitt.

Die **Tabelle 6.1** zeigt, dass die max. zulässige Belastung der Außenleiter mit dem Anstieg des Oberschwingungsanteils erheblich reduziert wird. Die Verlegung von größeren Querschnitten ist also dann unausweichlich, auch wenn die Anteile vom Elektroplaner nur geschätzt werden können.

Oberschwingungsanteil	**Referenzverlegeart**					
	A1	**A2**	**B1**	**B2**	**C**	**E**
≥ 15 %	39 A	35 A	46 A	42 A	52 A	55 A
≥ 33 %	29 A	26 A	34 A	31 A	38 A	41 A
> 45 %	25 A	23 A	29 A	27 A	33 A	36 A

Tabelle 6.1 Belastbarkeit von Kabeln/Leitungen in Abhängigkeit von den Oberschwingungsanteilen

7 Maschen, Zonen und Anwendungen

Sollen Anwendungen (elektrische Betriebsmittel) energieeffizient eingesetzt werden, müssen die Konzepte der elektrischen Anlagen entsprechend strukturiert sein. Wo heute elektrische Verbraucher auf Initiative des Menschen in Abhängigkeit vom Bedarf eingeschaltet und bei Wegfall des Bedarfs aus Unachtsamkeit nicht mehr ausgeschaltet werden, kann durch eine Automatisierung mithilfe von Sensoren der Betrieb von elektrischen Betriebsmitteln bedarfsorientiert optimiert werden.

Wird z. B. in einem Büro die Beleuchtung morgens von einer Person eingeschaltet, weil die Sonne noch nicht aufgegangen ist, wird das Ausschalten der Beleuchtung bei genügendem Tageslicht vergessen. Die Beleuchtung bleibt eingeschaltet, obwohl der Raum durch das Tageslicht ausreichend beleuchtet wäre, siehe **Bild 7.1**. Um solchen unnützen Energieverbrauch zu reduzieren, müssen die elektrischen Anlagen vom Konzept der Unterverteilung je Etage oder Bereichen mit Vor-Ort-Steuerungen (Lichtschalter) hin zu einer Versorgung von elektrischen Verbrauchern einer bestimmten Gattung zu einer Masche zusammengefasst werden.

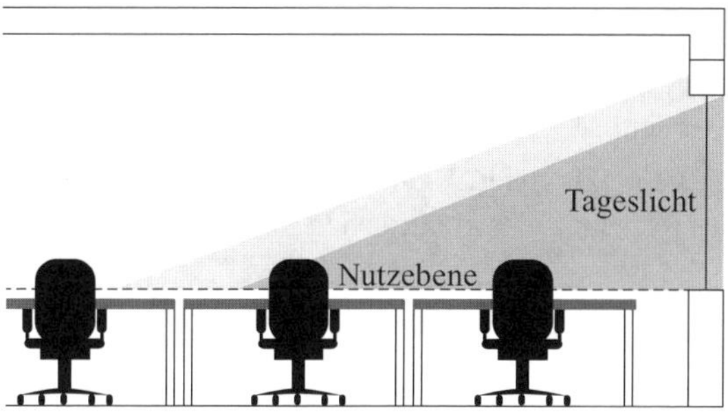

Bild 7.1 Tageslichtversorgung in Abhängigkeit von der Entfernung zum Fenster [10]

Bevor sich Anwendungen (elektrische Betriebsmittel) einer Masche zugeordnen lassen, müssen sie zuerst innerhalb einer Zone, z. B. eines Stockwerks, erfasst werden. Danach werden die einzelnen Anwendungen mit gleicher Verwendung/Nutzung, z. B. die Beleuchtung, einer bestimmten Masche zugeordnet. Damit eine Masche optimiert werden kann, sind die Bedarfsfaktoren und die physikalischen Abhängigkeiten zu ermitteln, siehe **Bild 7.2**.

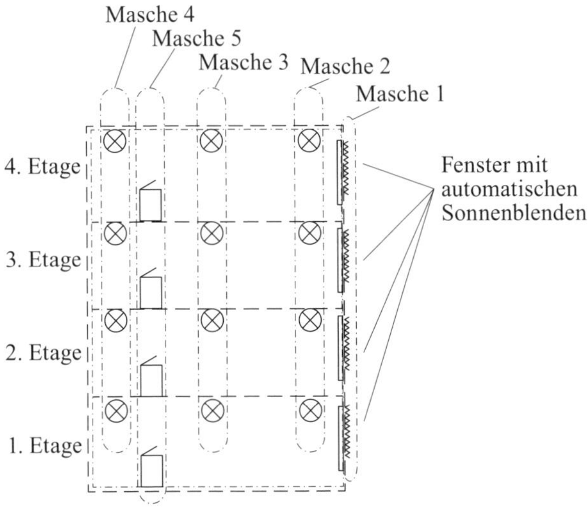

Bild 7.2 Zuordnung der Maschen in Abhängigkeit von den Anwendungen

Die Beleuchtung eines Büros ist z. B. dann erforderlich, wenn Personen anwesend sind und das Tageslicht für die Raumhelligkeit nicht ausreicht. Zur bedarfsgerechten Steuerung können ein Präsenzmelder und ein Dämmerungsschalter für die Erfassung der Helligkeitswerte verwendet werden.

Sind die Anwendungen einer Masche katalogisiert, siehe **Tabelle 7.1**, können Konzepte für eine Steuerung und/oder Regelung der elektrischen Verbraucher mithilfe von Sensoren erarbeitet werden.

Sind die Anwendungen einer Masche katalogisiert, können Konzepte der Steuerung oder Regelung mithilfe von Sensoren erarbeitet werden.

Entsprechend DIN VDE 0100-801 sind die Maschen jeweils einem Stromkreis zuzuordnen. Dies bedeutet, dass die Installation der elektrischen Anlage von einer horizontalen Versorgung in eine vertikale Versorgung geändert werden muss, siehe **Bild 7.3** und **Bild 7.4**.

Bei dem vertikalen Errichtungskonzept sind die Leitungen länger und die Leitungsverluste werden größer. Deshalb wird auch in DIN VDE 0100-801 darauf hingewiesen, dass kleine Maschen im Allgemeinen nicht sinnvoll sind. Beim Konzept der Maschenbildung kann es zur Erhöhung des Verbrauchs bei einzelnen Teilen des Systems führen, doch insgesamt wird sich der Energieverbrauch reduzieren. Auch die Lastschwerpunktberechnung führt bei einem solchen Errichtungskonzept zu anderen Ergebnissen.

Anwendungen in einer Zone	Zuordnung zu einer Masche	Sensor	Verknüpfung mit weiteren Sensoren	Verknüpfung mit Kalender und/oder Uhrzeit
Jalousien Fenster Südseite	1	Dämmerungsschalter Außenbereich	Innentemperaturfühler	Wochentag/ Uhrzeiten
Beleuchtung Fensterseite	2	Dämmerungsschalter Außenbereich	Präsenzmelder Innenbereich	
Beleuchtung Raummitte	3	Dämmerungsschalter Außenbereich	Präsenzmelder Innenbereich	
Kopierer	4			Wochentag/ Uhrzeiten
Beleuchtung Wandseite	5	Dämmerungsschalter Außenbereich	Präsenzmelder Innenbereich	
Klimaanlage/ Lüftung	–	Außentemperaturfühler	Innentemperaturfühler	Wochentag/ Uhrzeiten
Außen-beleuchtung	–	Dämmerungsschalter	Bewegungsmelder	
Tiefgarage	–	Präsenzmelder	Schwarmintelligenz	

Tabelle 7.1 Beispiele von Anwendungen in einer Zone

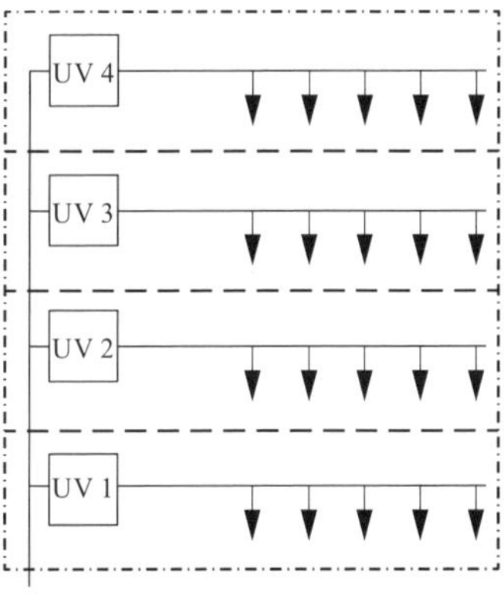

Bild 7.3 Horizontale Stromversorgung

Die Aufteilung in Maschen ermöglicht auch die Erfassung der verbrauchten Energie von bestimmten Verbrauchergruppen. Solche Messwerte eignen sich dann für eine weitere Optimierung der elektrischen Energie. Nach Änderungen oder Modifizierungen an den Verbrauchern können dann die Erfolge gemessen werden.

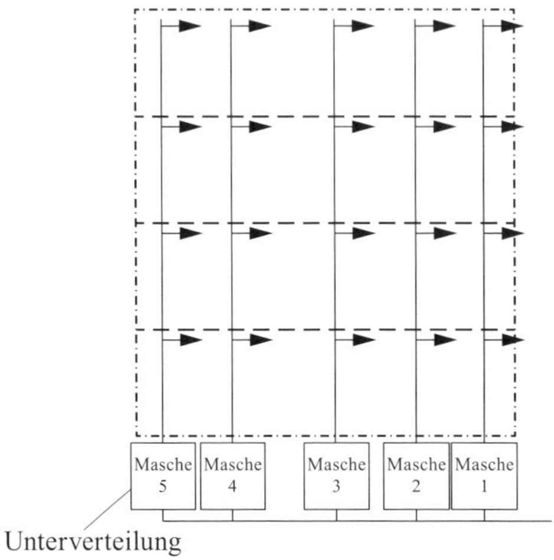

Bild 7.4 Vertikale Stromversorgung

KNX-Bus-System als Alternative

Die einzelnen Anwendungen können alternativ auch mit einem KNX-Bus-System per Datenleitung zusammengefasst und gesteuert werden. In solchen Fällen kann das horizontale Konzept der Stromversorgung beibehalten werden, denn die Zusammenführung zu einer Masche erfolgt dann per Software. Eine Erfassung des Energieverbrauchs einer einzelnen Masche ist dann jedoch nicht möglich, es sei denn für jeden Verbraucher wird zusätzlich ein busfähiges Energiezählermodul vorgesehen und die einzelnen verbrauchten Leistungen werden rechnergestützt addiert, siehe **Bild 7.5**.

Doch dies ist eine teure Lösung und sollte nur bei einer Umrüstung einer Anlage erwogen werden. Ob eine Amortisierung in einem akzeptablen Zeitrahmen möglich ist, muss zuvor berechnet werden, denn das Wissen über die verbrauchte Energie einer Masche sollte zu Maßnahmen führen, die den Energieverbrauch weiter senken.

Messung, Steuerung und Energiemanagement sind wichtig

Elektrische Anlagen sind zukünftig so aufzubauen, dass eine detaillierte messtechnische Erfassung der verbrauchten Energie möglich ist. Erst mit einer messtechnischen Erfassung kann gezielt Einfluss auf die Verbesserung der Energieeffizienz einer elektrischen Anlage genommen werden.

Sind keine messtechnischen Erfassungen in einer elektrischen Anlage vorhanden, reduziert sich bei der Bewertung der Wert der Effizienzklasse eines Gebäudes in Bezug auf die elektrische Anlage nur im Hinblick auf ihre Errichtung, siehe Tabellen 13.2, 13.3, 13.4 und 13.5.

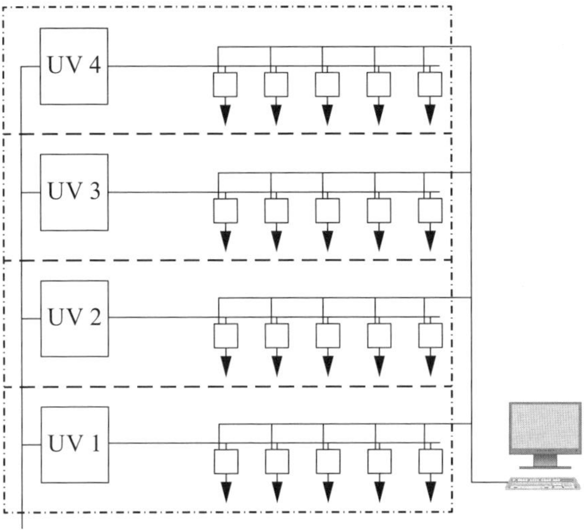

Bild 7.5 Steuerung von Maschen durch ein Bussystem

Eine Steuerung von einzelnen Maschen muss möglich sein, damit diese nach Effizienzkriterien mithilfe eines Energiemanagements automatisiert werden können. Auch das Vorhandensein eines Energiemanagementsystems für die Steuerung von Energieverbrauchern hat Einfluss auf die Energieeffizienzklasse eines Gebäudes.

Damit ein Gebäude einen guten Wert bei der Ermittlung der Energieeffizienzklasse und damit einen hohen Bewertungsstatus erhält, müssen deshalb folgende Systeme vorgesehen werden:

- Energiezähler,
- Steuerung,
- Energiemanagement.

Diese Anforderungen gelten entsprechend DIN VDE 0100-801 sowohl bei Neuanlagen als auch bei Modifizierungen von Altanlagen.

8 Lastmanagement

Ein Lastmanagement ermöglicht bei einer elektrischen Anlage, durch kontrollierte Steuerung, ohne Einschränkungen beim Komfort, den Energieverbrauch zu reduzieren. Bei Berücksichtigung der variablen Energiekosten der Energiequellen, können die Kosten für die Energiebeschaffung zusätzlich gesenkt werden. Damit dies realisiert werden kann, ist ein Energiemanagement notwendig, mit dessen Hilfe eine Optimierung möglich ist.

Bevor die Struktur und die Parameter eines Lastmanagements festgelegt werden, sind die verschiedenen Elemente einer elektrischen Anlage zu betrachten und deren Grenzen sowie die besonderen Bedingungen zu ermitteln. Insbesondere die zur Verfügung stehenden Stromversorgungen sowie die erwarteten Lasten müssen ermittelt und bewertet werden. Das Lastmanagement verknüpft diese Elemente mit dem Bedarf und den Bedürfnissen der Verbraucher bzw. Anwender der Energie.

8.1 Stromversorgungen

Bei der Zurverfügungstellung der elektrischen Energie gibt es im Wesentlichen drei verschiedene Stromversorger, die für die Energieversorgung bereitstehen, siehe **Tabelle 8.1**:

1. Bezug der elektrischen Energie von einem öffentlichen Stromversorgungsunternehmen. Beim Bedarf der elektrischen Energie muss betrachtet werden, dass manche öffentlichen Stromversorgungsunternehmen einen Hochtarif und einen Niedertarif anbieten. Welcher Tarif gilt, ist abhängig vom Überschuss der elektrischen Energie im Netz. Bei einem Energieüberschuss im Netz schaltet der Stromversorger in der Regel über einen Rundsteuerempfänger den Tarif am Doppeltarifzähler von HT zu NT um. Je nach Vertrag und Ausführung erfolgt die Umschaltung spontan oder zu einer festgelegten Uhrzeit. Die Energiekosten können durch diese Möglichkeit des Energiebezugs reduziert werden.
2. Installiert ein privater Anlagenbetreiber eine eigene Photovoltaikanlage, muss er die erzeugte Energie neuerdings vorzugsweise zuerst selbst verbrauchen. Nur die Restmenge der elektrischen Energie darf ins Netz eingespeist werden, wofür er eine Vergütung vom Netzbetreiber erhält. Doch für die eigenerzeugte und selbst verbrauchte Energie ist leider umsatzsteuerpflichtig, und ab einer bestimmten Leistung ist auch die EEG-Umlage (EEG: Erneuerbare-Energien-Gesetz) fällig.

	Stromversorger	Art der Stromversorger	Besondere Bedingungen
1.	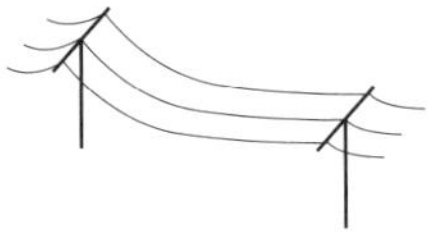	Öffentliche Stromversorger (EVU) Energieerzeugung mit • Kohle, • Kernenergie, • Gas, • Biogas, • Wind, • Wasser	Über Doppeltarifzähler kann Energie zum Hochtarif (HT) und Niedertarif bezogen werden. Blindleistung muss zusätzlich bezahlt werden. Sonderkonditionen bei Abnahme regenerativer Energie.
2.	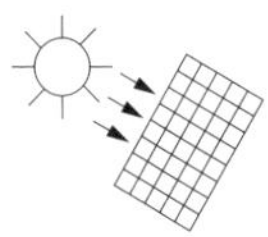	Photovoltaik für Eigenverbrauch und mit Einspeisung ins öffentliche Stromversorgungsnetz.	Energie steht nur bei Tageslicht zur Verfügung.
3.	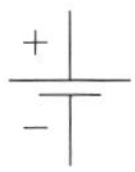	Batterien für Eigenbedarf mithilfe eines Wechselrichters.	Teures Speichermedium, kann Energie der Photovoltaik tagsüber speichern und bei Dunkelheit der elektrischen Anlage zur Verfügung stellen.

Tabelle 8.1 Mögliche Stromversorger

3. Batterieanlagen sind eine teure Investition, und der Zeitraum für die Amortisierung kann lang sein. Die Lebensdauer einer Batterie ist zudem auch noch abhängig von der Anzahl der Lade- und Entladezyklen. Doch werden Batterieanlagen gemeinsam mit einer Photovoltaik- und/oder Windenergieanlage betrieben, steht die gespeicherte Energie auch beim Wegfall dieser Energieerzeugung als regenerative Energie zur Verfügung.

Der Verbraucher hat eigentlich keinen direkten Zugriff auf die von Sonne, Wind und Biomasse erzeugte Energie, da diese regenerativen Energien in der Regel vom öffentlichen Stromversorger von den Energieproduzenten übernommen und den Verbraucheranlagen in einem Mix geliefert wird. Vertraglich kann der Stromabnehmer aber beim Energieversorgungsunternehmen vereinbaren, dass er z. B. nur regenerative Energie abnehmen will.

Möchte ein Verbraucher nur regenerative Energie abnehmen, kostet die Kilowattstunde mehr. Doch wie funktioniert so etwas und wie kann das Energieversorgungsunternehmen die unterschiedlich erzeugte Energie am Übergabepunkt wieder aufteilen? **Bild 8.1** zeigt ein Versorgungs-/Verteilnetz eines Energieversorgungsunternehmens, in das sowohl konventionelle Energieerzeuger wie Kohle- und Gaskraftwerke als auch Kernkraftwerke einspeisen. In ein solches Netz speisen auch Generatoren, die vom Wind oder mittels Wasserkraft angetrieben werden. Auch Photovoltaikanlagen und Biokraftwerke speisen in ein solches Netz ein.

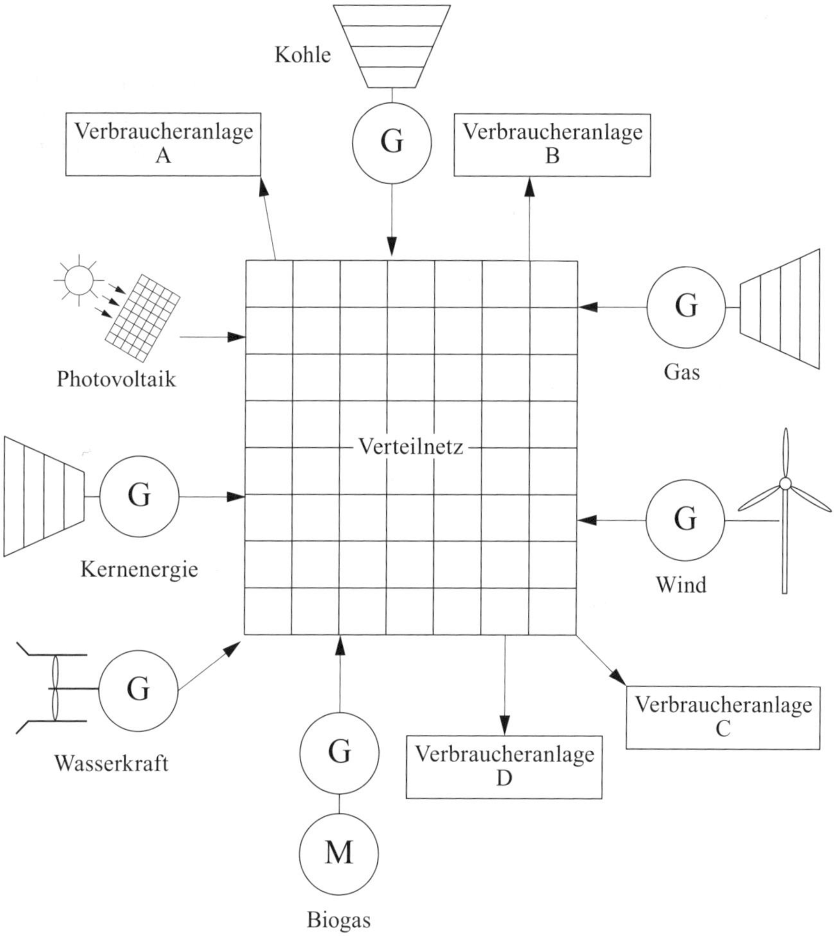

Bild 8.1 Struktur eines Versorgungsnetzes mit der Zusammenfassung unterschiedlicher Energiequellen

Dieses Verteilnetz kann wie ein großer See betrachtet werden, in dem mehrere Flüsse den See (Netz) mit Wasser (Energie) speisen. Wird von diesem See Wasser entnommen, ist natürlich dieses Wasser ein Mix aus dem gesamten Wasser aller speisenden Flüsse. Nur mittels eines Vertrags kann der gewählten Anteil, z. B. der regenerativen Energie, wieder herausfiltert werden. Ein Energieversorgungsunternehmen kann jedoch nur die Menge an regenerativer Energie verkaufen, die insgesamt an regenerativer Energie in sein Netz eingespeist wird.

8.2 Lasten

Lasten eines Stromversorgungsnetzes werden von elektrischen Betriebsmitteln, die damit verbunden werden, verursacht. Je geringer die benötigte Energie für eine bestimmte Funktion ist, desto höher ist die Energieeffizienz. Je geringer die Verluste bei der Umwandlung der elektrischen Energie sind, z. B. in eine rotierende Energie, umso besser ist der Wirkungsgrad.

Europäische Richtlinien für Etiketten und Produktinformationen

Grundsätzlich sollten nur elektrische Betriebsmittel mit der bestmöglichen Energieeffizienzklasse verwendet werden. Damit elektrische Betriebsmittel am Markt durch den Verbraucher entsprechend ausgewählt werden können, wurde von der europäischen Kommission die Richtlinie 2010/30/EG herausgegeben, die das Etikettieren und die Ausführung von Produktinformationen für energieverbrauchsrelevante Produkte regelt. Auch die Händler wurden in die Pflicht genommen, so steht z. B. im Artikel 6 folgender Wortlaut:

Die Mitgliedstaaten stellen sicher, dass Händler die Etiketten in lesbarer und sichtbarer Form ordnungsgemäß ausstellen ....

Diese Richtlinie legt also nicht fest, wie günstig der Wirkungsgrad eines bestimmten Verbrauchsmittels sein muss, sondern dass der Wirkungsgrad (Effizienzklasse) am Betriebsmittel und in den Produktinformationen angegeben werden muss.

Technologiebezogene europäische Verordnungen

Im nachfolgenden Kapitel werden typische Verbraucher in Bezug zu gesetzlichen Anforderungen betrachtet. Die Beispiele sollen aufzeigen, wie der Gesetzgeber in unterschiedlicher Form bei der Verwendung von elektrischen Betriebsmitteln für die Energieeffizienz heutzutage Vorgaben macht.

8.2.1 Haushaltsgeräte

Für viele Haushaltsgeräte hat die europäische Kommission eigene Verordnungen herausgegeben. Alle Verordnungen enthalten die gesetzliche Pflicht zur Etikettierung mit Farbbalken, wie im Bild 8.2 dargestellt. Damit verpflichtet die europäische Kommission die Hersteller ihr Produkt selbst entsprechend dem Energieverbrauch zu klassifizieren und darzustellen. Der Verbraucher entscheidet dann mit dem Kauf, ob sich ein elektrisches Betriebsmittel aufgrund seiner Energieverluste am Markt behaupten kann.

Es gibt mittlerweile viele produktbezogene EU-Verordnungen in Bezug auf die Etikettierung der Energieeffizienz, z. B. für:

- Waschmaschinen (EU-Verordnung Nr. 1061/2010),
- Geschirrspüler (EU-Verordnung Nr. 1059/2010),
- Kühl- und Gefriergeräte (EU-Verordnung Nr. 1060/2010),
- Backöfen (EU-Verordnung Nr. 65/2014),
- Fernseher (EU-Verordnung Nr. 1062/2010),
- Lampen und Leuchten (EU-Verordnung Nr. 874/2012).

Beispiel Lampen und Leuchten

Mit der EU-Verordnung 874/2012, siehe Teil C dieses Buchs, wurde neben den Anforderungen für die Umsetzung der Richtlinie 2010/30/EG auch die Etikettierung von Lampen und Leuchten festgelegt. Diese Verordnung enthält Angaben, wie das Etikett zur Energieeffizienz am Gerät oder der Verpackung aussehen muss, siehe **Bild 8.2**.

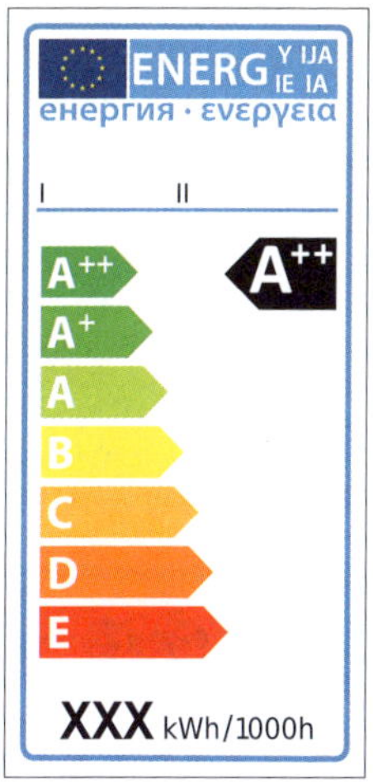

Bild 8.2 Etikett für Lampen und Leuchten
(Bild: *Piotr Pawinski*/fotolia.com)

Mithilfe dieser gesetzlichen Vorgabe können Planer, Einkäufer und Verbraucher in einfacher Weise das für den Anwendungsfall energieeffizienteste Produkt auswählen.

In Verbindung mit der Preisangabe kann auch die Amortisierung abgeschätzt werden. Für eine Leuchte, die nur für einen kurzen Zeitraum pro Jahr benötigt wird, muss nicht unbedingt der höchste Grad der Energieeffizienz ausgewählt werden, wenn der Mehrpreis dafür wesentlich höher ist als für eine Lampe mit geringerer Energieeffizienz. Für eine Beleuchtung eines Öltankraums in einem Wohnhaus reicht z. B. sicherlich eine einfache, nicht energieeffiziente Leuchte aus, die nur ein paar Euro kostet.

8.2.2 Elektromotoren (Drehstrom-Niederspannungsmotoren mit Käfigläufer)

Mit der EU-Verordnung 640/2009, siehe Teil C dieses Buchs, wurden die Anforderungen für die Umsetzung der EG-Richtlinie 2005/32/EG speziell für die umweltgerechte Gestaltung von Elektromotoren festgelegt. Diese Verordnung enthält eine Klassifizierung von Drehstrommotoren in Effizienzklassen (IE2, IE3) in Abhängigkeit von ihrem Wirkungsgrad und der Anzahl der Pole.

Effizienzklassen

Je höher ein Motor in eine Effizienzklasse eingestuft ist, desto besser ist sein Wirkungsgrad, siehe **Tabelle 8.2**.

Effizienzklasse	Bedeutung der Klasse
IE1	Standardeffizienz
IE2	hohe Effizienz
IE3	Premiumeffizienz

Tabelle 8.2 Effizienzklassen von Motoren

Der Zentralverband Elektrotechnik- und Elektronikindustrie e. V. (ZVEI) macht in seiner Broschüre zum Thema Energieeffizienz bei Motoren folgende Aussage [11]:

Elektrische Antriebe sind das Bindeglied zwischen der elektrischen Energieversorgung und der großen Anzahl von mechanischen Prozessen, die einen hohen Teil der Energie benötigen. So entfallen $^2/_3$ des gesamten industriellen Verbrauchs an elektrischer Energie auf mit Elektromotoren angetriebene Maschinen. Würden die in der deutschen Industrie, im Gewerbe und in öffentlichen Einrichtungen teilweise bereits seit Jahrzehnten laufenden Altanlagen durch moderne Antriebssysteme ersetzt, ließen sich pro Jahr Energieeinsparungen in Höhe von 38 Mrd. Kilowattstunden erzielen.

Der Wirkungsgrad bestimmt die Effizienzklasse

In der EU-Verordnung 640/2009 wird in Anhang I festgelegt, welcher Wirkungsgrad in Abhängigkeit von der Anzahl der Pole entsprechend seiner Effizienzklasse erreicht werden muss. **Bild 8.3** zeigt die gesetzlich vorgegebene Reduzierung der Verluste in Abhängigkeit von der Nennleistung für vierpolige Motoren für jede Effizienzklasse.

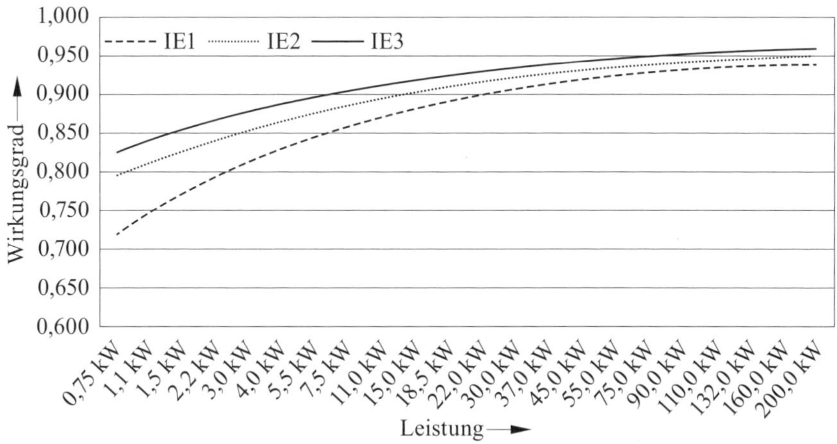

Bild 8.3 Leistungsabhängige Veränderung des Wirkungsgrads in Abhängigkeit von den Effizienzklassen (IE) für vierpolige Motoren

Inverkehrbringung ist abhängig von der Effizienzklasse

Die zulässige Inverkehrbringung von Motoren ist also abhängig von der Effizienzklasse und der Nennleistung. Motoren der Effizienzklasse 1 (EF1) dürfen bereits seit 2011 nicht mehr in Verkehr gebracht werden. Für Motoren der Effizienzklasse 2 (EF2) ist seit 2015 Schluss. Für Motoren der Effizienzklasse 3 (EF3) ist der Starttermin das Jahr 2015 für eine Motorleistung von 7,5 kW bis 376 kW. Ab 2017 gilt dann die Effizienzklasse 3 (EF3) auch für Motoren mit einer Nennleistung von 0,75 kW bis 7,5 kW [12]. Da IE2-Motoren seit 2015 nur noch mit Umrichter verwendet werden dürfen und IE3-Motoren sich am Markt noch nicht durchgesetzt haben, dürfte der Einsatz von IE2-Motoren mit Umrichter heute der Normalfall sein, da sich mit der Umstellung von EF2-Motoren auf EF3-Motoren in der Regel der Motortyp (Baugröße) und damit das Gewicht und die Abmessungen ändern – der Preis natürlich auch. **Bild 8.4** zeigt die zeitlichen Termine, bis wann ein Motor mit einer bestimmten Effizienzklasse in Verkehr gebracht werden darf.

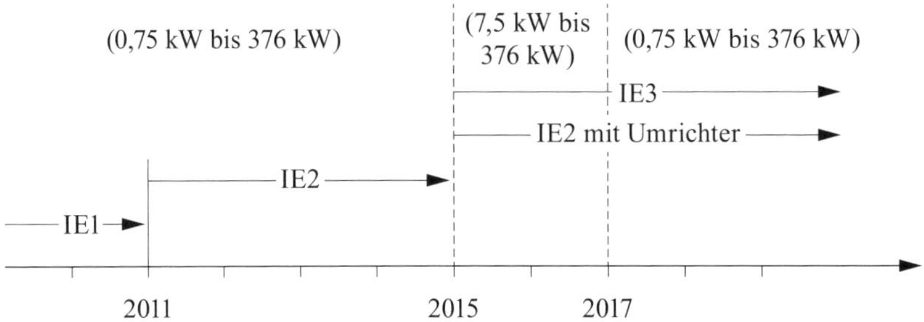

Bild 8.4 Termine der Inverkehrbringung von Motoren in Abhängigkeit von ihrer Effizienzklasse

Ausnahme für EF2-Motoren

Als Alternative zum EF3-Motor dürfen weiterhin EF2-Motoren, jedoch nur mit einer zusätzlichen Drehzahlregelung eingesetzt werden. Die Ausnahme und die Bedingungen unter denen EF2-Motoren anstelle von EF3-Motoren eingesetzt werden dürfen, ist in der EU-Verordnung 640/2009 (siehe Teil C dieses Buchs) in Artikel 3 festgelegt:

Ab 1. Januar 2015 gilt:

Motoren mit einer Nennausgangsleistung von 7,5 kW bis 375 kW müssen entweder mindestens das [...] definierte Effizienzniveau IE3 erreichen oder dem [...] Effizienzniveau IE2 entsprechen und mit einer Drehzahlregelung ausgestattet sein.

Ab 1. Januar 2017 gilt:

Alle Motoren mit einer Nennausgangsleistung von 0,75 kW bis 375 kW müssen entweder mindestens das [...] definierte Effizienzniveau IE3 erreichen oder dem [...] Effizienzniveau IE2 entsprechen und mit einer Drehzahlregelung ausgestattet sein.

Durch die Kombination EF2-Motor + Umrichter lässt sich die abgegebene Leistung immer an den unterschiedlichen Bedarf angepassen, und somit kann Energie eingespart werden.

Betroffene Motoren

Motoren, die die o. g. Bedingungen einhalten müssen, sind die klassischen zwei-, vier- und sechspoligen Kurzschlussläufermotoren, die im S1-Betrieb (Dauerbetrieb) oder nahezu im Dauerbetrieb (Betrieb mit hoher Einschaltdauer), z. B. S3 80 % ED und höher, betrieben werden.

Ausgenommene Motoren

Die Verordnung gilt nicht für Motoren:

- die ganz in eine Flüssigkeit eingetaucht betrieben werden (Tauchpumpen);
- die vollständig in ein Produkt eingebaut sind (Pumpe, Ventilator, Kompressor);
- die für einen speziellen Betrieb vorgesehen sind, wie
  - über 1 000 m Meeresspiegel,
  - über 40 °C Umgebungstemperatur,
  - über 400 °C Betriebshöchsttemperatur,
  - unter –15 °C Umgebungstemperatur,
  - unter 0 °C Umgebungstemperatur bei luftgekühlten Motoren,
  - mit einer Kühlflüssigkeitstemperatur von < 5 °C oder > 25 °C,
  - in explosionsgefährdeten Bereichen;
- Bremsmotoren.

Die Auflistung der Ausnahmen zeigt, dass wohl nicht bei allen Motoren der Wirkungsgrad verbessert werden braucht.

8.2.3 Transformatoren

Mit der EU-Verordnung 548/2014, siehe Teil C dieses Buchs, wurden die Anforderungen für die Umsetzung der EG-Richtlinie 2009/125/EG speziell für die umweltgerechte Gestaltung von Transformatoren festgelegt. Diese Verordnung enthält Vorgaben über die max. Kurzschluss- und Leerlaufverluste von Transformatoren in Abhängigkeit von ihrer Nennleistung und Bauart (flüssigkeitsgefüllte Transformatoren und Trockentransformatoren). Es wird dabei zwischen Klein- (ab 1 kVA), Mittel- (≤ 3 150 kVA) und Großleistungstransformatoren (> 4 MVA) unterschieden.

Die EU-Verordnung 548/2014 gilt für Klein- bis Großleistungstransformatoren und sieht vor, dass die Hersteller/Inverkehrbringer die Verlustleistungen (Kupfer- und Eisenverluste) in zwei Stufen reduzieren müssen. Die reduzierten Werte der ersten Stufe gelten ab dem 1. Juli 2015 und für die zweite Stufe ab 1. Juli 2021, siehe **Bild 8.5**.

Die max. Verlustleistung ist leistungsabhängig. **Tabelle 8.3** zeigt beispielhaft die höchsten zugelassenen Kurzschluss- und Leerlaufverluste für dreiphasige Trockentransformatoren mittlerer Leistung.

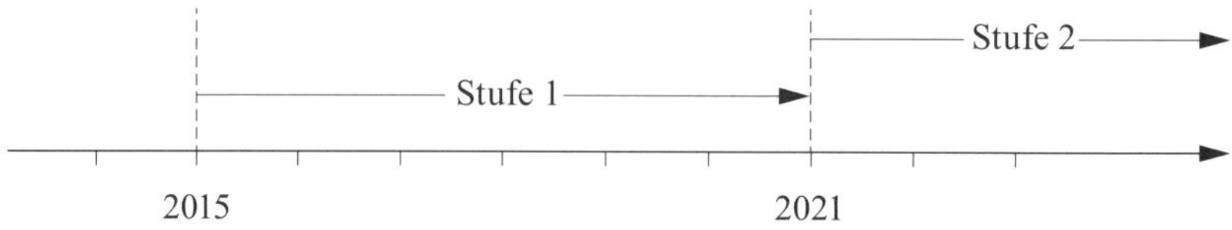

Bild 8.5 Termine der Inverkehrbringung von Transformatoren in Abhängigkeit von ihrer Stufe des max. Wirkungsgrads

Nenn-leistung in kVA	Ab 1. Juli 2015			Ab 1. Juli 2021		
	Maximale Kurzschluss-verluste in W	Maximale Leerlauf-verluste in W	Gesamt-verlust-leistung in %	Maximale Kurzschluss-verluste in W	Maximale Leerlauf-verluste in W	Gesamt-verlust-leistung in %
50	1700	200	3,80	1500	180	3,36
100	2050	280	2,33	1800	252	2,05
160	2900	400	2,06	2600	360	1,85
250	3800	520	1,73	3400	468	1,55
400	5500	750	1,56	4500	675	1,29
630	7600	1100	1,38	7100	990	1,28
800	8000	1300	1,16	8000	1170	1,15
1000	9000	1550	1,06	9000	1395	1,04
1250	11000	1800	1,02	11000	1620	1,01
1600	13000	2200	0,95	13000	1980	0,94
2000	16000	2600	0,93	16000	2340	0,92
2500	19000	3100	0,88	19000	2790	0,87
3150	22000	3800	0,82	22000	3420	0,81

Tabelle 8.3 Maximale Kurzschluss- und Leerlaufverluste für dreiphasige Mittelleistungs-Trockentransformatoren bei Nennleistung

Die maßgeblichen Verluste bei einem Transformator setzen sich aus zwei Teilen zusammen: Dies sind die Kurzschlussverluste, auch Kupferverluste genannt, und die Leerlaufverluste, auch Eisenverluste genannt. Beide Verlustarten können durch Design und Ausführung beeinflusst werden. So können die Kupferverluste dadurch reduziert werden, indem der Querschnitt der Wicklungen vergrößert wird. Die Eisenverluste können bei der Auswahl der Qualität der Bleche für den Eisenkern positiv beeinflusst werden. Doch beide Methoden führen zu größeren und schwereren Transformatoren, die obendrein auch noch teurer sind.

Kurzschluss- und Leerlaufverluste können gegeneinander aufgerechnet werden. Dies bedeutet, dass z. B. zu hohe Kurzschlussverluste mit den Leerlaufverlusten gegengerechnet werden dürfen und umgekehrt. Im Anhang I der EU-Verordnung, wird dazu folgende Aussage gemacht:

Mittelleistungstransformatoren müssen den höchstzulässigen Werten für Kurzschlussverluste und Leerlaufverluste oder den max. Wirkungsgraden [...] entsprechen.

Bild 8.6 zeigt, dass ab der zweiten Stufe die Verlustleistung nur noch bei Transformatoren mit einer Nennleistung von < 1 000 kVA weiter abgesenkt werden muss.

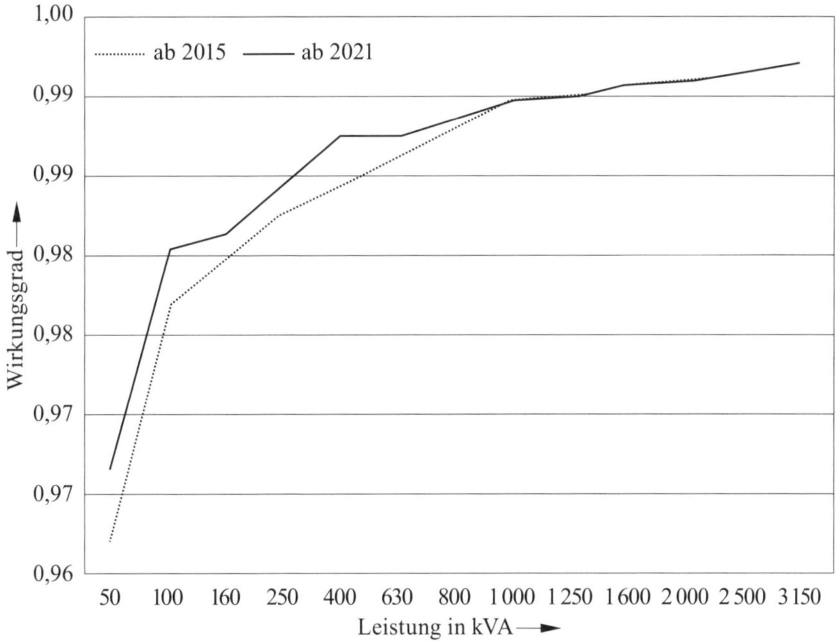

Bild 8.6 Leistungsabhängige Veränderung des Wirkungsgrads in Abhängigkeit von der Nennleistung des Transformators

Ermittlung der Verluste eines Transformators

a) **Leerlaufverluste**

Die Leerlaufverluste P_0, auch Eisenverluste genannt, werden ermittelt, indem bei unbelastetem Sekundärstromkreis der primärseitige Strom gemessen wird, der bei Nennspannung und Nennfrequenz benötigt wird, um den Magnetkern zu magnetisieren, siehe **Bild 8.7**.

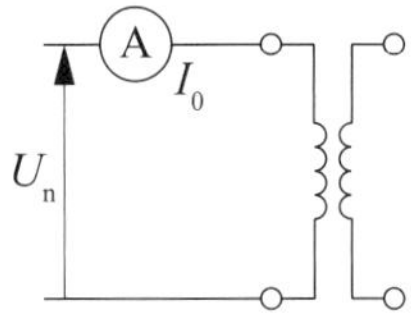

Bild 8.7 Messung der Leerlaufverluste (Eisenverluste)

Die Leerlaufverluste können dann mit folgender Formel ermittelt werden:

$$P_0 = U_n \cdot I_0.$$

b) **Kurzschlussverluste**

Die Kurzschlussverluste P_k, auch Kupferverluste genannt, werden ermittelt, indem der Sekundärstromkreis kurzgeschlossen (deshalb auch der Begriff Kurzschlussverluste) und auf der Primärseite eine variable Spannungsquelle mit Nennfrequenz angeschlossen wird. Die Spannung wird bei der Messung soweit erhöht, bis auf der Primärseite der Nennstrom fließt, siehe **Bild 8.8**.

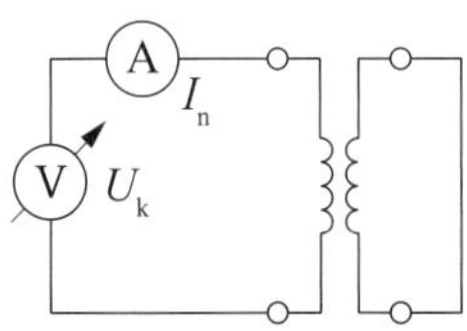

Bild 8.8 Messung der Kurzschlussverluste (Kupferverluste)

Damit werden sowohl die Wicklungsverluste der Primärwicklung als auch der Sekundärwicklung erfasst. Die einfachste Methode zur Ermittlung der Leerlaufverluste ist die Messung des Primärstroms. Die Kurzschlussverluste können dann mit folgender Formel ermittelt werden:

$$P_k = U_k \cdot I_n.$$

Übrigens: Selbst wenn der Transformator eine Wicklung aus Aluminium hat, werden die Kurzschlussverluste trotzdem auch als Kupferverluste bezeichnet, da dieser Begriff bei Transformatoren grundsätzlich die Wicklungsverluste bezeichnet.

Spartransformator

Mithilfe eines Spartransformators kann die Energieeffizienz nicht verbessert werden. Der Begriff „Spar" deutet nur darauf hin, dass bei der Herstellung des Transformators an der Wicklung „gespart" wurde. Das Konzept eines Spartransformators beruht nämlich auf dem Einsparen der Sekundärwicklung. Die Primärwicklung wird sowohl von der Oberspannungsseite als auch von der Unterspannungsseite benutzt. Dabei muss der Teil der Wicklung, der sowohl vom Primär- als auch vom Sekundärstrom durchflossen wird, so dimensioniert werden, dass der Gesamtstrom über diesen Teil der Wicklung fließen darf, siehe **Bild 8.9**.

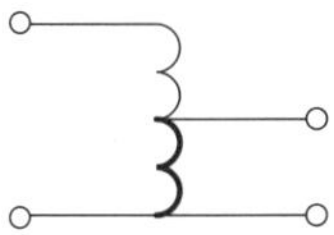

Bild 8.9 Wicklungsaufbau bei einem Spartransformator

Spartransformatoren haben in der Regel einen schlechteren Wirkungsgrad als Transformatoren mit getrennten Wicklungen. Auch die Magnetisierungsschwingungen sind höher als bei herkömmlichen Transformatoren. Zusätzlich ist zu beachten, dass es bei der Verwendung von Spartransformatoren keine galvanische Trennung zwischen der Primär- und Sekundärseite gibt. So kann z. B. auf der Sekundärseite eines solchen Transformators kein IT-System (IT: Isolé Terre) errichtet werden, wenn das Netz, das die Primärseite versorgt, geerdet ist.

Energieeffizienz durch reduzierte Belastung des Transformators

Auf den ersten Blick vermutet man, dass nur durch einen überdimensionierten Transformator ein energieeffizienter Transformatorbetrieb erreicht werden kann. Doch wird ein Transformator überdimensioniert, erhöhen sich das Gewicht und auch der Preis. Der Amortisierungszeitpunkt wird nach hinten verschoben.

Ein Transformator wird in der Regel nicht für den Mittelwert der Gesamtbelastung dimensioniert, sondern für die im ungünstigsten Fall benötigte max. Gesamtleistung. Damit ist die Auslastung eines Transformators unter Berücksichtigung des Gleichzeitigkeitsfaktors eigentlich immer niedriger als die notwendigerweise installierte Transformatorleistung.

Die Norm macht zu diesen Schlussfolgerungen keine Aussagen. Da das Verhältnis zwischen den Kurzschlussverlusten und den Leerlaufverlusten entsprechend der EU-Verordnung 548/2014 ca. 6 : 1 sein darf, kann eine Angleichung der Verluste untereinander für einen besseren Wirkungsgrad nur durch die Reduzierung der Kurzschlussverluste erreicht werden. Dies bedeutet, dass die Kupferquerschnitte der Wicklungen vergrößert werden müssen. Damit sind die Transformatorenhersteller in der Pflicht, zukünftig entsprechende Transformatoren auf dem Markt anzubieten. Der Elektroplaner muss bei der Auswahl der Transformatoren auch auf das Verhältnis zwischen den Kurzschlussverlusten und den Leerlaufverlusten achten. Je geringer das Verhältnis, desto besser ist die Energieeffizienz des Transformators.

8.2.4 Bewertung von Lasten

Bei der Zusammenfassung von möglichen Lasten (Verbrauchern), siehe **Tabelle 8.4**, müssen die einzelnen Verbraucher für ein mögliches Lastmanagement bewertet werden. Insbesondere ist die Zulässigkeit einer automatischen Abschaltung für einen notwendigen Lastabwurf bei zu erwartender Überlastung der Stromversorgung zu ermitteln.

Verbraucher im Haushalt wie Waschmaschinen, Spülmaschinen oder Wäschetrockner, die mittels eines Programms betrieben werden, dürfen z. B. nicht mitten im Programmablauf automatisch von der Stromversorgung getrennt werden. Andere Verbraucher wie das Laden eines Elektrofahrzeugs, Kompressoren, Lüftungs- und Klimaanlagen, Kühl- und Gefrierschränke könnten schon für einen bestimmten Zeitraum spontan abgeschaltet werden.

Grundsätzlich muss das Lastmanagement in Bezug zur Last immer in Abhängigkeit vom Verhaltensmuster des Anwenders geplant werden.

Lasten (elektrische Betriebsmittel) mit gleichen oder ähnlich akzeptablen Abschaltzeiten sollten in einer Masche zusammengefasst werden.

	Beispiele von Verbrauchern	Lastabwurf während des Betriebs	Verfügbarkeiten	Automatisierbar?
1.	Transformator	nicht zulässig	immer	ggf. mehrere Transformatoren lastabhängig zu- oder abschalten
2.	Motor A Umwälzpumpe	ja	30 min Unterbrechung möglich	ja
3.	Motor B Lüftung	ja	15 min Unterbrechung möglich	ja
4.	programmgesteuerte Haushaltsgeräte	nein	Freigabe der Stromversorgung zu einer bestimmten Uhrzeit möglich	teilweise
5.	Beleuchtung	teilweise	5 min für Beleuchtungskreis *x* möglich	ja
6.	Maschine A	nein	Freigabe der Stromversorgung für einer bestimmten Uhrzeit möglich	ja
	Maschine B	nein	immer	nein
7.	Förderband A	ja	30 min Unterbrechung möglich	ja
8.	Förderband B	erst nach 5 min, wenn Förderband A abgeschaltet wurde	30 min Unterbrechung möglich	ja

Tabelle 8.4 Beispiel einer Zusammenfassung von Verbrauchern mit Einstufung der Verfügbarkeit

Individuellen Bedarf berücksichtigen

In DIN VDE 0100-801 wird ausdrücklich darauf hingewiesen, dass der individuelle Bedarf des Anwenders immer Vorrang hat vor einem automatischen Lastmanagement. Deshalb muss der Anwender in der Lage sein, eine automatische Funktion außer Kraft setzen zu können. Hierfür sind dann auch entsprechende Befehlseinrichtungen vorzusehen.

Beispiel: Ein Kopierer im Büro wird nachts und am Samstag und Sonntag zentral abgeschaltet. Wird nun in einer besonderen Aktion am Samstag der Drucker benötigt, muss vor Ort (in der Nähe des Druckers) ein Befehlselement vorgesehen werden, damit der Drucker entgegen dem Lastmanagementprogramm trotzdem eingeschaltet werden kann.

Bei der Katalogisierung von Abschaltbedingungen ist die Nutzerakzeptanz unbedingt zu beachten (besser direkt nachfragen).

Betriebsmittel müssen für Lastmanagement geeignet sein

Werden elektrische Betriebsmittel durch das Lastmanagement, z. B. durch Bewegungsmelder, häufig ein- und ausgeschaltet, so müssen entsprechend den zu erwartenden Schaltspielen geeignete Betriebsmittel vorgesehen werden. **Tabelle 8.5** enthält beispielhaft unterschiedliche Lampentypen und ihre zu erwartenden max. Schaltzyklen und Betriebsstunden.

Lampentyp	Maximale Betriebsstunden	Maximale Schaltzyklen
Halogenlampe	ca. 2000 h	ca. 50000
Energiesparlampe	ca. 8000 h	ca. 10000
LED-Lampe	ca. 15000 h	ca. 100000

Tabelle 8.5 Systembedingte max. Betriebsstunden und Schaltzyklen von Lampen

Beispiel: Für die Hinderniskennzeichnung einer Windenergieanlage sind am Turm rot blinkende Gefahrenfeuerleuchten angebracht. Bei einem so häufigen Schalten müssen natürlich besondere Lampen mit einer hohen zu erwartenden Zahl an Schaltzyklen ausgewählt werden. Auch das Schaltelement, das solche Lampen ein- und ausschaltet, muss für die hohe Schalthäufigkeit geeignet sein. Ein Schütz wird sicherlich nicht die erwartete Standzeit erreichen. In solchen Fällen erfolgt das Schalten in der Regel durch kontaktlose Leistungselektronik.

9 Energieeffizienz- und Lastmanagementsystem

Um ein Energieeffizienz- und Lastmanagement aufzubauen, werden mehrere Gruppen von Elementen in einem Managementsystem zusammengeführt, siehe **Bild 9.1**.

Das Managementsystem benötigt alle Parameter der zur Verfügung stehenden Energiequellen, z. B. Leistungsfähigkeit, Uhrzeit, Zeitdauer und deren Preisgestaltung. Von den Verbrauchern müssen die Bedarfsdaten, wie Leistung, Zeitraum

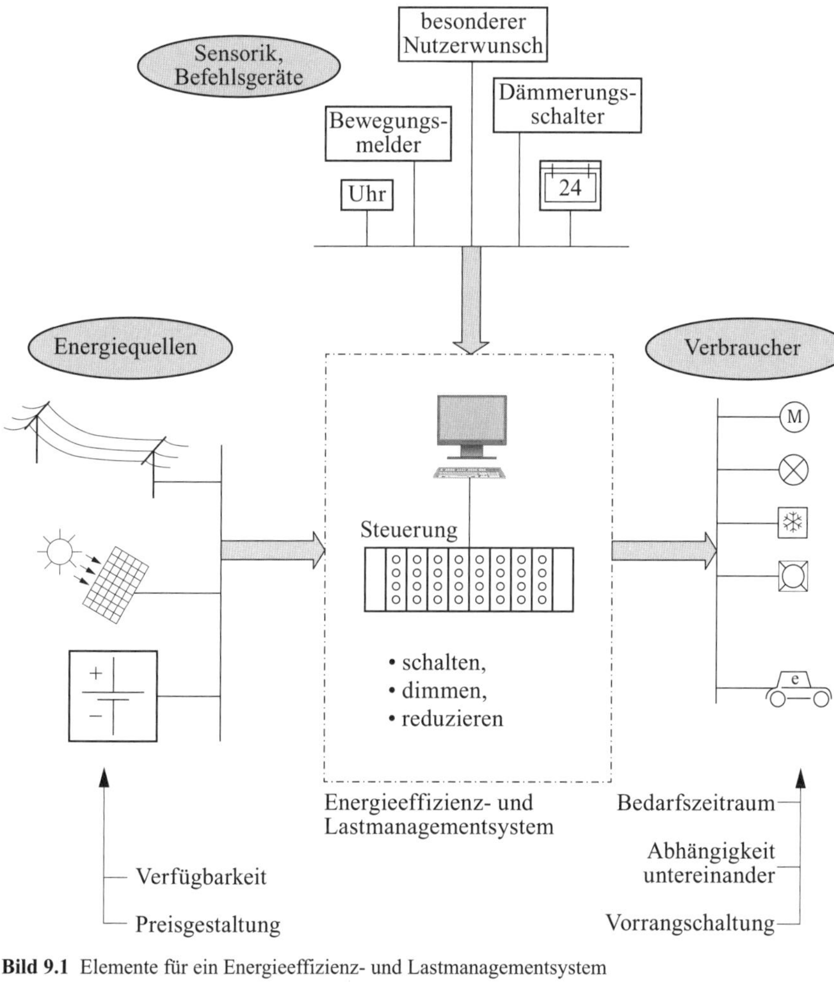

Bild 9.1 Elemente für ein Energieeffizienz- und Lastmanagementsystem

und Häufigkeit vorliegen. Mit den notwendigen Sensoren, z. B. Bewegungsmelder, Dämmerungsschalter, Befehlsgeräte der Anwender, kann dann vom System eine Optimierung vorgenommen werden – sowohl bei der Nutzung der Energiequellen als auch den Einsatz der errichteten elektrischen Betriebsmittel betreffend.

Eine Software ist notwendig

Damit das Energieeffizienz- und Lastmanagementsystem optimal eingesetzt werden kann, bieten Firmen speziell entwickelte Programme an, die entsprechend den Kundenanforderungen parametriert werden können.

9.1 Messung des Energieflusses

Die Messung des Verbrauchs der elektrischen Energie innerhalb einer elektrischen Anlage ist sowohl für die Steuerung der Lasten durch das Energieeffizienz- und Lastmanagementsystem als auch für die Anlagensteuerung wichtig. Ohne Messtechnik innerhalb der elektrischen Anlage kann die Wirksamkeit von getroffenen Maßnahmen zur Energieeffizienz nicht überprüft werden, und ohne Messung können energieintensive Lasten oder Maschen nicht identifiziert werden.

Grundsätzlich gehört zu einer energieeffizienten elektrischen Anlage immer eine umfassende Messtechnik. Bei der Bewertung einer elektrischen Anlage ist das Vorhandensein von Messtechnik ein wichtiger Parameter. Soll z. B. eine elektrische Anlage eines Wohngebäudes EM4 (Energiemaßnahmenstufe 4) entsprechen, muss in der Hauptverteilung eine permanente Messung des Leistungsfaktors und der elektrischen Energie und Leistung vorgesehen sein.

Bei elektrischen Anlagen für ein Gewerbe müssen in Abhängigkeit von der vorgesehenen Energiemaßnahmenstufe (EM*x*) die in **Tabelle 9.1** gezeigten Messungen vorgenommen werden.

	EM0	EM1	EM2	EM3	EM4
Spannung	keine	keine	gelegentlich	permanent	permanent
Energie/Leistung	keine	bei großen Betriebsmitteln	bei großen Betriebsmitteln, je Zone oder Masche	bei großen Betriebsmitteln, je Zone oder Masche	bei großen Betriebsmitteln, je Zone oder Masche
Leistungsfaktor	keine	periodisch	permanent	permanent	permanent
Oberschwingungen	keine	keine	gelegentlich	periodisch	permanent

Tabelle 9.1 Erforderliche Messungen in einer elektrischen Anlage für ein Gewerbe in Abhängigkeit von der vorgesehenen Energiemaßnahmenstufe

9.2 Genauigkeit und Messbereich

Die Genauigkeit einer Messeinrichtung ist in Abhängigkeit von der vorgesehenen Nutzung der Messergebnisse auszuwählen. Die Genauigkeit muss am höchsten sein, wenn z. B. das Messergebnis für die Entgeltabrechnung mit dem Energieversorger verwendet wird. Messeinrichtungen, deren Messwerte nur für eine Trenderfassung benötigt werden, brauchen keine hohe Genauigkeitsklasse aufweisen. Müssen Messergebnisse von verschiedenen Lasten miteinander verglichen werden, ist es erforderlich, dass alle diese Messeinrichtungen dieselbe Genauigkeitsklasse haben.

Der Messbereich einer Messeinrichtung muss mindestens für den höchsten auftretenden Messwert dimensioniert werden. Werden Messeinrichtungen über ihren max. Wert belastet, kann dies zur Beschädigung der Messeinrichtung führen und falsche Messergebnisse liefern.

Damit eine optimale Erfassung von Messwerten möglich ist, werden in DIN VDE 0100-801 Vorgaben zum Einbauort und zum Messbereich in Abhängigkeit von den Lasten vorgegeben, siehe **Tabelle 9.2**.

	Einspeisung	**Hauptverteilung**	**Unterverteilung**	**Verteiler, Endstromkreise**
Stromversorgung	Gesamtanlage	Verteilung von abgeschlossenen Einheiten	Verteilung von Maschen oder festgelegten Einheiten	Stromkreise einer bestimmten Masche
Verhältnis zwischen Last- und Bemessungsstrom	30 % … 90 %	30 % … 70 %	20 % … 40 %	< 20 %
Messungen	Netzüberwachung	Aufteilung des Energieverbrauchs	detaillierter Energieverbrauch	einfacher Energieverbrauch
Kenngrößen der Messungen	• eingespeiste Energie, • rückgespeiste Energie, • Blindstromanteil, • Oberschwingungsanteil	• Energieverbrauch, • Energieaufteilung, • Energienutzungsgrad	• Energieverbrauch, • Energieaufteilung, • Energienutzungsgrad	• Betriebsstunden, • Energieverbrauch
Genauigkeitsklasse der Messungen	Klasse 0,2 bis 1	Klasse 0,5 bis 2	Klasse 1 bis 3	Klasse 0,2 bis 2

Tabelle 9.2 Anforderungen an Messeinrichtungen

9.3 Methoden der Energieeffizienzbeurteilung

Es gibt verschiedene Möglichkeiten eines Energiemanagements, um die Energie in Anhängigkeit von verschiedenen Parameter optimal zu nutzen. Folgende Methoden sind möglich:

- Energieanwendungsanalyse mit Auswertung der Kostenverteilung,
- Energieanwendungsoptimierung,
- Effizienzabschätzung (COP: coeffizient of performance),
- Leistungsverwertung (PUE: power usage effectiveness),
- Vertragsoptimierung,
- Übereinstimmung mit Gesetzen (EG-Richtlinien) und Regeln (z. B. Normen).

Welche Methode die wirksamste ist, hängt von der Komplexität der elektrischen Anlage ab, aber auch von der Höhe des jährlichen Verbrauchs. Für elektrische Anlagen mit einem jährlichen Energieverbrauch von ein paar 1 000 kWh reicht sicherlich das jährliche Ablesen des Energiezählers und die Bewertung des Verbrauchs als Energiemanagement aus. Diese „Messmethode" wird heutzutage bei den elektrischen Anlagen für Wohnungen praktiziert.

Mittlerweile gibt es Systemhäuser, die eine spezielle Software anbieten, mit deren Hilfe der Energieverbrauch einer elektrischen Anlage optimiert und kontrolliert werden kann.

Messwertgeber

Messwertgeber, z. B. Strom- und Spannungswandler, müssen mindestens die gleiche Genauigkeitsklasse haben wie die Messeinrichtung selbst.

Prognosen

Damit ein Energiemanagementsystem optimal funktioniert, sind Vorhersagen (Wetter) und zu erwartende Einflussgrößen, wie Temperaturen und Helligkeit, die uhrzeit- oder kalenderabhängig auftreten, eine wertvolle Eingangsgröße für eine strategische Vorplanung.

Datenerfassung und Speicherung

Alle erfassten Daten sollten über einen längeren Zeitraum gespeichert werden. Mit der Auswertung eines solchen Datenbestands können Maßnahmen eingeleitet und Funktionsänderungen beim Managementsystem vorgenommen und kontrolliert werden.

Kommunikation

DIN VDE 0100-801 weist darauf hin, dass Systeme des Energiemanagementsystems andere Einrichtungen, z. B. Sicherheitseinrichtungen, Überwachungseinrichtungen oder LAN- bzw. WLAN-Einrichtungen, sowie den Datenbus von elektrischen Betriebsmitteln nicht beeinträchtigen dürfen. Insbesondere bei der EMV-gerechten Errichtung der Installation ist auf die Einhaltung der DIN VDE 0100-444 [5] zu achten.

Eingangsdaten der Stromversorgung

Für ein optimales Energiemanagementsystem einer Verbraucheranlage müssen die Informationen über die Quantität und Qualität der Stromversorgung bekannt sein. Dies sind z. B.:

- maximal/minimal mögliche Leistung,
- Verfügbarkeit,
- Preisgestaltung, mit Kosten für:
  - Hochtarif und Niedertarif (mit Uhrzeitangaben oder möglichem Zeitraum),
  - Blindleistung,
  - Oberschwingungen.

Lokaler Energiespeicher

Soll die benötigte Energie für eine elektrische Anlage durch eine lokale (Eigen-) Stromversorgung, z. B. durch Batterien, bereitgestellt werden, muss die max. zur Verfügung stehende Leistung und Energie der Energiequelle beachtet werden.

Bei der Entscheidung einer Anschaffung einer solchen (Batterie-)Anlage müssen sowohl die Kosten für die Errichtung als auch für das Laden beachtet werden.

Informationen (Messwerte) für den Anwender

Damit der Anwender/Betreiber seinen Energieverbrauch überwachen und bewerten kann, sollten elektrische Anlagen über eine Messeinrichtung verfügen, die mindestens folgende Informationen enthält:

- Energieverbrauch in kWh je Stunde eines jeden Tags,
- die jeweils relevanten Kosten des Verbrauchs.

Diese Daten sollten dem Anwender zugänglich sein, aufgezeichnet und mindestens ein Jahr gespeichert werden. Damit eine Trendanalyse erstellt werden kann, wird jedoch empfohlen, die Daten über mehrere Jahre zu speichern.

Erfolgt die Messung über mehrere Zähler, sollten die Messwerte der Zähler gespeichert werden, die die Lasten oder Maschen von mindestens 70 % des Gesamtverbrauchs erfassen.

10 Management von Lasten innerhalb von Maschen

Die Sinnhaftigkeit der Bildung von Maschen und deren Steuerung durch ein energieeffizientes Managementsystem, siehe **Bild 10.1**, wird bei der Zusammenfassung von gleichartigen elektrischen Betriebsmitteln zu einer Masche deutlich. Bei einer separaten Erfassung der verbrauchten Energie bei den einzelnen Maschen kann die Wirksamkeit des Managementsystems überprüft werden.

Werden z. B. die Leuchten an der Fensterseite in einem Büro zu einer Masche zusammengeführt, kann diese Masche bei genügend Tageslicht mittels eines einzigen Befehls durch ein automatisiertes Energiemanagementsystem ausgeschaltet werden. Werden die Beleuchtungseinrichtungen der Raummitte sowie die der Wandseite in den Büroräumen zu jeweils einer Masche zusammengefasst, kann ein Managementsystem die Gesamtbeleuchtung der Räume in einem Bürogebäude komplett je nach Tageslichteinfall steuern. Keine Beleuchtungseinrichtung ist mehr unnütz in Betrieb. Grundsätzlich muss zusätzlich die Möglichkeit bestehen, dass automatische Ein- oder Ausschaltungen durch individuelle Einzelbefehle (z. B. Lichtschalter im Büroraum) in jedem Raum zurückgesetzt werden können.

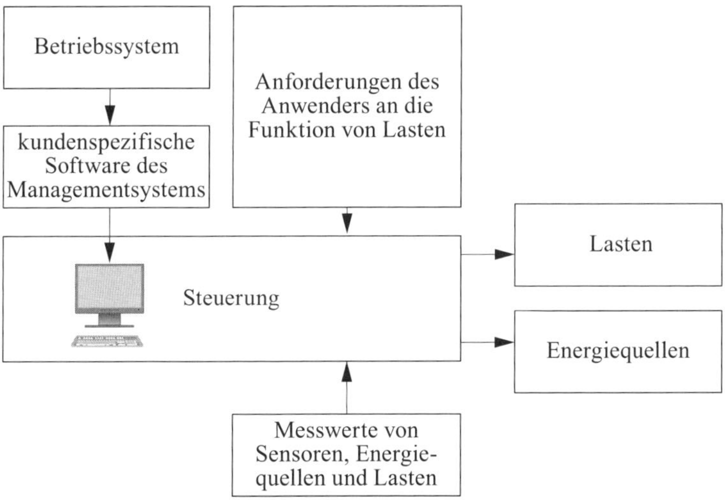

Bild 10.1 Grundkonzept eines Energiemanagementsystems

Damit ein Managementsystem energieeffizient funktionieren kann, sind zur Steuerung von Lasten mindestens folgende Basisdaten erforderlich:

- **Anwenderwünsche**

  Grundsätzlich müssen alle elektrischen Betriebsmittel und Maschen, die vom Energiemanagement ein- oder ausgeschaltet werden, zusätzlich durch individuelle Bedarfsanforderungen überschrieben werden können. Ein Änderungswunsch sollte jedoch zeitlich begrenzt werden, damit nach einer bestimmten Zeit alle Lasten einer Masche wieder gemeinsam vom Managementsystem gesteuert werden können. Wird eine Masche automatisch zurückgesetzt, muss der individuelle Änderungswunsch für eine bestimmte Last auch wieder gelöscht werden. Wird z. B. vom Managementsystem aufgrund starker Sonneneinstrahlung die Masche für die Antriebe der Jalousien auf der Südseite des Gebäudes angesteuert, um die Jalousien herunterzufahren, muss die Möglichkeit bestehen, die Jalousien eines bestimmten Raums entgegen der Vorgabe des Systems wieder hochzufahren.

- **Energieüberwachung**

  Zur optimalen Steuerung der verfügbaren Energie zu den Lasten (Verbrauchern) ist eine Erfassung der Betriebsdaten des Energieverbrauchs unumgänglich. Damit eine Überwachung stattfinden kann, sind z. B. folgende Daten bzw. Messwerte erforderlich:

  – Messung der allgemeinen elektrischen Werte, wie Verlauf der Spannung und Frequenz, Stromerfassung, Leistungs- und Energiemessung,
  – erweiterte Messung der elektrischen Daten, wie Blindleistung, Oberschwingungen, Phasenlage, Leistungsfaktor ($\cos\varphi$),
  – Überwachung der elektrischen Installation, wie asymmetrische Phasenauslastung, ggf. Neutralleiterstrom bei zu erwartendem erhöhtem Anteil von Oberschwingungen,
  – Überwachung von elektrischen Betriebsmitteln, z. B. auf Überlastung oder Unterlastung. Bei einer Pumpe reduziert sich z. B. die aufgenommene Leistung erheblich, wenn die Ansaugöffnung verstopft ist. Ein Managementsystem kann nur durch den Vergleich zwischen erwarteter aufgenommener Leistung und tatsächlich verbrauchter Leistung eine korrekte Funktion einer Last (Betriebsmittel) feststellen,
  – Erfassung des Lastprofils einschließlich Blindleistungs- und Oberschwingungsanteil der elektrischen Anlage in Abhängigkeit von Uhrzeit und Datum.

- **Verfügbarkeit der Energie und deren Kosten**

  Durch die Möglichkeit des zusätzlichen Bezugs von regenerativer Energie ist der Strommarkt heutzutage nicht mehr nur von Verbrauchergewohnheiten und den Großkraftwerken geprägt, sondern auch von der Natur (Wind, Sonnenenergie). Dementsprechend ist die verfügbare Energie von vielen Faktoren abhängig. Bei Privathaushalten kann nur durch eine Vertragsänderung oder mithilfe eines Doppeltarifzählers (HT, NT) Einfluss auf die Kosten genommen werden, doch beim Doppeltarif wird der Tarif entweder uhrzeitabhängig oder per Rundsteuerempfänger des Energieversorgers umgeschaltet. Stadtwerke haben da schon andere Möglichkeiten. So kann bei den Stadtwerken ein Energiemix aus konventioneller Energie und regenerativer Energie von unterschiedlichen Stromerzeugern bezogen und weiterverkauft werden.

- **Sensoren**

  Für einen optimalen Einsatz von elektrischer Energie benötigen moderne Managementsysteme umfangreiche Informationen. Sensoren können die benötigten Basisinformationen auf der Grundlage der Werte dann automatisch in Aktionen durch das Managementsystem ausführen. Sensoren, die Daten über die Helligkeit oder die Temperaturen der Umwelt liefern, ermöglichen beispielsweise Beleuchtungseinrichtungen oder Klimaanlagen in Abhängigkeit von den Daten in einem Gebäude zu steuern/regeln. Für eine anwesenheitsabhängige Steuerung von Beleuchtungseinrichtungen werden Präsenzmelder oder Bewegungsmelder benötigt.

- **Betriebsdaten von Lasten**

  Für eine auslastungsabhängige Steuerung einer elektrischen Anlage müssen dem Managementsystem die Betriebsdaten aller wesentlichen elektrischen Verbraucher bekannt sein. In Verbindung mit Angaben über die benötigte Verfügbarkeit können dann in Phasen drohender Überlastung der elektrischen Anlage bestimmte Verbraucher per Lastabwurf mithilfe einer Vorrangschaltung ausgeschaltet werden. So kann z. B. in der Betriebszeit einer Abwasserhebeanlage der Hauptlüftungsmotor der Klimaanlage für diesen Zeitraum (meistens < 1 min) heruntergefahren werden. Unter Berücksichtigung solcher Schaltungen kann eine elektrische Anlage und deren Anschlusswert wesentlich kleiner dimensioniert werden.

- **Berücksichtigung von Prognosen**

  Ist der Energieverbrauch einer elektrischen Anlage abhängig von den Freizeitgewohnheiten der Personen, die die Anlage nutzen, sind beim Programm für die automatische Einschaltung sowohl die Uhrzeit als auch die Wochentage und

Feiertage mitzuberücksichtigen. Eine Steuerung für Heizung, Lüftung und Klimatisierung kann dann in Abhängigkeit von Außentemperatur, Sonneneinwirkung und Jahreszeit automatisiert sein.

- **Lokale Erzeugung und Speicherung**

  Durch die steigende Anzahl regenerativer Energieerzeuger in Privathaushalten wird zukünftig der Eigenverbrauch immer wichtiger. Doch kann in der Regel selbst erzeugte Energie nicht dem Eigenverbrauch optimal zugeordnet werden. Nur durch die Speicherung elektrischer Energie „vor Ort" in Batterien lässt sich der Verbrauch lokal erzeugter Energie optimieren. Die wirtschaftliche Speicherung lokal erzeugter elektrischer Energie ist bisher noch nicht marktreif. Lediglich die Aufwärmung von Brauchwasser und evtl. das Aufladen elektrischer Speicherheizungen können zurzeit kostengerecht vorgenommen werden. Doch auf das wirtschaftliche Speichern elektrischer Energie in Batterien warten viele Anwender schon seit Jahren.

Betrachtungen und Bewertungen

Bei einem optimierten Energiemanagement müssen bestimmte Parameter betrachtet und vorgegebene Grenzwerte berücksichtigt werden:

- **Energieerfassung von Maschen**

  Wurden innerhalb einer elektrischen Anlage bestimmte Verbrauchergruppen zu einer Masche zusammengefasst, sollte jede Masche mit einer eigenen Energieverbrauchsmesseinrichtung ausgestattet sein. Durch die separate Erfassung der verbrauchten Energie einer jeden Masche kann überprüft werden, ob durch die Steuerung des Energiemanagementsystems der Energieverbrauch der Masche gesenkt wurde.

- **Steuerungen des Betriebs von Lasten**

  Durch geschickte Zusammenfassung von Verbrauchern mit gleichartiger Nutzung, z. B. in einer Masche, kann eine Steuerung in Abhängigkeit von den Informationen der Sensoren oder Messeinrichtungen den Verbrauch energieeffizient beeinflussen. Eine Steuerung kann auch in Pausen von großen Lasten andere elektrische Verbraucher einschalten, die ein Medium speichern/puffern (pneumatische Versorgungsanlagen, Heizungen). Durch geschickte Steuerungsprogramme können Lasten so gesteuert werden, dass ein Lastgebirge über die Zeit möglichst gleichmäßig aussieht. Grundsätzlich sollte eine Steuerung mit Informationen vom Stromerzeuger die Lasten mit der verfügbaren Energie harmonisieren.

- **Netzqualität**

  Insbesondere bei Nutzung eigenerzeugter oder selbstgespeicherter Energie muss der Spannungsfall beachtet werden. In DIN VDE 0100-520 [7] ist festgelegt, dass der Spannungsfall zwischen dem Hausanschlusskasten (HAK) und dem Verbrauchsmittel bei Versorgung aus dem öffentlichen Stromversorgungsnetz einen max. Spannungsfall von 3 % und aus einem privaten Versorgungsnetz max. 6 % betragen darf. Bei allen anderen Verbrauchern liegt die Grenze bei 5 % bzw. 8 %.

  Je schwächer die Leistung einer Stromquelle ist, desto größer ist die Gefahr, dass sich der Spannungsfall in Abhängigkeit von der Belastung verschlechtert. Auch die Stabilität der Frequenz kann bei schwachen Stromquellen zu einem Problem werden. Ist dies zu erwarten, müssen Überwachungseinrichtungen diesbezüglich installiert werden, die bei zu großen Abweichungen von den Nennwerten, die Stromquelle abschalten oder auf eine stabilere Stromquelle umschalten.

  Elektrische Ausrüstungen von Maschinen, die DIN EN 60204-1 (**VDE 0113-1**) entsprechen, müssen folgende Werte an den Anschlussstellen einhalten: Spannungstoleranzen max. ±10 %, Frequenz dauerhaft ±1 % und kurzzeitig ±2 %. Die max. Toleranzen sind in ihrer Kombination unterschiedlich.

- **Aufzeichnung**

  Eine detaillierte Aufzeichnung des Energieverbrauchs, der Einschalthäufigkeit sowie der Einschaltdauer von Lasten und Maschen sind Basisdaten, die ein Energiemanagementsystem zur Optimierung einer energieeffizienten Steuerung von elektrischen Verbrauchern benötigt. Die Aufzeichnung des Energieverbrauchs sollte entsprechend dieser Norm mindestens einmal pro Stunde erfolgen, wobei jede einzelne Masche sowie Lasten mit signifikantem Energiebedarf getrennt aufgezeichnet werden sollten.

- **Überwachung von Komponenten**

  Die richtige Funktion von elektrischen Komponenten (Verbraucher/Energiequellen) sollte vom Managementsystem auch überwacht werden. Fällt eine Komponente aus, kann durch das Managementsystem das automatische Einschalten oder Umschalten von Reserveeinrichtungen eingeleitet werden, z. B. eine automatische Umschaltung bei Ausfall der öffentlichen Stromversorgung auf ein Notstromversorgungssystem.

- **Tarifmanagement**

  Für eine effiziente Nutzung elektrischer Energie ist die Preispolitik der Energieversorger ein wichtiger Baustein. Die am Markt möglichen Tarife müssen sorgfältig ausgewählt und auch nach Vertragsabschluss weiterhin beobachtet werden, ggf.

ist auch mal der Stromlieferant zu wechseln. Auch die Eigenstromerzeugung und Speicherung der elektrischen Energie in eigenen Batterien kann heute ein wichtiger Energielieferant sein, der betrachtet werden sollte. Der Verbrauch erneuerbarer Energie ist in der Regel teurer als konventionell erzeugter Energie, verbessert aber den Index der Anlageneffizienzklasse bei der Einstufung der elektrischen Anlage.

Ein Energiemanagementsystem sollte Lasten, die zeitunabhängig verwendet werden dürfen, in Abhängigkeit von Stromtarifen ein- und ausschalten. Auch der Einsatz von Kompensationsanlagen zur Reduzierung von Blindleistung und Oberschwingungen kann wirtschaftlich interessant sein.

Die Einführung von Hochtarifen (HT) und Niedertarifen (NT) beim Verkauf elektrischer Energie durch die öffentlichen Stromversorger (EVU) wurde in den Zeiten von Nachtspeicheröfen großflächig auch in privaten Haushalten eingeführt. In der ersten Phase dieser Tarife wurde ab einer bestimmten Uhrzeit oder bei Überkapazitäten die Stromversorgung einer kompletten Wohneinheit mit einer plombierten Schaltuhr oder mithilfe eines Rundsteuerempfängers von EVU umgeschaltet (1970er-Jahre). Die Möglichkeit eines preiswerten Bezugs elektrischer Energie führte dazu, dass in Privathaushalten elektrische Betriebsmittel mit hohem Energiebedarf, wie Waschmaschinen, Durchlauferhitzer und Backöfen, häufig dann nur noch in der NT-Phase eingeschaltet wurden. Dies führte dazu, dass in der NT-Phase der Verbrauch elektrischer Energie bei Privathaushalten häufig höher war als während der HT-Phase.

In der zweiten Phase wurden deshalb dann nur noch die (festverdrahteten) Stromkreise von Speicherheizungen oder Wärmepumpen während der NT-Phase automatisch vom EVU geschaltet. Alle anderen elektrischen Verbraucher werden seitdem nur noch über den HT-Zähler versorgt. Manche Energieversorger bieten heute eine Zweizählermessung mit getrennter Messung der Energie für den Haushalt und der Energie von Speicherheizungen oder Wärmepumpen an.

Früher wurde die NT-Phase wegen schwach ausgelasteter Kraftwerke während der Nacht eingeführt. Durch die Gewinnung elektrischer Energie mittels erneuerbarer Energie, z. B. durch Photovoltaik- und Windenergieanlagen, sind heute völlig neue Situationen (Zeiträume) entstanden, bei denen es zu einem Energieüberschuss kommen kann. EVUs können heutzutage deshalb einen NT zu ganz anderen Uhrzeiten anbieten als früher. Natürlich muss dann auch der Bedarf beim Endverbraucher hierfür bestehen. Das Aufladen der Batterie von Fahrzeugen mit Elektroantrieb könnte z. B. in diese Phase fallen.

- **Datensicherheit**

  Für eine Trendanalyse ist es erforderlich, dass die von Messinstrumenten erfassten Messwertdaten in einem übergeordneten Managementsystem langzeitstabil gespeichert werden. Damit die Daten langzeitstabil zur Verfügung stehen, empfiehlt es sich, dass als Speichermedium SSD-Festplatten (SSD – Solid State Drive) verwendet werden. Solche Speicher, auch als Halbleiterlaufwerke bezeichnet, sind wegen der fehlenden beweglichen Bauteile sehr robust. Werden die Daten dann noch zusätzlich auf einem zweiten SSD-Laufwerk „gespiegelt", wird ein sehr hoher Grad bei der Langzeitstabilität erreicht. Häufig haben Messeinrichtungen, z. B. Energiezähler, einen eigenen internen Speicher. Solche Speicher sollten durch das Managementsystem regelmäßig automatisch ausgelesen und zusammengefasst zentral gespeichert werden.

Auch der Schutz gegen Missbrauch von Messdaten, wie Diebstahl oder Manipulation sollte bei der Planung eines Managementsystems betrachtet werden. Eine Verbindung, z. B. übers Internet oder zu anderen Automatisierungssystemen, sollte nur unter besonderen Schutzvorkehrungen hergestellt werden.

- **Anzeigen für die öffentliche Aufmerksamkeit**

  Für die Akzeptanz und Unterstützung einer energieeffizient gesteuerten elektrischen Anlage durch die Nutzer (Mitarbeiter, Bewohner) ist eine einfache verständliche Anzeige an zentraler Stelle von eingesparter Energie als kontinuierlicher Verbesserungsprozess vorteilhaft. Zum einen kann leicht erkannt werden, dass ein System funktioniert, und zum anderen werden betroffene Personen animiert, den Prozess zu unterstützen. Es tauchen dann keine Fragen auf, wie „Was soll das denn schon wieder?", wenn etwas automatisch abgeschaltet oder eingeschaltet wird.

10.1 Management von Mehrfacheinspeisungen

Bisher wurde bei Anlagen der Begriff Mehrfacheinspeisung nur für die Betrachtung von parallel geschalteten sekundären Wicklungen von mehreren Transformatoren aus EMV-Sicht (DIN VDE 0100-444 [5]) verwendet. Durch die Einführung von verschiedenen Energiequellen für eine Verbraucheranlage bekommt der Begriff Mehrfacheinspeisung bei den normativen Anforderungen der Normen der Reihe DIN VDE zukünftig eine zusätzliche Bedeutung.

Mehrfacheinspeisung aus Sicht der EMV (DIN VDE 0100-444)

Wird eine Anlage über mehrere Transformatoren versorgt, müssen aus EMV-Gründen alle sekundären Sternpunkte der speisenden Transformatoren gemeinsam an einer zentralen Stelle mit Erde verbunden werden. Nur durch diese Maßnahme wird verhindert, dass vagabundierende Ausgleichsströme über die Sternpunkte der abgeschalteten Transformatoren fließen.

Mehrfacheinspeisung aus Sicht einer smarten Stromversorgung (DIN VDE 0100-802 [13])

Mit der Einführung von regenerativer elektrischer Energie stehen jetzt für eine elektrische Anlage unterschiedliche Energiequellen zur Verfügung. Insbesondere die Versorgung durch den öffentlichen Stromversorger und alternativ durch Eigenstromversorgung führt zu neuen Bedingungen, die beachtet werden müssen. Auch hier wird der Begriff Mehrfacheinspeisung verwendet, allerdings mit einem anderen technischen Hintergrund.

Die Entscheidung, welche Stromerzeugungsanlage die Verbraucheranlage versorgt, erfolgt dabei durch das Electrial Energy Management System (EEMS), siehe **Bild 10.2**.

Das elektrische Energiemanagementsystem (EEMS) optimiert anhand von vorgegebenen Parametern und in Abhängigkeit von den Lieferverträgen mit dem öffentlichen Stromversorger, den Energieverbrauch bzw. die Energiekosten und verbindet dementsprechend die optimale Stromquelle mit der Verbraucheranlage.

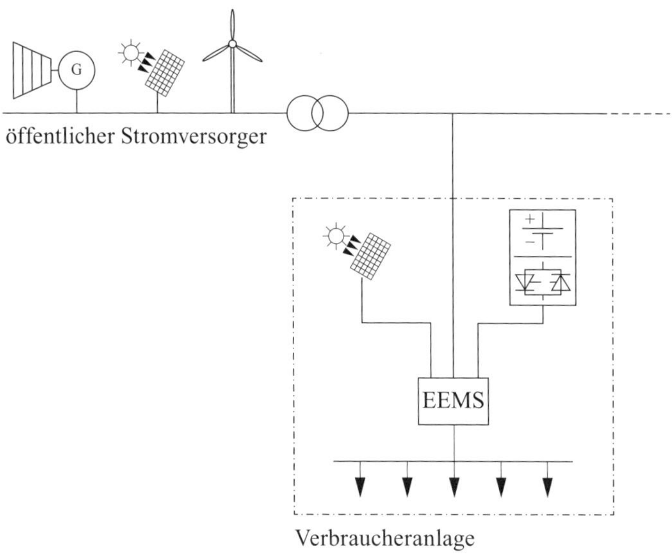

Bild 10.2 Eine vom EEMS gesteuerte Mehrfacheinspeisung

11 Methodik zur Erhaltung und Verbesserung der Energieeffizienz einer Anlage

Erhaltung und Verbesserung sind Folgeaktivitäten nach der Planung und Errichtung einer elektrischen Anlage. Die Grundlagen für eine energieeffiziente elektrische Anlage werden bei der Konzepterstellung und bei der Auswahl von elektrischen Betriebsmitteln gelegt. Auch die Möglichkeiten zur Steuerung und Regelung von elektrischen Betriebsmitteln sind dabei genauso wichtig wie die detaillierte messtechnische Erfassung der verbrauchten Energie einer elektrischen Anlage.

Der Erhaltungs- und Verbesserungsprozess baut auf den Strukturen des vorherigen Prozesses bei der Errichtung der energieeffizienten Anlage auf, siehe **Bild 11.1**. Messergebnisse und Betriebserfahrungen müssen in den entsprechenden Prozessschritten eingespeist werden, ggf. müssen Änderungen in Form von Austausch elektrischer Betriebsmittel, Veränderungen bei der Steuerung und Regelung oder Veränderungen im Programm des Energieeffizienzmanagementsystems vorgenommen werden.

Ändern sich die Kosten für den Energiebezug oder stehen weitere zusätzliche Energiequellen zur Verfügung, muss evtl. auch das Steuerungsverhalten durch das Managementsystem verändert werden.

Bei einem Energieeffizienzmanagementsystem gibt es keinen Abschluss der Optimierung. Nur durch einen kontinuierlichen Verbesserungsprozess kann bei einer elektrischen Anlage die bestmögliche Energieeffizienz erhalten bzw. erreicht werden. Die einfachste Methode eines kontinuierlichen Verbesserungsprozesses kann z. B. das Bewerten von Messergebnissen sein. Schon eine solche einfache Maßnahme ist sehr wirksam, wenn dabei unnötiger Energieverbrauch festgestellt oder ein unerwartet hoher Energieverbrauch aufdeckt wird.

Erwarteter Energieverbrauch hilft der Überprüfung

Erwarteter Energieverbrauch durch Anfangsabschätzung oder auf Basis des Mittelwerts mehrerer Jahre kann helfen, einen aktuellen Messwert zu beurteilen und einem evtl. ansteigenden Energieverbrauch nachzugehen. So kann z. B. ein anderes als das geplante Verhalten von Personen bei der Nutzung der elektrischen Energie aufgedeckt werden.

Werden Änderungen an der Steuerung, z. B. einer Masche, vorgenommen, sollte die Wirksamkeit der Energiereduzierung speziell dieser Masche überprüft werden. Für eine Optimierung des Energieverbrauchs durch die Steuerung des Managementsystems sollte, soweit möglich, jeder Verbraucher angesteuert werden können.

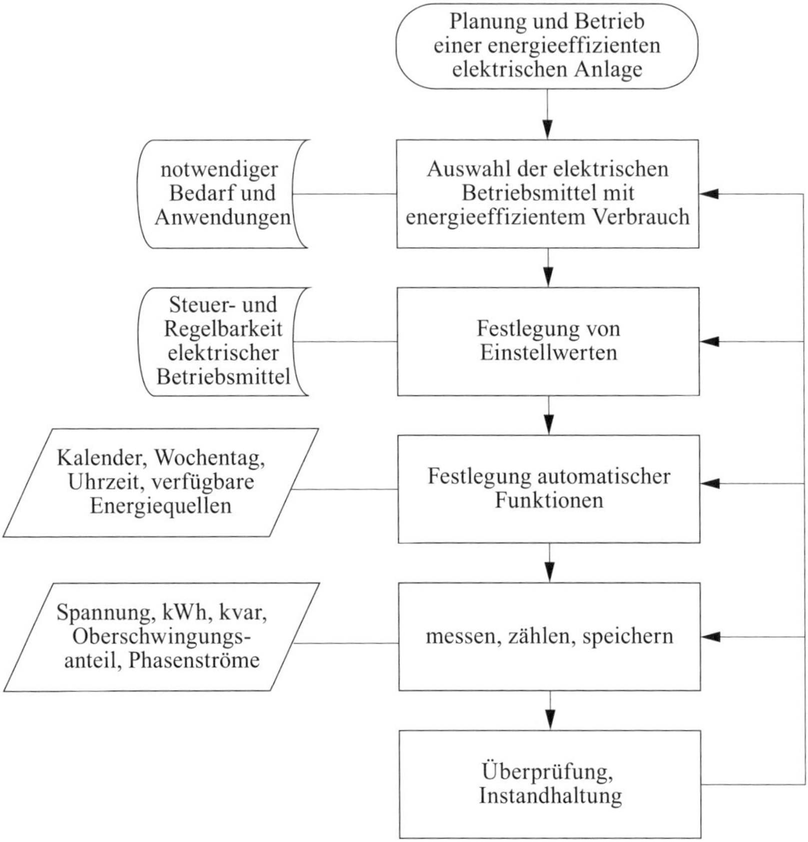

Bild 11.1 Interaktiver Prozess eines Energieeffizienzmanagements

Mitwirkende beim Energieeffizienzmanagement

Wird eine elektrische Anlage geplant, werden die Planungen meistens durch den Fachplaner für Energie- und Gebäudetechnik durchgeführt. Im Fachjargon wird er häufig als E-Planer bezeichnet. Der Fachplaner arbeitet dabei in der Regel eng mit dem Architekten unter Berücksichtigung der Kundenanforderungen zusammen.

Mit Veröffentlichung der neuen DIN VDE 0100-801 sollte der E-Planer jetzt auch die Aufgaben in Bezug auf die Energieeffizienz übernehmen. In DIN VDE 0100-801 wird dieser Fachplaner als Energiemanager bezeichnet. **Bild 11.2** zeigt, dass die Mitwirkung des Energiemanagers bei fast allen Prozessschritten für ein optimales Energieeffizienzmanagement notwendig ist.

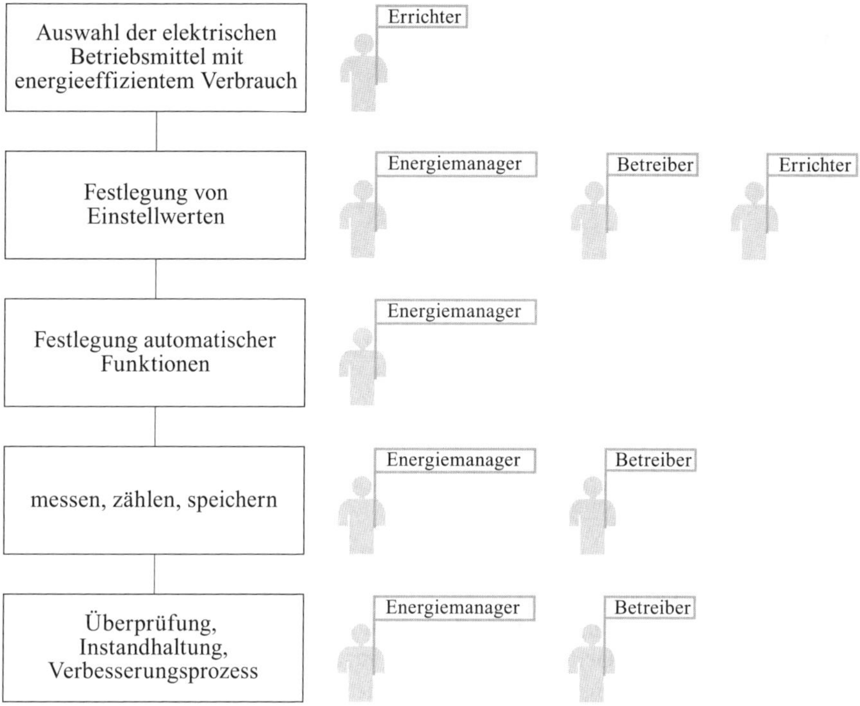

Bild 11.2 Zuordnung der mitwirkenden Personen im Rahmen des Prozesses zur Energieeffizienz

11.1 Methodik zur Anlagenlebensdauer

Eine elektrische Anlage, die bewusst energieeffizient betrieben wird, muss innerhalb ihrer gesamten Nutzungsdauer periodisch in Bezug auf ihre Energieeffizienz überprüft und gewartet werden. Wenn neue energieeffizientere elektrische Betriebsmittel am Markt angeboten werden, sollte z. B. im Rahmen einer Wartung geprüft werden, ob sich ein Austausch lohnt.

Ein Austausch der kompletten Beleuchtungseinrichtung z. B. bei einer Renovierung oder Umrüstung einer Fabrikhalle mit energieeffizienten Beleuchtungseinrichtungen, kann sich schon nach wenigen Jahren amortisiert haben. Auch der nachträgliche Einbau einer Blindleistungskompensationsanlage kann schon nach ein paar Jahren die Produktionskosten senken.

Drehstrommotoren dürfen bei Neuanlagen entsprechend der EU-Verordnung Nr. 640/2009 nur noch mit einem verbesserten Wirkungsgrad (IE2 mit Umrichter oder IE3) eingebaut/verwendet werden.

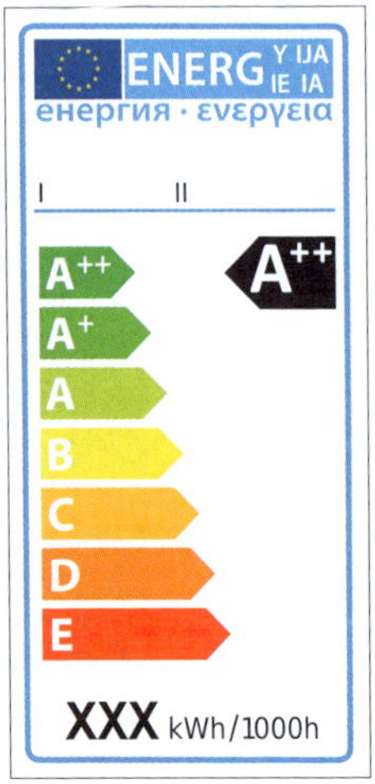

Bild 11.3 Energielabel für elektrische Lampen
(Bild: *Piotr Pawinski*/fotolia.com)

Die EU-Verordnung Nr. 874/2012 legt z. B. gesetzlich fest, dass Hersteller und Vertreiber von Beleuchtungseinrichtungen dazu verpflichtet sind, den Energieverbraucher zu klassifizieren und am Gerät, im Katalog oder auf der Verpackung anzuzeigen, siehe **Bild 11.3**. Damit bekommen die Verbraucher die Möglichkeit, unter den Anbietern ähnlicher Betriebsmittel die energieeffizientesten auszuwählen.

Gesetze wirken in der Regel nicht rückwirkend. Dies führt zum sogenannten Bestandsschutz. Der Anwender ist demnach nicht verpflichtet, seine Anlage immer den aktuellsten Gesetzen oder technischen Regeln (z. B. Normen) anzupassen. Ausnahmen gibt es, wenn z. B. festgestellt wurde, dass die gesetzlichen Vorgaben zum Schutz von Leib und Leben nicht ausreichend waren. Doch wenn eine elektrische Anlage umgebaut oder verändert wird, sollten immer die aktuellen Verordnungen, Regeln und effizientesten Produkte verwendet werden.

Damit eine Abwägung für den Austausch von elektrischen Betriebsmitteln oder einer Modifikation der elektrischen Anlage möglich ist, sind Messergebnisse unbedingt erforderlich. Nur mit deren Hilfe kann eine Analyse des Energieverbrauchs durchgeführt werden. Stehen zu geringe Details von Verbrauchswerten zur Verfügung, sollte der Einbau von weiteren Messeinrichtungen, z. B. in einzelnen Maschen, vorgesehen werden.

Erfahrungen zeigen, dass durch die Auswertung von Messergebnissen unnötiger Energieverbrauch aufgedeckt werden kann und durch organisatorische Maßnahmen ohne jeglichen Kapitalaufwand Einsparungen von bis zu 10 % möglich sind.

11.2 Lebensdauer der Energieeffizienz

Hat die Energieeffizienz von elektrischen Betriebsmitteln eine endliche Lebensdauer? Kann sein. Manche elektrischen Betriebsmittel verändern nämlich während ihres Betriebs ihren Wirkungsgrad. So reduziert sich häufig die Helligkeit (in Lumen, Einheit: lm) bei Lampen nach vielen Betriebsstunden.

Beleuchtungseinrichtungen altern

Sowohl bei Leuchtstofflampen als auch bei Entladungslampen (Natrium-, Quecksilber-, Halogen-Metalldampf) reduziert sich der Lichtstrom (Leuchtkraft) mit zunehmender Betriebszeit. Auch LED-Lampen können viel von ihrer Anfangshelligkeit verlieren. Mittlerweile gibt es bei den LED-Lampen Zusatzangaben, die etwas über ihre Qualität und Lebensdauer verraten. Die Zusatzangabe L70/B50/C10 sagt z. B. aus, dass nach den max. Betriebsstunden der Lichtstrom nur noch 70 % beträgt oder 50 % der LEDs ausgefallen sind oder die Eintrittswahrscheinlichkeit des Totalausfalls bei 10 % liegt. Bei einem täglichen 10-h-Betrieb kann dieser Effekt (je nach max. Betriebsstunden) bereits nach ca. zehn Jahren auftreten.

Wenn der Lichtstrom einem Alterungsprozess unterliegt, muss beachtet werden, dass über die Gesamtdauer einer Beleuchtungseinrichtung immer für die Helligkeit am Arbeitsplatz die vorgeschriebenen Mindestwerte der Berufsgenossenschaft nicht unterschritten werden. Eventuell müssen Beleuchtungseinrichtungen bei der Planung überdimensioniert werden, damit am Ende der Lebensdauer immer noch eine genügend ausreichende Helligkeit gewährleistet werden kann.

Klimaanlagen sind auf einmal überdimensioniert

Bei einem klimatisierten Bürogebäude kann eine Umrüstung von z. B. 800 Bildschirmarbeitsplätzen von Röhrenmonitoren auf LCD-Monitore und der Austausch von PCs durch Laptops ohne zusätzlichen Monitor die Wärmeverluste erheblich reduzieren. Allein durch den Austausch der Bildschirme reduziert sich der Bedarf an Kühlleistung erheblich, siehe Beispiel:

Beispiel:

Röhrenmonitor: Verlustleistung 80 W,

LCD-Monitor: Verlustleistung 15 W,

Reduzierung der Verlustleistung bei einem Büro mit 800 Bildschirmarbeitsplätzen:

$$E_V = 65\ \text{W} \cdot 8\ \text{h} \cdot 5\ \text{d} \cdot 48\ \text{Wo} \cdot 800 = 99849\ \text{kWh p.a.}$$

Dieses Bespiel zeigt, dass die Klimaanlage pro Jahr ca. 100 000 kWh Wärme weniger herunterkühlen muss als zum Planungszeitpunkt.

Wenn in Zukunft in den Büros nur noch Laptops statt „PC-Tower" ohne einen zusätzlichen Bildschirm verwendet werden, reduziert sich die Verlustleistung dieser elektrischen Verbraucher im Büro noch weiter. Auch die Umrüstung auf verlustärmere Beleuchtungseinrichtungen hat Konsequenzen für die Klimaanlage. Je mehr elektrische Betriebsmittel durch energieeffizientere ersetzt werden, desto geringer ist auch hier der Bedarf an Kühlleistung durch die Klimaanlage.

Eine Hinterfragung der installierten Kühlleistung unter Berücksichtigung der benötigten Kühlleistung liefert häufig Informationen, an denen geprüft werden kann, ob eine Klimaanlage überdimensioniert ist. Die best dimensionierte Klimaanlage läuft im Dauerbetrieb, natürlich bei 40 °C Außentemperatur mit Sonneneinstrahlung und max. Besetzung aller Räume.

Alterung von Kondensatoren in Kompensationsanlagen

Kondensatoren unterliegen einem Verschleiß. Reduziert sich z. B. die Kapazität der Kondensatoren einer Bildstrom- oder Oberschwingungskompensationsanlage mit den Betriebsstunden der Verwendung, so verschlechtert sich dadurch auch der Wirkungsgrad ($\cos\varphi$) der Verbraucheranlage. Die Energiekosten erhöhen sich dabei schleichend, ohne dass der Grund des Negativtrends erkennbar wird. Eine Messung der Kapazität bei den Kondensatoren kann hier schnell für Klarheit sorgen.

Übrigens: Die schleichende Reduzierung der Kapazität von Kondensatoren, die als Bauelement in elektronischen Schaltungen eingesetzt sind, kann bei so manchem Gerät schon nach ein paar Jahren zu Ausfällen führen. Dies kann meistens auf zu billige Komponenten (Kondensatoren) zurückgeführt werden.

12 Zusammenfassung der Effizienzmaßnahmen

Bei der Gesamtplanung für eine energieeffiziente Anlage muss strukturiert vorgegangen werden, siehe **Bild 12.1**. Dabei sind Bewertung und Auswahl der erforderlichen elektrischen Betriebsmittel mit bestmöglicher Energieeffizienzklasse die erste wichtige Maßnahme, natürlich unter Berücksichtigung der gesetzlichen Festlegungen, z. B. der Energieeffizienzklassen von Motoren. Die nächste Maßnahme ist die Ermittlung des Lastschwerpunkts innerhalb der geplanten elektrischen Anlage. Mit dem Architekten kann dann der optimale Ort für die Unterverteilung festgelegt werden. Da die verwendeten errichteten Betriebsmittel nicht über die gesamten 24 h eines Tags benötigt werden, kann mit einer Steuerung dafür gesorgt werden, dass die elektrische Energie bedarfsgerecht verbraucht wird.

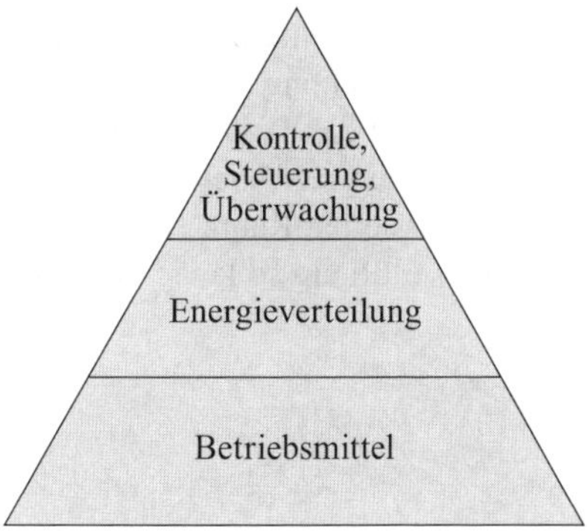

Bild 12.1 Stufen der Effizienzmaßnahmen bei der Planung

Betriebsmittel

Für eine optimale Dimensionierung eines jeden Betriebsmittels müssen die benötigte Leistung und der Umfang der Verwendung bekannt sein. Weiterhin spielt der Wirkungsgrad, aber auch der Anschaffungspreis eines jeden Betriebsmittels eine Rolle. Überdimensionierte Betriebsmittel führen in der Regel zu überdimensionierten Kabel-/Leitungsanlagen und überdimensionierten Schaltanlagen einschließlich der zugeordneten Leistungselektronik. Ein Typensprung kann gewaltige Auswirkungen haben. Auch wenn aus Ersatzteilhaltungsgründen häufig überdimensionierte Betriebsmittel verwendet werden, führt dies bei der Energieeffizienzbetrachtung zu ungünstigen Werten.

Energieverteilung

Mit der Errichtung der Energieverteilung am Lastschwerpunkt der elektrischen Anlage können Kabel-/Leitungsverluste reduziert werden. Auch der Spannungsfall bis zum elektrischen Betriebsmittel kann durch solche Maßnahme reduziert werden.

Bei der Dimensionierung der Kabel-/Leitungsanlagen ist ein Gleichzeitigkeitsfaktor zu berücksichtigen. Dieser Faktor bestimmt auch die Nennwerte der Schutzeinrichtungen in den Unterverteilungen. Die max. Leitungslängen sind dabei abhängig vom Leiterquerschnitt und von der Charakteristik der vorgesehenen Überstromschutzeinrichtung, siehe Beiblatt 1 der DIN VDE 0100 [14].

Kontrolle, Steuerung, Überwachung

Wenn eine elektrische Anlage nach allen Regeln der Energieeffizienz dimensioniert und strukturiert aufgebaut ist und alle elektrischen Betriebsmittel auch entsprechend ihrer Verwendung energieeffizient ausgewählt wurden, gibt es weitere Möglichkeiten, die benötigte Energie weiter zu reduzieren – nämlich durch eine bedarfsgerechte Steuerung der elektrischen Betriebsmittel und deren Überwachung (Bewertung von Messergebnissen). Gerade wenn elektrische Betriebsmittel das Wohlbefinden von Menschen beeinflussen, ist ihre Steuerung aus Sicht der Energieeffizienz grundsätzlich von Vorteil. Wird z. B. ein Fenster in einem klimatisierten Raum im Sommer geöffnet, kann eine Steuerung die Klimaanlage für diesen Raum so lange drosseln, wie ein Fenster in diesem Raum geöffnet ist.

12.1 Betriebsmittel

Motoren

Motoren werden häufig im Teillastbetrieb und manchmal im Leerlauf betrieben. Durch eine optimierte Auswahl der Motoren und einer dazu passenden leistungsbedarfsabhängigen Steuerung kann die Energieeffizienz erheblich verbessert werden. Die Verwendung von energieeffizienten Motoren ist bereits gesetzlich vorgeschrieben, z. B. EF2-Motoren mit vorgeschaltetem Umrichter oder EF3-Motoren. Drehstrom-Kurzschlussläufermotoren mit hohen Anlaufströmen bei der Direkteinschaltung sind heute eigentlich nicht mehr üblich. Durch eine Motorregeleinheit, z. B. einen Umrichter, kann der Energieverbrauch aufgrund der benötigten Leistung bedarfsgerecht gesteuert werden.

Beleuchtungseinrichtungen

Beleuchtungseinrichtungen sollten grundsätzlich unter Beachtung der bestmöglichen Energieeffizienz ausgewählt werden. Doch trotz einer sorgfältigen Auswahl lässt sich durch Steuerungsmaßnahmen der Energieverbrauch weiter erheblich reduzieren.

Beleuchtungseinrichtungen können durch einfache örtliche (Licht-)Schalter bis zu komplexen Gebäudeautomatisierungseinrichtungen gesteuert werden. Bei der Planung sind natürlich die Kundenwünsche mit ihrem speziellen Bedarf zu berücksichtigen.

Nicht nur Bewegungs-/Präsenzmelder, sondern auch Helligkeitssensoren sind wertvolle Sensoren, mit deren Hilfe eine automatische Steuerung die bestmögliche Verwendung, z. B. von Außenleuchten, gewährleistet. Werden Außenbeleuchtungen nur zeitgesteuert ein- bzw. ausgeschaltet, sind sie noch nicht energieeffizient genug eingesetzt. So verändert sich die Nachtphase (Dunkelphase), in der eine Beleuchtung gewünscht ist, praktisch täglich. Erst durch die zusätzliche Verwendung eines Helligkeitssensors wird die Einschaltphase einer solchen Beleuchtung wirklich optimiert. Ist ein Beleuchtungsbedarf in der Dunkelphase nur im Fall der Anwesenheit von Personen erforderlich, hilft ein Bewegungs- bzw. Präsenzmelder, die Effizienz noch weiter zu steigern. Wichtig bei solchen präzisen Schaltungen ist, dass die Wirksamkeit der Beleuchtungseinrichtung unverzögert eintritt.

Heizungs-, Lüftungs- und Klimaanlagen (HVAC)

Heizungen, Lüftungen und Klimaanlagen benötigen sehr viel Energie. Doch erst durch Regeleinrichtungen, die mithilfe von gemessenen Innen- und Außentemperaturen sowie der Luftfeuchtigkeit die Raumtemperatur regeln, werden die Betriebskosten akzeptabel. Werden dann noch Prognosen wie Jahreszeit und Wettervorhersagen berücksichtigt, kann ein Wetterumschwung einer solchen Regelung nichts anhaben. Werden zusätzlich noch die Nutzergewohnheiten berücksichtigt, z. B. Uhrzeiten der täglichen Nutzung ohne Wochenenden, wird der Energieverbrauch auf den tatsächlich benötigten Bedarf reduziert. Manchmal können Nutzergewohnheiten auch durch eine automatische Anwesenheitserfassung (Bewegungs- bzw. Präsenzmelder) erkannt werden, doch dann muss das vorgesehene Raumklima relativ schnell erreicht werden.

Das Automatisierungssystem sollte jedoch auch reagieren, wenn der Mensch unerwartet eingreift, in dem er z. B. ein Fenster öffnet. In einer solchen Situation sollten die HVAC automatisch für diesen Raum abgeschaltet werden. Damit eine solche Steuerung funktioniert, müssen jedoch alle Fenster mit einem Sensor ausgerüstet und an die Steuerung angeschlossen sein.

12.2 Energieversorgung

Energieverteilungssystem

Eine elektrische Energieverteilung wird effizient, wenn die Leitungslängen zu den größeren elektrischen Verbrauchern möglichst kurz ausgeführt sind. Dies bedeutet, dass die Unterverteiler möglichst in der Nähe von Lastschwerpunkten errichtet werden, siehe Kapitel 2.

Transformatoren

Sind Transformatoren Bestandteil der elektrischen Anlage, ist bei ihrer Auswahl auf den Wirkungsgrad zu achten. Seit 2015 dürfen nur noch Transformatoren mit reduzierten Verlusten verwendet werden. Wird eine neu zu errichtende Anlage erst 2021 in Betrieb genommen, müssen die Verluste noch weiter reduziert werden.

Wechselt die Belastung für einen zentralen Versorgungstransformator signifikant, kann eine Aufteilung der Stromversorgung auf mehrere parallel geschaltete kleinere Transformatoren die Verlustleistung der Transformation weiter reduzieren.

Kabel- und Leitungssysteme

Die Übertragungsverluste bei Kabel-/Leitungsanlagen können durch die Vergrößerung des Leiterquerschnitts reduziert werden. Doch erst bei Kabeln/Leitungen mit einem hohen Ausnutzungsgrad und größeren Längen lässt sich eine Einsparung erreichen, die im realistischen Zeitraum einer Amortisierung liegt.

Der Einsatz mehrerer Stromquellen an verschiedenen Einspeisestellen einer elektrischen Anlage kann zu einer Reduzierung der Kabel-/Leitungsverluste innerhalb der elektrischen Anlage führen. Wird die elektrische Energie statt mit Einleiterkabeln mit verdrillten Mehraderkabeln/-leitungen übertragen, können induktive Verluste reduziert werden.

Grundsätzlich sollte die Aufteilung in Endstromkreise möglichst nahe am Ort der Verwendung erfolgen. Dies gilt auch für die Aufteilung von Verteilerstromkreisen.

Blindleistungskompensation

Bei elektrischen Anlagen, die vom öffentlichen Stromversorger mit Niederspannung versorgt werden, wird in der Regel nur die Energie der Wirkleistung berechnet. Eine Blindstromkompensationsanlage bringt in solchen Fällen nur eine Reduzierung der Leiterströme. Doch wirkt sich dies bei einer zentralen Kompensationsanlage nur auf die Verbindungsleitung zwischen Hausanschlusskasten (HAK) und dem Zählerschrank/die Unterverteilung aus.

Wird jedoch eine elektrische Anlage mit Hochspannung versorgt, enthält der Liefervertrag in der Regel einen max. zulässigen Blindleistungsanteil. Bei Überschreitung der vertraglichen Werte fallen Zusatzkosten an, deretwegen sich eine Kompensationsanlage schon nach ein paar Jahren rechnet. Durch den Einsatz von verdrosselten Kondensatoren können auch die leistungsstärksten Oberschwingungen, z. B. die 5. und 7. Oberschwingung, kompensiert werden.

12.3 Überwachungssysteme

Zukünftig wird der Bedarf an Energiezählern sprunghaft ansteigen. Durch DIN VDE 0100-801 sind Messwerte von verbrauchter Energie im Detail einer elektrischen Anlage ein Teil der Effizienz. Nur wenn die Verbrauchswerte bekannt sind, kann die Anlage höher eingestuft werden.

Drei wesentliche Gesichtspunkte

Eine energieeffiziente elektrische Anlage muss folgende messtechnische Überwachungen enthalten:

a) **Messung des Energieverbrauchs**
Eine zyklische Messung, z. B. alle 30 min, ermöglicht eine bessere Auswertung des Lastprofils. Erfolgt die Messung aufgeteilt, z. B. pro Masche, können mit den Verbrauchswerten Verbesserungsmaßnahmen abgeleitet und kontrolliert werden.

b) **Ermittlung der Energienutzung**
Erst wenn bekannt ist, wann wer wie viel Energie verbraucht, können Lasten mit hohem Energieverbrauch ermittelt und eine Strategie zur Kostenreduzierung festgelegt werden.

c) **Überprüfung der Versorgungsqualität**
Eine schlechte Qualität der Stromversorgung innerhalb einer elektrischen Anlage kann die Effizienz von Verbrauchern mindern. Es ist deshalb darauf zu achten, dass z. B. Spannungsspitzen durch Schalthandlungen oder Oberschwingungsströme im Neutralleiter verhindert werden.

Die Messgenauigkeit verbessert sich mit der Nähe zum Verbraucher. Die Messgenauigkeit der Messeinrichtungen ist dabei vom Messort abhängig. Je näher der Messort an der Einspeisung ist, desto besser muss die Genauigkeitsklasse sein.

Energieverbrauch

Die Basis für die Bewertung der Energieeffizienz ist das Wissen über den Energieverbrauch der Lasten. Messwerterfassungen sind deshalb die wichtigste Datenquelle für eine Bewertung und Überwachung der Effizienz.

Lastprofil

Für ein effektives Überwachungssystem ist das Wissen über das Lastprofil von Verbrauchern sehr wichtig. Denn erst durch das Profil können Steuerungen/Regelungen die erforderlichen Leistungen zum richtigen Zeitpunkt zur Verfügung stellen. Auch eine Optimierung mit dem Stromversorger kann möglich sein (z. B. HT oder NT).

Damit ein Profil erstellt werden kann, sind Messungen über einen Zeitraum von 24 h wertvoll. Für manche Verbraucher kann sogar ein Messzyklus von 10 min wichtig sein.

Spannungsfall

Ein elektrisches Betriebsmittel arbeitet am effektivsten, wenn es mit Nennspannung betrieben wird. Da physikalisch bedingt eine Zuleitung in Abhängigkeit von der Belastung, vom Querschnitt und von der Länge einen Spannungsverlust produziert, sollte durch eine Messung der max. zulässige Spannungsfall gemessen werden. Dabei sollte gleichzeitig die Spannung an der Einspeisung und am Verbraucher gemessen werden.

Leistungsfaktor

Wenn vertraglich ein max. zulässiger Blindstromanteil festgelegt ist, sollte die Einspeisung über eine cos-φ-Messeinrichtung verfügen.

Oberschwingungen

Oberschwingungen werden beim Einsatz von Leistungselektronik erzeugt. Da Oberschwingungen Kabel/Leitungen überlasten (z. B. N-Leiter bei 150-Hz-Oberschwingungen) und empfindliche Betriebsmittel stören können, sollten bei übermäßigem Auftreten die Oberschwingungsströme gemessen und ggf. Kompensationsmaßnahmen vorgesehen werden.

Erneuerbare Energie und lokale Energieerzeugung

Erneuerbare Energie, die selbst erzeugt wurde, hilft bei der Reduzierung der Rechnung vom öffentlichen Stromversorger. Der Grad der Amortisierung ist neben den Anschaffungskosten auch von gesetzlichen Regelungen abhängig.

12.4 Schlussfolgerungen

Sind alle Verbrauchswerte bekannt, ist eine Auswertung von großem Nutzen. Viele Messwerte werden dabei zeigen, dass der größte Teil der Anlage effizient betrieben wird, doch andere Messwerte können einen Hinweis darauf geben, dass bestimmte Verbraucher einen zu hohen Energieverbrauch aufweisen, der nicht unbedingt notwendig ist. Hier sind natürlich Erfahrungswerte, wie viel ein Verbrauchsmittel oder eine Masche verbrauchen darf, sehr wertvoll.

Kontrollen über das Verhalten von Menschen, die den Verbrauch elektrischer Energie beeinflussen können, helfen manchmal schnell, den Grund für hohe Verluste zu finden. Organisatorische und technische Änderungen müssen eine Folge von Auswertungen sein, um die Energieeffizienz immer weiter zu verbessern. Doch dafür ist ein aktives Energiemanagement mit einem Energiemanager oder einem Energiemanagementteam (DIN EN ISO 50001 [15]) erforderlich – ein zukünftiges neues Berufsbild.

13 Anlagenprofil

Konzept für die Einstufung einer elektrischen Anlage in eine Energieeffizienzklasse (EIEC)

Zukünftig können Gebäude, Einrichtungen und Anlagen in Bezug zur (sinnvoll) verbrauchten elektrischen Energie klassifiziert werden. Damit eine Klassifizierung möglich ist, enthält DIN VDE 0100-801 in Anhang B der Norm ein Konzept über eine mögliche Bewertung und Klassifizierung von elektrischen Anlagen.

Bild 13.1 zeigt das Konzept, bei dem zwei unterschiedliche Aspekte (EM + EEPL) mittels Punktevergabe zusammengeführt werden und mit dem anhand der Gesamtzahl der Punkte eine Effizienzklasse (EIEC) für eine elektrische Anlage ermittelt werden kann.

Folgende Schritte sind erforderlich:

1. Effizienzmaßnahmen in Abhängigkeit von der Nutzung der elektrischen Anlage festlegen,
2. Energieeffizienz-Performance-Level in Abhängigkeit von der Nutzung der elektrischen Anlage festlegen,
3. Ermittlung der Summe der Punkte der umgesetzten Effizienzmaßnahmen,
4. Ermittlung der Summe der Punkte der umgesetzten Maßnahmen für den Effizienz-Performance-Level,
5. Ermittlung der Gesamtpunktzahl aus Effizienzmaßnahmen und Energieeffizienz-Performance-Level,
6. Einstufung der elektrischen Anlage in eine Effizienzklasse mithilfe von Tabellenwerten.

Doch bevor die Einstufung einer elektrischen Anlage vorgenommen werden kann, sind viele Maßnahmen und eine Katalogisierung der vorgenommenen Einzelmaßnahmen erforderlich.

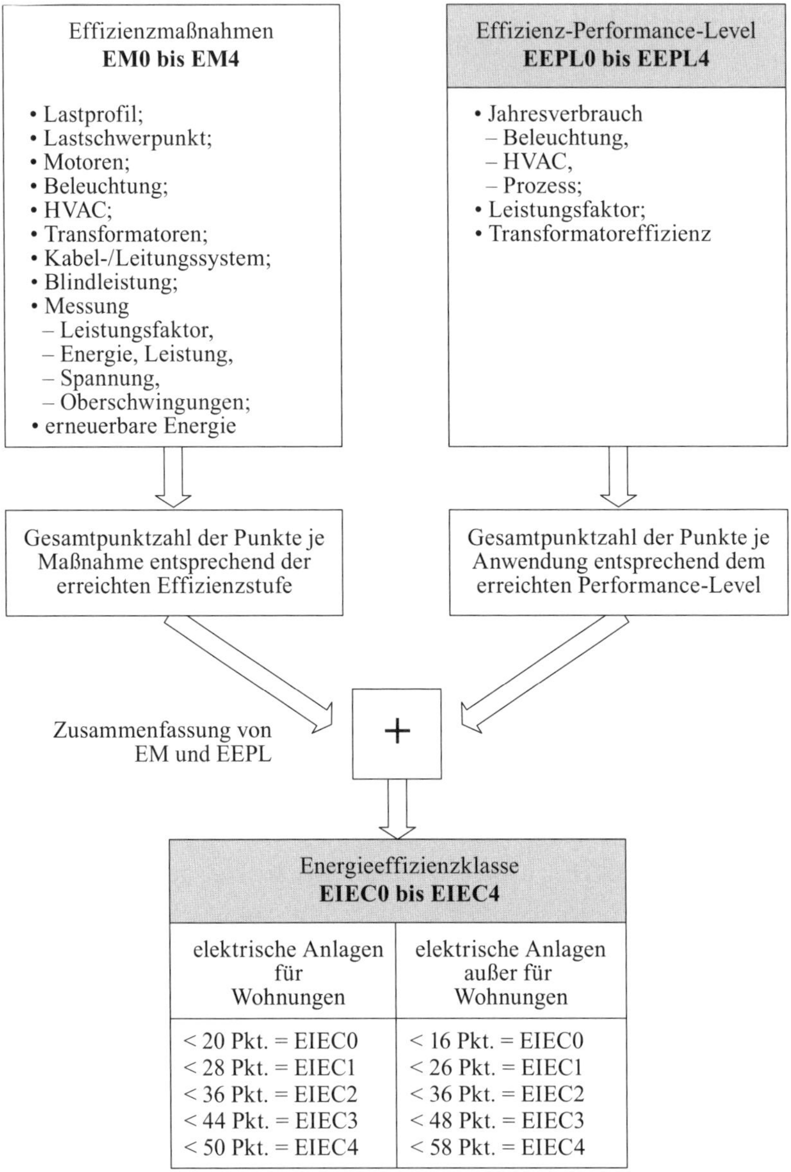

Bild 13.1 Konzept für die Ermittlung der Energieeffizienzklasse einer elektrischen Anlage

13.1 Zuordnung von Maßnahmen in Abhängigkeit von EM-Stufe und Nutzung

Der Umfang sowie die Art und Weise von Maßnahmen zur Steigerung der Energieeffizienz sind abhängig vom Grad der Effizienzmaßnahmen (EM0 bis EM4) und von der Nutzung der elektrischen Anlage.

Die Nutzung der elektrischen Anlagen ist in vier unterschiedliche Anwendungsfälle aufgeteilt, siehe **Tabelle 13.1**. Dabei müssen je nach Nutzung unterschiedliche Maßnahmen zur Erlangung einer bestimmten EM-Klasse vorgesehen werden.

Nutzung der elektrische Anlage	Erläuterungen
Wohngebäude/Wohnungen	Anlagen in Gebäuden bzw. abgeschlossene Räume zu Wohnzwecken
gewerbliche Einrichtungen	Anlagen in Gebäuden mit gewerblichen Einrichtungen, wie Büros, Einzelhandel, Großhandel, öffentliche Gebäude, Banken, Hotels
Industrieanlagen	Anlagen für die Herstellung und Verarbeitung von Gütern in Fabriken oder Werkhallen
Infrastrukturanlagen	Anlagen für die Energieübertragung oder Energieversorgung von z. B. Flughafenterminals, Hafenanlagen, Transporteinrichtungen

Tabelle 13.1 Einteilung der elektrischen Anlagen in Abhängigkeit von ihrer Nutzung

13.1.1 Effizienzmaßnahmen bei Nutzung als Wohngebäude/Wohnung

Tabelle 13.2 enthält Maßnahmen entsprechend der vorgesehenen EM-Stufe bei einer Nutzung als Wohngebäude/Wohnung. Je nach Höhe der geplanten Stufe sind unterschiedliche Maßnahmen vorzusehen. Je höher die Stufe der einzelnen Effizienzmaßnahmen ist, desto besser wird zum Schluss auch die Effizienzklasse der gesamten elektrischen Anlage.

	EM0	**EM1**	**EM2**	**EM3**	**EM4**
Lastprofil	keine Betrachtung	einmalig	eine Woche	eines Jahrs	permanent
Entfernung Hauptverteilung zur weit entferntesten Last	keine Betrachtung	≤ 60 %	≤ 40 %	≤ 25 %	≤ 10 %
Optimierung Motoren	keine Betrachtung	30 %	30 %	50 %	70 %
	Anteil an der insgesamt installierten Antriebsleistung				
Optimierung Beleuchtung	keine Betrachtung	Bewertung des Lampentyps und der Position	Bewertung des Lampentyps und der Position	Steuerung der Anwendung **oder** des Lampentyps	Steuerung der Anwendung **und** des Lampentyps
			unter Berücksichtigung des natürlichen Lichts		
Optimierung HVAV	keine Betrachtung		Temperaturregelung	Temperaturregelung von Zonen	Zeit- und Temperaturregelung in den Zonen
Optimierung Transformatoren	keine Betrachtung		Berücksichtigung der magnetischen Verluste und der Kupferverluste **oder** der Arbeitspunktverluste		Berücksichtigung der magnetischen und Kupferverluste **und** der Arbeitspunktverluste
Optimierung Kabel/Leitungen	keine Betrachtung	Lastschwerpunktermittlung oder Berücksichtigung der Übertragungsverluste		Einzelversorgung von Maschen	Lastschwerpunktermittlung oder Berücksichtigung der Übertragungsverluste oder Einzelversorgung von Maschen

Tabelle 13.2 Übersicht der Effizienzmaßnahmen in Abhängigkeit von der EM-Einstufung für Wohngebäude (Wohnungen)

	EM0	EM1	EM2	EM3	EM4
Blindleistungs-kompensation	keine Betrachtung		max. Wert ist bekannt	Kompensation großer Motoren	
Messung Leistungsfaktor	keine Betrachtung		gelegentlich		permanent
Messung elektrischer Energie und Leistung	keine Betrachtung	zentral bei großen Betriebs-mitteln	zentral bei großen Betriebs-mitteln und Messung pro Zone **oder** Anwendung	zentral bei großen Betriebs-mitteln und Messung pro Zone **und** Anwendung	zentral von großen Betriebsmitteln, Zonen, Anwendung und Maschen
Messung der Spannung	keine Betrachtung		gelegentlich		permanent
Messung der Ober-schwingungen	keine Betrachtung				
Erneuerbare Energie	keine Betrachtung		Betrachtung	≥ 4 %	≥ 6 %
				Anteil an der installierten Leistung	

Tabelle 13.2 (*Fortsetzung*) Übersicht der Effizienzmaßnahmen in Abhängigkeit von der EM-Einstufung für Wohngebäude (Wohnungen)

13.1.2 Effizienzmaßnahmen bei Nutzung als gewerbliche Einrichtung

Tabelle 13.3 enthält Maßnahmen entsprechend der vorgesehenen EM-Stufe bei einer Nutzung als gewerbliche Einrichtung. Je nach Höhe der geplanten Stufe sind unterschiedliche Maßnahmen vorzusehen. Je höher die Stufe der einzelnen Effizienzmaßnahmen ist, desto besser wird zum Schluss auch die Effizienzklasse der gesamten elektrischen Anlage.

	EM0	EM1	EM2	EM3	EM4
Lastprofil	keine Betrachtung	einmalig	eine Woche	eines Jahrs	permanent
Entfernung Hauptverteilung zur weit entferntesten Last	keine Betrachtung	≤ 60 %	≤ 40 %	≤ 25 %	≤ 10 %
Optimierung Motoren	keine Betrachtung	< 50 %	50 %	70 %	90 %
	Anteil an der gesamtinstallierten Antriebsleistung				
Optimierung Beleuchtung	keine Betrachtung	Bewertung des Lampentyps und der Position	Bewertung des Lampentyps und der Position	Steuerung der Anwendung **oder** des Lampentyps	Steuerung der Anwendung **und** des Lampentyps
			unter Berücksichtigung des natürlichen Lichts		
Optimierung HVAV	keine Betrachtung	Temperaturregelung	Temperaturregelung von Zonen	Zeit- und Temperaturregelung in den Zonen	Zeit- und vollständige Sensorregelung pro Zone
Optimierung Transformatoren	keine Betrachtung		Berücksichtigung der magnetischen Verluste und der Kupferverluste **oder** der Arbeitspunktverluste		Berücksichtigung der magnetischen und Kupferverluste **und** der Arbeitspunktverluste
Optimierung Kabel/Leitungen	keine Betrachtung	Lastschwerpunktermittlung oder Berücksichtigung der Übertragungsverluste		Einzelversorgung von Maschen	Lastschwerpunktermittlung oder Berücksichtigung der Übertragungsverluste oder Einzelversorgung von Maschen

Tabelle 13.3 Übersicht der Effizienzmaßnahmen in Abhängigkeit von der EM-Einstufung für gewerbliche Einrichtungen

	EM0	EM1	EM2	EM3	EM4
Blindleistungs-kompensation	keine Betrachtung	max. Wert ist bekannt	zentral	zentrale oder automatisiert in Zonen	automatisiert in Zonen und individuell
Messung Leistungsfaktor	keine Betrachtung	periodisch	permanent in Hauptverteilung		permanent in Hauptverteilung, Unterverteilung und Hauptlasten
Messung elektrischer Energie und Leistung	keine Betrachtung	an großen Betriebsmitteln	an großen Betriebsmitteln und pro Zone **oder** Anwendung	an großen Betriebsmitteln und Messung pro Zone **und** Anwendung	an großen Betriebsmitteln, Zonen, Anwendung und Maschen
Messung der Spannung	keine Betrachtung	periodisch in Hauptverteilung	permanent in Hauptverteilung	permanent in Hauptverteilung und Unterverteilungen	permanent in Hauptverteilung und Unterverteilungen und an den Hauptlasten
Messung der Oberschwingungen	keine Betrachtung	keine besonderen Anforderungen	gelegentlich	periodisch	permanent
Erneuerbare Energie	keine Betrachtung	Betrachtung	Errichtung erneuerbarer Energie	≥ 5 %	≥ 10 %
				Anteil an der installierten Leistung	

Tabelle 13.3 (*Fortsetzung*) Übersicht der Effizienzmaßnahmen in Abhängigkeit von der EM-Einstufung für gewerbliche Einrichtungen

13.1.3 Effizienzmaßnahmen bei Nutzung als Industrieanlage

Tabelle 13.4 enthält Maßnahmen entsprechend der vorgesehenen EM-Stufe bei einer Nutzung als Industrieanlage. Je nach Höhe der geplanten Stufe sind unterschiedliche Maßnahmen vorzusehen. Je höher die Stufe der einzelnen Effizienzmaßnahmen ist, desto besser wird zum Schluss auch die Effizienzklasse der gesamten elektrischen Anlage.

	EM0	EM1	EM2	EM3	EM4
Lastprofil	keine Betrachtung	einmalig	eine Woche	eines Jahrs	permanent
Entfernung Hauptverteilung zur weit entferntesten Last	keine Betrachtung	≤ 60 %	≤ 40 %	≤ 25 %	≤ 10 %
Optimierung Motoren	keine Betrachtung	< 50 %	50 %	70 %	90 %
	Anteil an der gesamtinstallierten Antriebsleistung				
Optimierung Beleuchtung	keine Betrachtung	Bewertung des Lampentyps und der Position	Bewertung des Lampentyps und der Position	Steuerung der Anwendung **oder** des Lampentyps	Steuerung der Anwendung **und** des Lampentyps
			unter Berücksichtigung des natürlichen Lichts		
Optimierung HVAV	keine Betrachtung	Temperaturregelung	Temperaturregelung von Zonen	Zeit- und Temperaturregelung in den Zonen	Zeit- und vollständige Sensorregelung pro Zone
Optimierung Transformatoren	keine Betrachtung		Berücksichtigung der magnetischen Verluste und der Kupferverluste **oder** der Arbeitspunktverluste		Berücksichtigung der magnetischen und Kupferverluste **und** der Arbeitspunktverluste
Optimierung Kabel/Leitungen	keine Betrachtung	Lastschwerpunktermittlung oder Berücksichtigung der Übertragungsverluste		Einzelversorgung von Maschen	Lastschwerpunktermittlung oder Berücksichtigung der Übertragungsverluste oder Einzelversorgung von Maschen

Tabelle 13.4 Übersicht der Effizienzmaßnahmen in Abhängigkeit von der EM-Einstufung für Industrieanlagen

	EM0	EM1	EM2	EM3	EM4
Blindleistungs-kompensation	keine Betrachtung	max. Wert ist bekannt	zentral	je Zone oder Anwendung automatisiert	automatisiert in Zonen und individuell
Messung Leistungsfaktor	keine Betrachtung	periodisch	permanent in Haupt-verteilung	permanent in Haupt-verteilung und Unter-verteilung	permanent in Hauptverteilung, Unterverteilung und Hauptlasten
Messung elektrischer Energie und Leistung	keine Betrachtung	an großen Betriebs-mitteln	an großen Betriebs-mitteln und pro Zone **oder** Anwendung	an großen Betriebs-mitteln und Messung pro Zone **und** Anwendung	an großen Betriebsmitteln, Zonen, Anwendung und Maschen
Messung der Spannung	keine Betrachtung	periodisch in Haupt-verteilung	permanent in Haupt-verteilung	permanent in Haupt-verteilung und Unter-verteilungen	permanent in Hauptverteilung und Unterverteilungen und an den Hauptlasten
Messung der Ober-schwingungen	keine Betrachtung	gelegentlich an der Einrichtung	gelegentlich an der Ein-richtung und der Haupt-einspeisung	periodisch an der Einrichtung	permanent an der Einrichtung und der Haupteinspeisung
Erneuerbare Energie	keine Betrachtung	Betrachtung	Errichtung erneuerbarer Energie	≥ 1 % Anteil an der installierten Leistung	≥ 2 %

Tabelle 13.4 (*Fortsetzung*) Übersicht der Effizienzmaßnahmen in Abhängigkeit von der EM-Einstufung für Industrieanlagen

13.1.4 Effizienzmaßnahmen bei Nutzung als Infrastrukturanlage

Tabelle 13.5 enthält Maßnahmen entsprechend der vorgesehenen EM-Stufe bei einer Nutzung als Infrastrukturanlage. Je nach Höhe der geplanten Stufe sind unterschiedliche Maßnahmen vorzusehen. Je höher die Stufe der einzelnen Effizienzmaßnahmen ist, desto besser wird zum Schluss auch die Effizienzklasse der gesamten elektrischen Anlage.

<table>
<tr><th></th><th>EM0</th><th>EM1</th><th>EM2</th><th>EM3</th><th>EM4</th></tr>
<tr><td>Lastprofil</td><td>keine Betrachtung</td><td>einmalig</td><td>eine Woche</td><td>eines Jahrs</td><td>permanent</td></tr>
<tr><td>Entfernung Hauptverteilung zur weit entferntesten Last</td><td>keine Betrachtung</td><td>≤ 60 %</td><td>≤ 40 %</td><td>≤ 25 %</td><td>≤ 10 %</td></tr>
<tr><td rowspan="2">Optimierung Motoren</td><td>keine Betrachtung</td><td>< 50 %</td><td>50 %</td><td>70 %</td><td>90 %</td></tr>
<tr><td colspan="5">Anteil an der gesamtinstallierten Antriebsleistung</td></tr>
<tr><td rowspan="2">Optimierung Beleuchtung</td><td rowspan="2">keine Betrachtung</td><td rowspan="2">Bewertung des Lampentyps und der Position</td><td>Bewertung des Lampentyps und der Position</td><td>Steuerung der Anwendung oder des Lampentyps</td><td>Steuerung der Anwendung und des Lampentyps</td></tr>
<tr><td colspan="3">unter Berücksichtigung des natürlichen Lichts</td></tr>
<tr><td>Optimierung HVAV</td><td>keine Betrachtung</td><td>Temperaturregelung</td><td>Temperaturregelung von Zonen</td><td>Zeit- und Temperaturregelung in den Zonen</td><td>Zeit- und vollständige Sensorregelung pro Zone</td></tr>
<tr><td>Optimierung Transformatoren</td><td colspan="2">keine Betrachtung</td><td colspan="2">Berücksichtigung der magnetischen Verluste und der Kupferverluste oder der Arbeitspunktverluste</td><td>Berücksichtigung der magnetischen und Kupferverluste und der Arbeitspunktverluste</td></tr>
<tr><td>Optimierung Kabel/Leitungen</td><td>keine Betrachtung</td><td colspan="2">Lastschwerpunktermittlung oder Berücksichtigung der Übertragungsverluste</td><td>Einzelversorgung von Maschen</td><td>Lastschwerpunktermittlung oder Berücksichtigung der Übertragungsverluste oder Einzelversorgung von Maschen</td></tr>
</table>

Tabelle 13.5 Übersicht der Effizienzmaßnahmen in Abhängigkeit von der EM-Einstufung für Infrastrukturanlagen

	EM0	EM1	EM2	EM3	EM4
Blindleistungs-kompensation	keine Betrachtung	max. Wert ist bekannt	zentral	Zentral oder je Zone oder Anwendung automatisiert	automatisiert in Zonen und individuell
Messung Leistungsfaktor	keine Betrachtung	periodisch	permanent in Haupt-verteilung	permanent in Haupt-verteilung und Unter-verteilung	permanent in Hauptverteilung, Unterverteilung und Hauptlasten
Messung elektrischer Energie und Leistung	keine Betrachtung	an großen Betriebs-mitteln	an großen Betriebs-mitteln und pro Zone **oder** Anwen-dung	an großen Betriebs-mitteln und Messung pro Zone **und** Anwendung	an großen Betriebsmitteln, Zonen, Anwendung und Maschen
Messung der Spannung	keine Betrachtung	periodisch in Haupt-verteilung	permanent in Haupt-verteilung	permanent in Haupt-verteilung und Unter-verteilungen	permanent in Hauptverteilung und Unterverteilungen und an den Hauptlasten
Messung der Ober-schwingungen	keine Betrachtung	gelegentlich an der Einrichtung	gelegentlich an der Ein-richtung und der Haupt-einspeisung	periodisch an der Einrichtung	permanent an der Einrichtung und der Haupteinspeisung
Erneuerbare Energie	keine Betrachtung	Betrachtung	Errichtung erneuerbarer Energie	≥ 2 %	≥ 4 %
				Anteil an der installierten Leistung	

Tabelle 13.5 (*Fortsetzung*) Übersicht der Effizienzmaßnahmen in Abhängigkeit von der EM-Einstufung für Infrastrukturanlagen

13.1.5 Ermittlung der Summe der Punkte entsprechend den ausgeführten Effizienzmaßnahmen (EM)

Punktesystem

Je nach Ausführungsgrad werden bei den Effizienzmaßnahmen Punkte vergeben. Dabei gelten die in **Tabelle 13.6** gezeigten Punktezuordnungen.

Maßnahmenstufe	Punkte
EM0	0
EM1	1
EM2	2
EM3	3
EM4	4

Tabelle 13.6 Punktezuordnung für Effizienzmaßnahmen

Für die Ermittlung der Effizienzklasse einer elektrischen Anlage müssen alle Maßnahmen hinsichtlich ihrer erreichten EM-Stufe bewertet werden. Danach wird die Gesamtpunktzahl für die ausgeführten Effizienzmaßnahmen ermittelt, siehe **Tabelle 13.7**.

	EM0	EM1	EM2	EM3	EM4	Punkte
Lastprofil	0	1	2	3	4	
Entfernung HAK zur weit entferntesten Last	0	1	2	3	4	
Optimierung Motoren	0	1	2	3	4	
Optimierung Beleuchtung	0	1	2	3	4	
Optimierung HVAV	0	1	2	3	4	
Optimierung Transformatoren	0	1	2	3	4	
Optimierung Kabel/Leitungen	0	1	2	3	4	
Blindleistungskompensation	0	1	2	3	4	
Messung Leistungsfaktor	0	1	2	3	4	
Messung elektrischer Energie und Leistung	0	1	2	3	4	
Messung der Spannung	0	1	2	3	4	
Messung der Oberschwingungen	0	1	2	3	4	
Erneuerbare Energie	0	1	2	3	4	
Summe der Punkte					Σ	

Tabelle 13.7 Ermittlung der Gesamtpunktzahl der realisierten Effizienzmaßnahmen

13.2 Zuordnung von Maßnahmen in Abhängigkeit von Performance-Level und Nutzung

Der Umfang und die Art und Weise von Maßnahmen zur Steigerung des Energieeffizienz-Performance-Levels (EEPL0 bis EEPL4) werden durch folgende drei Gruppen bestimmt:

1. Betrachtung des Energieverbrauchs,
2. Reduzierung der Blindleistung,
3. Reduzierung von Transformatorenverlusten.

Je nach Höhe der geplanten EEPL-Stufe sind unterschiedliche Maßnahmen vorzusehen. Je höher die Stufe der einzelnen Maßnahmen ist, desto besser wird zum Schluss auch die Effizienzklasse der gesamten elektrischen Anlage.

13.2.1 Betrachtung des Energieverbrauchs

	EEPL0	**EEPL1**	**EEPL2**	**EEPL3**	**EEPL4**
Wohngebäude (Wohnungen)	keine Betrachtung	keine Betrachtung	keine Betrachtung	keine Betrachtung	Keine Betrachtung
gewerbliche Anlagen	keine Betrachtung	80 %	90 %	95 %	99 %
		vom Anteil des Jahresverbrauchs kann Beleuchtung, HVAC, Prozessen usw. zugeordnet werden			vom Anteil des Jahresverbrauchs kann Beleuchtung, HVAC, Prozessen usw. und Bereichen zugeordnet werden
Industrieanlagen	keine Betrachtung	80 %	90 %	95 %	99 %
		vom Anteil des Jahresverbrauchs kann Beleuchtung, HVAC, Prozessen usw. zugeordnet werden			vom Anteil des Jahresverbrauchs kann Beleuchtung, HVAC, Prozessen usw. und Bereichen zugeordnet werden
Infrastrukturanlagen	keine Betrachtung	80 %	90 %	95 %	99 %
		vom Anteil des Jahresverbrauchs kann Beleuchtung, HVAC, Prozessen usw. zugeordnet werden			vom Anteil des Jahresverbrauchs kann Beleuchtung, HVAC, Prozessen usw. und Bereichen zugeordnet werden

Tabelle 13.8 Anteil des zu messenden Energieverbrauchs

Wird der Energieverbrauch erfasst und kontrolliert, kann dieser durch Folgemaßnahmen reduziert werden. **Tabelle 13.8** enthält Prozentsätze des anteilig zu messenden Energieverbrauchs. Je höher der EEPL-Wert sein soll, desto detaillierter muss der Energieverbrauch erfasst werden.

13.2.2 Reduzierung der Blindleistung ($\cos\varphi$)

Wird bei einer elektrischen Anlage der Blindwiderstand auf einen niedrigen Wert, z. B. durch Kompensationsanlagen, gehalten, kann je nach Höhe des $\cos\varphi$ ein bestimmter Energieeffizienz-Performance-Level (EEPL) erreicht werden, siehe **Tabelle 13.9**.

Nutzung der elektrischen Anlage	EEPL0	EEPL1	EEPL2	EEPL3	EEPL4
Wohngebäude/Wohnungen	keine	keine	keine	keine	keine
gewerbliche Einrichtungen	keine	> 0,85	> 0,90	> 0,93	> 0,95
Industrieanlagen	keine	> 0,85	> 0,90	> 0,93	> 0,95
Infrastrukturanlagen	keine	> 0,85	> 0,90	> 0,93	> 0,95

Tabelle 13.9 EEPL-Wert in Abhängigkeit von der Blindleistung

13.2.3 Reduzierung von Transformatorenverlusten

Werden in einer elektrischen Anlage Transformatoren mit niedrigen Verlustleistungen verwendet, kann je nach Höhe der Verlustleistung ein bestimmter Energieeffizienz-Performance-Level (EEPL) erreicht werden, siehe **Tabelle 13.10**.

Nutzung der elektrischen Anlage	EEPL0	EEPL1	EEPL2	EEPL3	EEPL4
Wohngebäude/Wohnungen	keine	keine	keine	keine	keine
Gewerbliche Einrichtungen	keine	> 0,95	> 0,97	> 0,98	> 0,99
Industrieanlagen	keine	> 0,95	> 0,97	> 0,98	> 0,99
Infrastrukturanlagen	keine	> 0,95	> 0,97	> 0,98	> 0,99

Tabelle 13.10 EEPL-Wert in Abhängigkeit von der Verlustleistung der Transformatoren

13.2.4 Ermittlung der Summe der Punkte entsprechend dem erzielten Energieeffizienz-Performance-Level (EEPL)

Punktesystem

Je nach Ausführungsgrad werden für den Umfang der Energieverbrauchsbetrachtung Punkte vergeben. Dabei gelten die in **Tabelle 13.11** gezeigten Punktezuordnungen.

Energienutzung	Punkte
EEPL0	0
EEPL1	1
EEPL2	2
EEPL3	3
EEPL4	4

Tabelle 13.11 Punktezuordnung für EEPL-Maßnahmen

Für die Ermittlung der Effizienzklasse einer elektrischen Anlage müssen auch die erreichten Maßnahmen hinsichtlich ihrer erreichten EEPL-Stufe bewertet werden. Danach wird die Gesamtpunktzahl für alle ausgeführten Maßnahmen ermittelt, siehe **Tabelle 13.12**.

	EEPL0	EEPL1	EEPL2	EEPL3	EEPL4	Punkte
Energieverbrauch	0	1	2	3	4	
Blindleistung	0	1	2	3	4	
Transformatorenverluste	0	1	2	3	4	
Gesamtpunktzahl					Σ	

Tabelle 13.12 Ermittlung der Gesamtpunktzahl der realisierten Energieeffizienz-Performance-Level

13.2.5 EM-Punkte und EEPL-Punkte ergeben zusammen die Effizienzklasse (EIEC) der elektrischen Anlage

Damit eine elektrische Anlage einer bestimmten Effizienzklasse (EIEC 0 bis EIEC 4) zugeordnet und später entsprechend gekennzeichnet werden kann, müssen sowohl die Punkte der durchgeführten Effizienzmaßnahmen (EM0 bis EM4) als auch die Punkte bei den Energieverbrauchsbetrachtungen (EEPL0 bis EEPL4) zusammengezählt werden. Die Summe der Punkte ergibt dann die Zahl, die für die Einstufung in eine Effizienzklasse benötigt wird:

$$EIEC_{\text{Punkte}} = EM_{\text{Punkte}} + EEPL_{\text{Punkte}}.$$

Effizienzklasse der elektrischen Anlage	Gesamtpunktzahl (EM + EEPL)	
	für Wohngebäude (Wohnungen)	für alle anderen elektrischen Anlagen
EIEC 0	1 bis 19	1 bis 15
EIEC 1	20 bis 27	16 bis 25
EIEC 2	28 bis 35	26 bis 35
EIEC 3	36 bis 43	36 bis 47
EIEC 4	44 bis 49	48 bis 57

Tabelle 13.13 Ermittlung der Effizienzklasse in Abhängigkeit von der erreichten Gesamtpunktzahl

Mithilfe der **Tabelle 13.13** kann dann die Effizienzklasse bestimmt werden. Bei der Einstufung ist noch zusätzlich die Art der Nutzung der elektrischen Anlage zu berücksichtigen. Für Wohnungen gelten andere Werte als für „alle anderen Anlagen“. Je höher die Effizienzklasse, desto besser ist die Energieeffizienz einer elektrischen Anlage.

Die Effizienzklasse einer elektrischen Anlage ist ein Gütesiegel in Bezug auf die Energieeffizienz und wird zukünftig bei der Bewertung eines Gebäudes oder einer Anlage eine wichtige Rolle spielen.

13.2.6 Zusammenfassung

Die Höhe der Punktezahlen und die Zusammenfassung der Punkte von Maßnahmen und Energieverbrauch sowie deren Katalogisierung in Energieeffizienzklassen zur Beurteilung, ob eine elektrische Anlage einer bestimmten Klasse entspricht, muss sich erst noch am Markt bewähren. Die Erstausgabe einer Norm, wie die vorliegende DIN VDE 0100-801, kann noch nicht auf Erfahrungswerte aus der Praxis zurückgreifen. Es ist deshalb möglich, dass mit der Veröffentlichung der überarbeiteten Norm Punkte und deren Klassifizierung verändert werden. Die jetzt veröffentlichte Norm wurde von der internationalen Norm IEC 60364-8-1:2014-10 abgeleitet. Diese Norm wird bereits wieder auf internationaler Ebene überarbeitet. Eine überarbeitete DIN-VDE-Norm ist dann frühestens im Jahr 2017/18 zu erwarten.

Teil B Luftdichte und wärmebrückenfreie Elektroinstallation

DEUTSCHE NORM | Juli 2015

DIN 18015-5

ICS 91.140.50

Elektrische Anlagen in Wohngebäuden – Teil 5: Luftdichte und wärmebrückenfreie Elektroinstallation

Electrical installations in residential buildings –
Part 5: Airtight electrical installations free from thermal bridges

Installations électriques dans des immeubles d'habitation –
Partie 5: Installations électriques étanches à l'air et sans ponts thermiques

Eingliederung des Teils 5 in die Struktur der Normen der Reihe DIN 18015

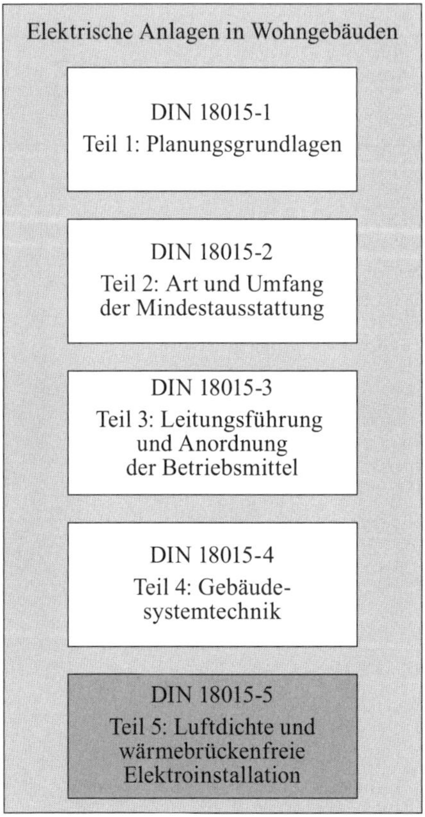

14 Luftdichte und wärmebrückenfreie Elektroinstallation

Wenn bei einem Gebäude über Energieeffizienz gesprochen wird, denken die meisten an Wärmedämmung. Doch wenn in einem Gebäude die Elektroinstallation, z. B. auch die Gas-, Wasser- und Abwasserinstallation, auf Wärmedämmmaßnahmen trifft, kann eine Nichtbeachtung der physikalischen Phänomene bei der Wärmedämmung zu ihrer Verschlechterung führen, im schlimmsten Fall kann das Gebäude sogar durch Schimmelpilzbildung beschädigt bzw. zerstört werden.

Da das Fachwissen über luftdichte und winddichte Schichten, Wärmedämmschichten und Wärmebrücken beim Elektrohandwerk häufig nicht so ausgeprägt ist und es deshalb immer wieder zu Beschädigungen von Schichten im Gebäude durch Elektroinstallationen kommt, wurden „Elektriker" bereits von Bausachverständigen als „potenzielle Bauzerstörer" bezeichnet.

Damit der Elektroinstallateur bei der Planung und Ausführung seiner elektrischen Anlagen die richtigen Installationsmethoden festlegt und das dafür geeignete Installationsmaterial auswählt, wurde im Juli 2015 die DIN 18015-5 [16] „Elektrische Anlagen in Wohngebäuden – Teil 5: Luftdichte und wärmebrückenfreie Elektroinstallation" veröffentlicht. Durch diese Norm wird der Elektroinstallateur in die Pflicht genommen, bei seiner Elektroinstallation die am und im Gebäude vorgesehene Wärmedämmung zu beachten und die erlaubten Installationsmethoden auszuwählen.

Bauweise bestimmt das Wärmedämmkonzept

In Abhängigkeit von der Bauweise eines Gebäudes werden vom Architekten unterschiedliche Konzepte der Wärmedämmung ausgewählt. Auch die Methoden zur Erlangung der luftdichten und winddichten Schichten sind von der Bauweise abhängig. Folgende grundsätzliche Bauweisen sind zu betrachten:

- **Massivbauweise**
  Als Massivbau wird die Verwendung von Mauerwerk oder (Stahl-)Beton bei Wänden und Decken bezeichnet. Bei dieser Bauweise sind die statischen Funktionen und der Raumabschluss (Wände, Decken) in einem Bauteil vereint.
- **Leichtbauweise**
  Beim Leichtbau, auch Skelettbau genannt, sind die statischen Funktionen (Tragwerk) vom Raumabschluss (Wände, Decken) getrennt.

Die Schichten müssen bekannt sein

Die bauphysikalischen Anforderungen in Abhängigkeit von der Bauweise und vom gewählten Wärmedämmkonzept erfordern einen systembedingten Aufbau von Schichten. Dabei sind folgende physikalische Schichten zu beachten:

- **Luftdichte Schicht**
  Eine luftdichte Schicht behindert die Lufteinströmung von der Innenraumseite in die Wärmedämmschicht. In der Regel befindet sie sich auf der Rauminnenseite, also auf der warmen Seite. Die luftdichte Schicht verhindert, dass warme (feuchte) Luft in die Wärmedämmschicht eindringt und kondensiert.
- **Winddichte Schicht**
  Winddichte Schichten werden auf der Außenseite (Kaltseite) eines Gebäudes angebracht und verhindern eine Lufteinströmung von feuchter Außenluft, Regen oder Schnee von außen in die Wärmedämmschicht. Solche Schichten sind in der Regel dampfdurchlässig (diffusionsoffen).
- **Wärmedämmschicht**
  Die Wärmedämmschicht ist bei Gebäuden in Massivbauweise z. B. der Hochlochziegel und bei Gebäuden in Leichtbauweise das Dämmmaterial zwischen der Außen- und Innenbeplankung. Durch die luft- und winddichte Schicht wird die Wärmedämmung vor Feuchtigkeit geschützt. Die Wärmedämmschicht reduziert die Wärmeverluste durch die Wärmeabgabe aufgewärmter Innenraumluft nach außen an eine (kältere) Umgebung.

Elektroinstallation

Eine Elektroinstallation muss also immer im Einklang mit dem vorgesehenen Konzept der Luftdichtheit, der Winddichtheit und dem Wärmedämmkonzept geplant und errichtet werden. Erst nach der Errichtung der Elektroinstallation und dem Auftragen der Putzschichten (Innen- und Außenputz) durch den Putzer wird gemeinsam mit dem errichteten Elektroinstallationsmaterial die Luftdichtheit bzw. Winddichtheit erreicht.

Wärmedämmschichten dürfen durch die Elektroinstallation nicht unnötig beschädigt (z. B. zu tiefe Senken für die UP-Gerätedose) und auch nicht komprimiert werden. Doch manchmal sind Kompromisse einzugehen. ... Abgesehen von unabwendbarer Reduzierung bei der Qualität von Wärmedämmschichten müssen grundsätzlich die bauphysikalischen Eigenschaften erhalten bleiben bzw. nach der Errichtung wiederhergestellt sein.

Übrigens: Das Herstellen von Dosensenken und Mauernuten mit Hammer und Meißel gehört eigentlich der Vergangenheit an. In der Schriftenreihe „Mauerwerksbau aktuell“ [17] wird in Bezug zur DIN 1053-1 [18] dazu folgende Aussagen gemacht:

Wenn Schlitze und Aussparungen nicht im gemauerten Verband, sondern nachträglich hergestellt werden, sind sie zu fräsen oder mit speziellen Schlitzwerkzeugen auszuführen.

Das generelle Stemmverbot früherer Normausgaben ist ab der Fassung 1990-02 nicht mehr enthalten. Diese Änderung ergab sich, weil das Stemmverbot auf der Baustelle ohnehin nicht eingehalten wurde und zum anderen zwischenzeitlich Schlitzwerkzeuge entwickelt wurden, mit denen ein das Material schonendes Stemmen möglich ist.

Das Wärmedämmkonzept in Abhängigkeit von der Bauweise bestimmt also die Art und Weise der Elektroinstallation. Luft- und Winddichtheit sowie Wärmebrückenfreiheit haben in Bezug zum Energieverbrauch bei der Gebäudeerrichtung einen hohen Stellenwert.

Elektroplaner und Elektroinstallateure müssen sich heutzutage beim Architekten über das vorgesehene Wärmedämmkonzept informieren. Grundsätzlich muss immer bekannt sein, wo im Gebäude welche Schichten vorgesehen sind. Nur so kann eine Beschädigung des Wärmedämmkonzepts durch die Elektroinstallation verhindert werden. Eine wichtige Rolle spielt dabei die Bauweise des Gebäudes.

Natürlich sind in manchen Situationen Kompromisse zwischen Wärmedämmung und Elektroinstallation notwendig. Durchdringungen von Wärmedämmungen durch die Elektroinstallation oder die Befestigung elektrischer Betriebsmittel können die Werte der Wärmedämmung vermindern oder Wärmebrücken verursachen. Doch bei Verwendung von modernem Elektroinstallationsmaterial und entsprechender Montage kann die Verminderung der Wärmedämmung durch die Elektroinstallation auf ein akzeptables Maß reduziert werden.

Wichtig ist auch, dass der Putzer beim Auftragen der luftdichten und winddichten Schichten von der errichteten Elektroinstallation nicht behindert wird. Doch zum Schluss muss der Putz gemeinsam mit der Elektroinstallation die luft- und winddichten Schichten bilden.

Architekten sollten Lage und Ort der luft- und winddichten Schichten, sowie das Wärmedämmkonzept in den Ausschreibungsunterlagen für den Elektroplaner oder Elektroinstallateur angeben. **Tabelle 14.1** zeigt zusammengefasst die Schichten in Abhängigkeit von der Bauweise.

Hinweis: Die Aussagen bezüglich der Wärmedämmungskonzepte sind in diesem Buch vereinfacht dargestellt. Andere Konzepte und die Weiterentwicklungen sowie neue Erkenntnisse können andere Methoden oder andere Materialien hervorbringen.

Bauweise	Schichten			Lage der Wärmedämmschicht
	Luftdichte Schicht	Winddichte Schicht	Wärmedämmschicht	
Massivbau	Innenputz	Außenputz	Hochloch mit ruhender Luft	Mauerwerk selbst
	Innenputz	Außenputz	z. B. Polystyrol	Außendämmung
	Putz hinter Wärmedämmschicht	Außenputz	kapillares Dämmmaterial	Innendämmung
Leichtbau	Folie als Dampfbremse oder Gipskartonplatten	Außenputz	z. B. Mineralwolle	Hohlwand
	Folie als Dampfbremse	Folie unter den Dachpfannen	z. B. Mineralwolle	Dachstuhl

Tabelle 14.1 Zusammenfassung der Schichten für die Wärmedämmung

Wärmebrücken

Wird eine Wärmedämmschicht durchstoßen, unterbrochen oder wird das Dämmmaterial teilweise entfernt oder komprimiert, können Wärmebrücken entstehen oder die Wärmedämmfähigkeit reduziert werden. Wärmebrücken tragen kältere Außentemperaturen in das Innere einer Wärmedämmung. An diesen Stellen kann dann innerhalb der Wärmedämmschicht oder auf der Innenraumseite vorhandene Luftfeuchtigkeit kondensieren, was zu Bauschäden führt.

In manchen Situationen, bei denen man aus Befestigungsgründen keine andere Wahl hat, als die Wärmedämmschicht zu durchstoßen, muss dies wohl in Kauf genommen werden. Auch eine Leitungsdurchführung von der Innenseite eines Gebäudes auf die Außenseite, um z. B. eine Außenleuchte anzuschließen, gehört sicherlich auch dazu. Für die Wiederherstellung der Luft- und Winddichtheit muss auf jeden Fall gesorgt werden. Geschickte Planungen können jedoch dafür sorgen, dass die Anzahl solcher Wärmebrücken bei einem Gebäude auf ein Minimum begrenzt werden.

Außenwände oder Innenraumwände?

Egal ob die Wand, in der die Elektroinstallation eingebaut werden soll, eine Außenwand oder eine Innenwand ist: Der Aufbau der Wand ist das Maß und dieser Aufbau wird vom Architekten vorgegeben. Hat eine Innenraumwand eine luftdichte Schicht oder Dampfbremse, müssen diese Schichten, auch wenn sie in Innenwänden eingebaut sind, bei einer Öffnung für die Elektroinstallation wieder verschlossen werden. Deshalb gibt es in DIN 18015-5 auch keine Unterscheidung zwischen Außen- und Innenwänden.

15 Elektroinstallationen bei Wänden in Massivbauweise

15.1 Wärmedämmung durch Hochlochziegel

Bei Gebäuden in klassischer Massivbauweise bildet der Innenputz die luftdichte Schicht, der Außenputz die winddichte Schicht und z. B. der Hochlochziegel die Wärmedämmschicht, siehe **Bild 15.1**.

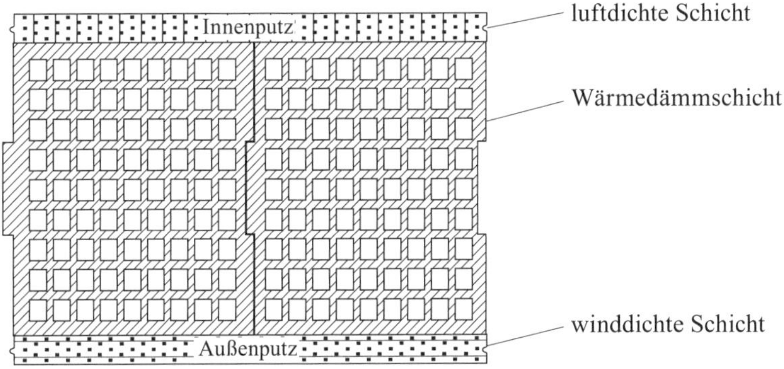

Bild 15.1 Aufbau der Schichten bei einer Außenwand in Massivbauweise

Wärmedämmschicht

Die Wärmedämmung wird bei einem Hochlochziegel insbesondere dadurch erreicht, dass neben dem porösen Ziegelmaterial zusätzlich verschlossene Hochlöcher mit ihrer „ruhenden Luft“ eingebracht sind. Werden solche Hochlöcher bei der Elektroinstallation geöffnet, müssen Maßnahmen getroffen werden, um diese Luftkammern wieder zu verschließen. Normalerweise erfolgt der Verschluss durch den Innenputz, der ja bekanntlich erst nach der Errichtung der Elektroinstallation durch den Putzer aufgebracht wird. Auch die Stoßfugen zwischen den Ziegeln müssen luft- bzw. winddicht verschlossen sein.

Der Initiativkreis Elektro+ [19] macht in seiner Broschüre dazu folgende Aussage:

Bei Massivbauweise werden häufig Hohlkammerziegel eingesetzt. Diese Ziegel verfügen im Innern über senkrechte Hohlkammern. Die ruhende Luft in diesen Kammern hat hier eine wärmeisolierende Funktion. Wird der Innenputz nun für die Installation einer Verteilerdose durchbrochen, befindet sich der hintere Bereich der Dose in den Hohlkammern der Hohlkammerziegel. Durch die Vorprägung für Leitungen und Rohre in einer herkömmlichen Verteilerdose kann es somit aufgrund von Temperaturunterschieden zu einem Luftaustausch zwischen der Luft in den Hohlkammern der Ziegel und der Luft des beheizten Wohninnenraums kommen. Somit würde sich eine Leckage ergeben, die zu ungewünschten Zugerscheinungen führt und sich nachteilig auf den Gebäudeenergiebedarf auswirkt.

Dass Unterputz-Elektroinstallationen generell die Wärmedämmschicht einer Wand verschlechtern, ist systembedingt und muss wohl zugunsten der Ästhetik (gegenüber einer Aufputzinstallation) in Kauf genommen werden.

Senken im Hochlochziegel öffnen Hochlochkammern

Bei der Montage von Unterputzdosen müssen im Hochlochziegel für die Dosensenke einige Luftkammern geöffnet werden. Die Fixierung mit Gips kann nicht sicherstellen, dass alle geöffneten Hochlochkammern wieder verschlossen sind. Erst durch das Aufbringen des Innenputzes werden die geöffneten Hochlochkammern wieder verschlossen. Doch kann der Innenputz nicht jede einzelne Luftkammer separat verschließen. Die geöffneten Hochlochkammern bleiben in der Regel danach miteinander verbunden. Es ist deshalb wichtig, dass so wenige Kammern wie mögliche geöffnet werden. Durch die Verwendung von Kernbohrern deren Durchmesser auf die Größe der UP-Dose abgestimmt wurde, kann dies aller Voraussicht nach erreicht werden. Bei der Herstellung einer Senke mithilfe von Hammer und Meißel werden sicherlich zu viele Kammern geöffnet.

Luftdichte Schicht

Der Innenputz bildet bei dieser Bauweise die luftdichte Schicht. Werden UP-Dosen in einer solchen luftdichten Schicht eingebaut, wird die UP-Dose mit den eingeführten Kabeln oder Elektroinstallationsrohren Teil der luftdichten Schicht. Bei der Montage der Elektroinstallation muss der Elektroinstallateur auch diesbezüglich sorgfältig handeln, siehe **Bild 15.2**.

Standard-Unterputz-(UP-)Gerätedosen mit ihren perforierten, ausbrechbaren Kabeleinführungsöffnungen sind nicht luftdicht, siehe **Bild 15.3**.

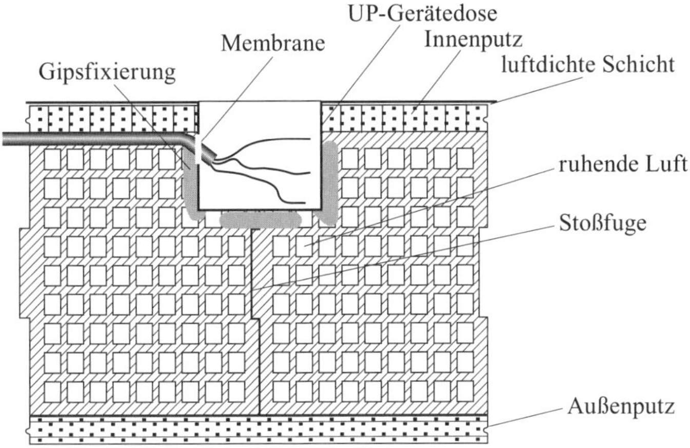

Bild 15.2 Hochlochziegel mit eingebauter UP-Gerätedose

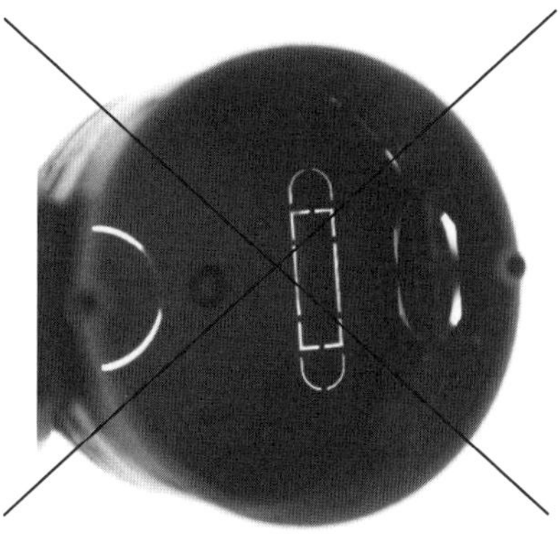

Bild 15.3 UP-Gerätedose mit perforierten, ausbrechbaren Öffnungen

Natürlich kann durch gewissenhaftes „Eingipsen" einer solchen UP-Gerätedose, bei der alle Perforationen einer UP-Gerätedose rundherum und auf der Rückseite durch Gips verschlossen werden, eine Luftdichtheit erreicht werden, doch bei der Kabeleinführung wird es dann schon schwieriger.

Bei luftdichten UP-Gerätedosen sind alle vorgesehenen Kabeleinführungsöffnungen grundsätzlich mit elastischen Dichtungsmembranen verschlossen, siehe **Bild 15.4**. Damit sind alle möglichen nicht benötigten Kabeleinführungsstellen erst einmal luftdicht verschlossen. Beim Durchstoßen einer solchen Dichtungsmembrane mit einem Kabel bleibt die UP-Gerätedose weiterhin durch die Membrane automatisch luftdicht.

Bild 15.4 UP-Gerätedose in luftdichter Ausführung mit Dichtungsmembranen (Fa. Kaiser, Schalksmühle [20])

Da die UP-Gerätedose gemeinsam mit dem Innenputz die luftdichte Schicht der Wand bildet, sind grundsätzlich luftdichte UP-Gerätedosen einzusetzen.

UP-Installationsdosen

Für die Montage von UP-Installationsdosen gelten die gleichen Bedingungen wie für UP-Gerätedosen.

Verlegeräume für Kabel unter Putz

Die Verlegung von Kabeln unter Putz darf nur in den dafür freigegebenen Bereichen erfolgen. DIN 18015-3 [21] legt hierfür die zulässigen Bereiche innerhalb eines Raums fest, siehe **Bild 15.5**.

Endringtiefe der Nutfräse wichtig

Die Art und Weise der UP-Verlegung von Kabeln erfolgt heutzutage in gefrästen Nuten, die mithilfe einer Nutfräse hergestellt wurden. Wichtig dabei ist, dass die Eindringtiefe der Nutfräse nur so tief eingestellt wird, dass die Hochlochkammern im Ziegel durch die gefrästen Nuten nicht geöffnet werden. Wie bereits erwähnt, wird durch die geschlossenen Hochlochkammern mit ihrer ruhenden Luft eine hohe Wärmedämmung erzielt. Geöffnete Hochlochkammern verlieren ihre Wärmedämmeigenschaften. Die Nuten sollten deshalb nur in die äußere Schicht der Hochlochziegel gefräst werden, siehe **Bild 15.6**.

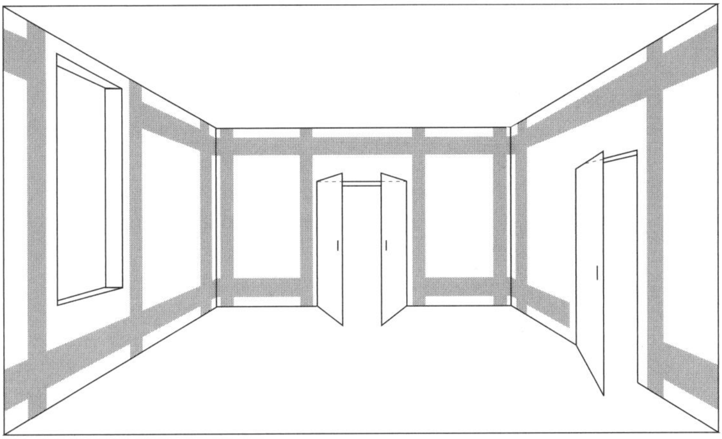

Bild 15.5 Installationszonen in einem Raum
(abgeleitet aus DIN 18015-3:2007-09 [21])

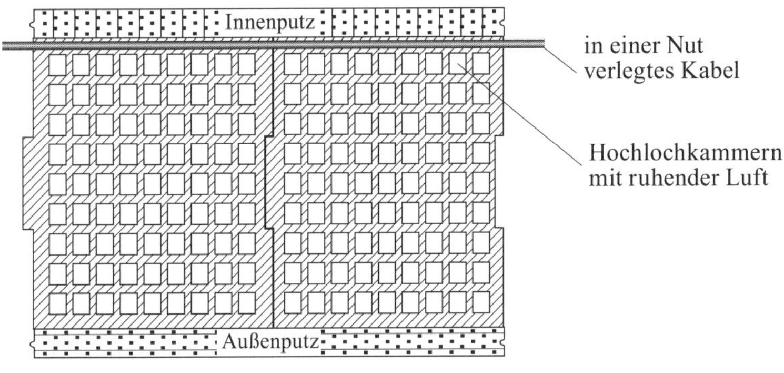

Bild 15.6 Unter Putz verlegtes Kabel in einer Nut ohne Öffnung der Hochlochkammern

Montage mit Elektroinstallationsrohren

Wird eine Elektroinstallation in UP-Installationsrohren errichtet, müssen die Installationsrohre luftdicht in die UP-Gerätedose oder UP-Installationsdose eingeführt werden. Auch hier kann die Luftdichtheit nur durch die Verwendung von luftdichten Dosen garantiert werden, siehe **Bild 15.7**.

Zusätzlich müssen beide Enden eines jeden Elektroinstallationsrohrs mit einem Verschlussstopfen luftdicht verschlossen werden, egal ob es sich um ein Leerrohr oder um ein Elektroinstallationsrohr mit eingezogenem Kabel handelt, siehe **Bild 15.8**.

Bild 15.7 Luftdicht eingeführtes Elektroinstallationsrohr (Fa. Kaiser, Schalksmühle [20])

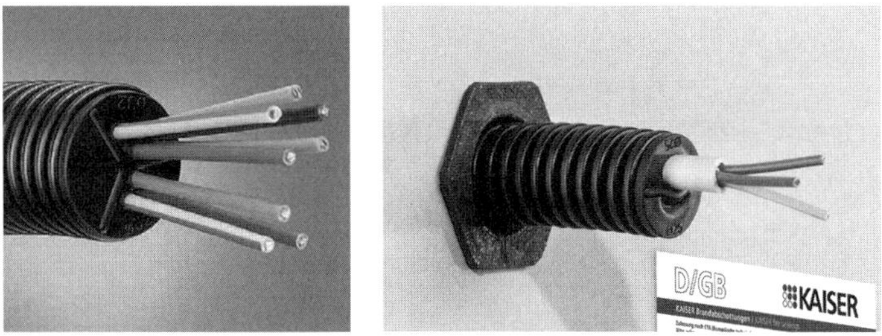

Bild 15.8 Verschlussstopfen für ein Elektroinstallationsrohr (Fa. Kaiser, Schalksmühle [20])

Beim Abdichten von eingezogenen Kabeln können die Adern einzeln oder mit dem Mantel durch den Verschlussstopfen gezogen werden, siehe Bild 15.8. Die Verwendung von Dichtkleber gewährleistet keine Luftdichtheit, da der sich bildende Zwickel zwischen den Einzeladern nicht sicher verschlossen werden kann. Die Verwendung von Dichtkleber erschwert auch eine Nachinstallation, da das Entfernen der ausgehärteten Dichtmasse sehr schwierig ist.

Das Verschließen der Enden von Elektroinstallationsrohren ist Teil der luftdichten Schicht und verhindert zusätzlich eine Luftzirkulation in der Wand oder auch einen Luftaustausch mit anderen Räumen, die durch offene Installationsrohre miteinander verbunden sind. Endet ein Elektroinstallationsrohr in der Nähe eines elektrischen Betriebsmittels, z. B. an einem Rollladenantrieb oder einer Außenleuchte, muss dieses Ende auch luftdicht verschlossen werden. Verschlossene Elektroinstallationsrohre unterstützen gleichzeitig den Brand- und Schallschutz in einem Gebäude.

Schwarzstaub (Fogging-Effekt)

Werden die Enden von Elektroinstallationsrohren nicht verschlossen, kann dies zur Schwarzstaubbildung an Lichtschaltern und Steckdosen führen. Das Auftreten dieses Phänomens aufgrund von Thermik und die damit verbundene Luftzirkulation sind nachweisbar.

Winddichte Schicht – Außenputz und UP-Dosen bilden gemeinsam die winddichte Schicht

Wie beim Einbau von UP-Dosen im Innenbereich dürfen im Außenbereich nur luftdichte UP-Dosen verwendet werden. Beim Einführen von Kabeln sorgen die Membranen der UP-Dose dafür, dass die Luftdichtheit der UP-Dose weiterhin erhalten bleibt. Bei der Einführung von Elektroinstallationsrohren müssen diese natürlich auch luftdicht von der Membrane der luftdichten UP-Dose umschlossen sein. Zusätzlich müssen die Enden der Elektroinstallationsrohre mit speziellen Verschlussstopfen verschlossen werden, egal ob es sich um ein Leerrohr oder um ein Elektroinstallationsrohr mit eingezogenem Kabel handelt.

Fixierung von UP-Geräteeinbaudosen in Außenwände

Für einen Elektroinstallateur ist die Fixierung von UP-Dosen mithilfe von Gips problemlos und deshalb der Normalfall. Doch der abgebundene Gips hat eine gewisse Wasserlöslichkeit und reagiert bei Nässe. Gips wird in der Regel zur Fixierung von UP-Dosen nur beim Innenausbau verwendet. Das Fixieren von UP-Geräteeinbaudosen in Außenwände sollte daher mittels schnell abbindenden Zementmörtels erfolgen (man erspart sich viel Ärger).

Sicher gibt es auch Hersteller, die gipsähnliche Produkte für die Fixierung von UP-Dosen im Außenbereich anbieten, die vom Elektroinstallateur einfach verarbeitet werden können. Doch ist bei der Materialauswahl eine Abstimmung mit dem Architekten sinnvoll.

Zusammenfassung

Tabelle 15.1 zeigt anhand von Beispielen, welche Betrachtungen bei einer Elektroinstallation in Wänden in Massivbauweise mit einer Wärmedämmung durch Hochlochziegel erforderlich sind.

Montageort	Beispiele von Elektroinstallationen	Montage		Material, Zubehör
		Handlungen	Risiken	
Innenmontage	UP-Steckdosen/ UP-Installationsdosen	Dosensenke mit Kernbohrer herstellen UP-Dose mit Gips fixieren Kabel in UP-Dose luftdicht einführen	**luftdichte Schicht** Innenputz bildet zusammen mit UP-Dosen keine luftdichte Schicht	• luftdichte UP-Dosen, • Gips
			Wärmedämmschicht Hohlkammern mit ruhender Luft werden geöffnet	
	Installationsrohre	Mauernut fräsen Fixierung des Installationsrohrs Enden des Installationsrohrs luftdicht in UP-Dosen einführen und an den Enden luftdicht verschließen	**luftdichte Schicht** falsch eingesetzte Verschlussstopfen bilden mit Innenputz zusammen keine luftdichte Schicht	• Installationsrohr, • Verschluss-stopfen, • Gips oder Klammern
			Wärmedämmschicht Hohlkammern mit ruhender Luft können geöffnet werden	

Tabelle 15.1 Beispiele von Elektroinstallationen unter Berücksichtigung der Schichten bei Massivbauweise mit Hochlochziegel

Montageort	Beispiele von Elektroinstallationen	Montage		Material, Zubehör
		Handlungen	Risiken	
Außenmontage	Außensteckdose	Dosensenke mit Kernbohrer herstellen UP-Gerätedose mit Mörtel fixieren Kabelzuführung durch Bohrung von der Rauminnenseite Kabel in UP-Gerätedose luftdicht einführen	**winddichte Schicht** Außenputz bildet zusammen mit UP-Gerätedosen keine winddichte Schicht **Wärmedämmschicht** Hohlkammern mit ruhender Luft werden geöffnet	• luftdichte UP-Gerätedosen, • Mörtel
	Außenleuchten mit Zuleitung	Kabelzuführung durch Bohrung von der Rauminnenseite Bohrungen für Lampenbefestigung nach dem Aufbringen des Außenputzes herstellen Kabelaustritt und Dübel für die Lampenbefestigung mit Dichtkleber nach dem Aufbringen des Außenputzes winddicht versiegeln	**winddichte Schicht** keine ausreichende Winddichtheit wegen mangelhafte Abdichtung von Dübel und Kabelaustritt mit Dichtkleber **Wärmedämmschicht** Hohlkammern mit ruhender Luft werden geöffnet	• Dichtkleber, • Dübel für Hochlochziegel
	Gegensprechanlage	Kabelzuführung durch Bohrung von der Innenseite Hohlraum herstellen Systemdose mit Mörtel fixieren Kabel in UP-Gerätedose luftdicht einführen	**winddichte Schicht** Außenputz bildet zusammen mit der UP-Systemdosen keine winddichte Schicht **Wärmedämmschicht** Hohlkammern mit ruhender Luft werden geöffnet	• luftdichte UP-Systemdose, • Mörtel

Tabelle 15.1 (*Fortsetzung*) Beispiele von Elektroinstallationen unter Berücksichtigung der Schichten bei Massivbauweise mit Hochlochziegel

Zählerplätze und Unterverteiler

Werden Zählerplätze unter Putz errichtet, muss die Einbautiefe entsprechend DIN 18013 [22] mindestens 140 mm betragen und die Leitungsschlitze müssen die gleiche Tiefe im Mauerwerk haben wie die Zählernische selbst.

Da zukünftig auch Kommunikationseinrichtungen für ein „Smart Meter Gateway" entsprechend VDE-Anwendungsregel VDE-AR-N 4101 [23] zur Verarbeitung, Speicherung und Weiterleitung erfasster elektrischer Energie oder Steuergeräte für Fernabschaltungen der Netzbetreiber in den Schränken für Zähler untergebracht werden müssen, wird der Raum in einer Wand immer größer.

Übrigens: Kundeneigene Messeinrichtungen entsprechend DIN VDE 0100-801 [1] für die Kontrolle und Erfassung von Lastprofilen dürfen im Raum für Zählerplätze nicht untergebracht werden. Solche Geräte werden üblicherweise in den Schränken der Haupt- und Unterverteiler eingebaut.

Solche Zählerplätze und Unterverteiler dürfen entsprechend DIN 18015-5 [16] nur auf oder in Innenwänden angeordnet werden.

15.2 Wärmedämmung mit Außenwärmedämmung

Die Außendämmung wird nicht nur bei Sanierungen von Gebäuden vorgenommen, sondern auch bei Neubauten, bei denen die Außenwände in Massivbauweise die erforderlichen Wärmedämmwerte allein nicht erreichen. Die Dicke der Wärmedämmung kann dabei schon mal 30 cm betragen, siehe **Bild 15.9**.

Wärmedämmschicht und Geräteträger

Nach dem Aufbringen der Wärmedämmschicht müssen verbleibende Hohlräume, die bei der Umschließung der Geräteträger unvermeidlich entstehen, durch speziellen Isolierschaum verschlossen werden. Doch diese Arbeiten gehören in der Regel nicht zum Liefer- und Leistungsumfang der Elektroinstallation. Die Geräteträger werden Teil der Wärmedämmschicht. Natürlich kann der Geräteträger nicht die Dämmwerte erreichen wie die eigentliche Wärmedämmschicht, doch dies muss wohl in Kauf genommen werden. Der Einbau solcher Geräteträger sollte deshalb auf ein notwendiges Minimum begrenzt werden.

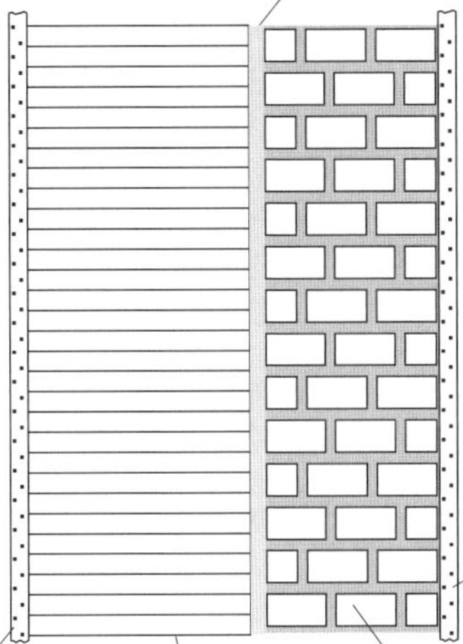

Bild 15.9 Außen gedämmte Fassade in Massivbauweise

Winddichte Schicht

Nach dem Aufbringen der Wärmedämmschicht wird der Außenputz aufgetragen. Dieser Außenputz bildet dann gemeinsam mit den Trägerplatten oder Geräteeinbaudosen, die danach nur noch sichtbar sind, die winddichte Schicht. Es ist deshalb wichtig zu prüfen, ob alle Anbauflächen oder Dosen mit ihren eingeführten Kabeln tatsächlich winddicht verschlossen wurden.

Luftdichte Schicht

Bei einer solchen Form der Wärmedämmung von Außenwänden bildet der Innenputz die luftdichte Schicht.

Das Besondere bei der Elektroinstallation

Die direkte Fixierung von UP-Dosen in einem solchen Wärmedämmmaterial ist eigentlich nur in wenigen Fällen möglich. Hersteller von Elektroinstallationsmaterial bieten deshalb spezielle Adapter katalogmäßig an, deren Länge in Abhängigkeit von der Stärke der Wärmedämmung angepasst werden kann.

Türsprechanlagen

Bild 15.10 zeigt einen Universal-Geräteträger, der auf der Massivwand des Gebäudes befestigt wird, bevor die Wärmedämmschicht angebracht wird. Das Anschlusskabel kann direkt durch die Massivwand in den Kasten des Geräteträgers eingeführt werden. Der gesamte Hohlraum ist dabei mit Wärmedämmmaterial ausgefüllt. Mithilfe von speziellen winddichten Einbauplatten kann z. B. nach dem Auftragen des Außenputzes eine Türsprechanlage in Unterputzversion in solche Geräteträger eingebaut werden.

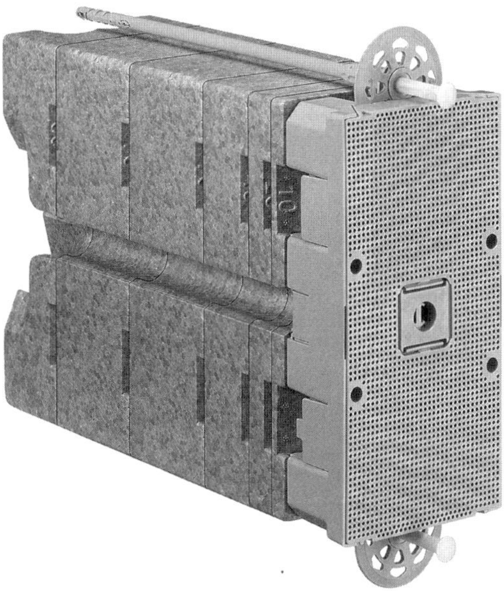

Bild 15.10 Universal-Geräteträger (Fa. Kaiser, Schalksmühle [20])

Außenleuchte

Muss eine Außenleuchte an eine Außenwand angebracht werden, kann die Wärmedämmung das Gewicht der Außenleuchte in der Regel nicht tragen. Hierfür bietet sich die Verwendung von Teleskop-Geräteträgern an, die entsprechend der Stärke der Wärmedämmschicht in ihrer Bautiefe angepasst werden können, siehe **Bild 15.11**.

Wird das Anschlusskabel direkt durch das Wandbefestigungselement in die adaptierbare Säule geführt, muss der Kabelaustritt luftdicht verschlossen werden. Dies gilt auch für eingeführte Elektroinstallationsrohre. Ist dies herstellermäßig nicht

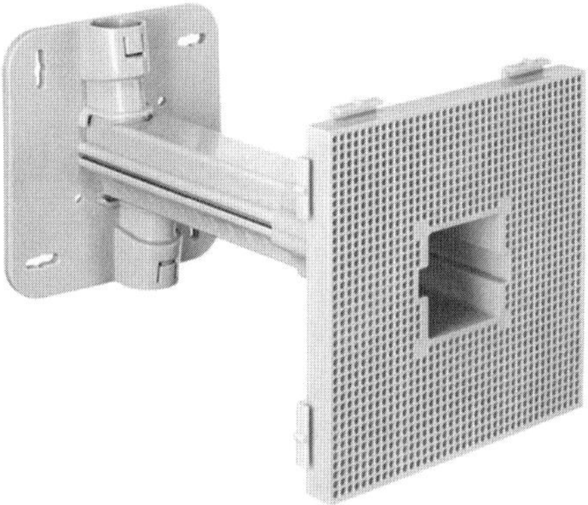

Bild 15.11 Adaptierbarer Geräteträger als Montageplatte (Fa. Kaiser, Schalksmühle [20])

vorgesehen, wird das Anschlusskabel außen neben der Säule verlegt und von hinten durch die Geräteträgerplatte in den Anschlussraum der Außenleuchte geführt. Sowohl der gesamte Geräteträger als auch das durch die Geräteträgerplatte geführte Kabel muss winddicht ausgeführt sein.

Alternativ kann eine Außenleuchte auch mithilfe eines Abstandsmontagesystems befestigt werden. Bei dieser Methode wird erst nur das Kabel verlegt und durch die Wärmedämmung geführt. Nach dem Anbringen des Außenputzes werden Schrauben durch die Wärmedämmschicht in der Massivwand mit Dübeln verankert, siehe **Bild 15.12**.

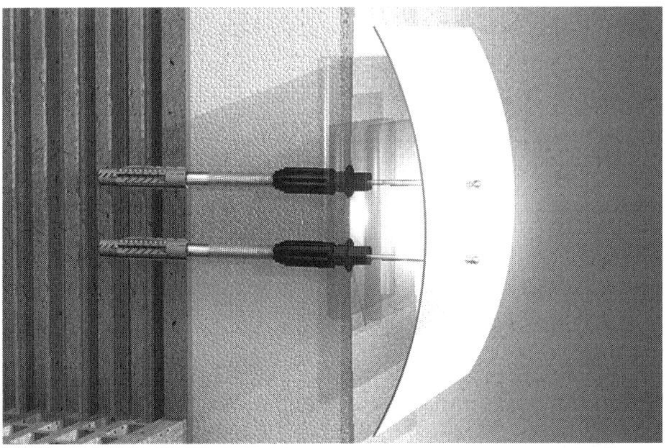

Bild 15.12 Befestigung einer Außenleuchte mi einem Abstandsmontagesystems (Fa. Fischerwerke [24])

Bild 15.13 Befestigungsschraube mit einem Anti-Kälte-Konus (Fa. Fischerwerke [24])

Nach dem Einbau des Abstandsmontagesystems müssen sowohl die Anschlussflächen als auch der Kabelaustritt aus dem Außenputz mithilfe von Dichtkleber winddicht verschlossen werden. Damit keine Wärmebrücke entsteht, sind diese speziellen Schrauben durch ein Kunststoffteil unterbrochen, siehe **Bild 15.13**.

Elektrische Betriebsmittel mit geringem Gewicht

Elektrische Betriebsmittel, die nur ein geringes Gewicht aufweisen, können auch mithilfe sogenannter Spiraldübel, siehe **Bild 15.14**, direkt an der Wärmedämmung befestigt werden. Doch sollten solche Montagen mit dem Architekten abgesprochen werden.

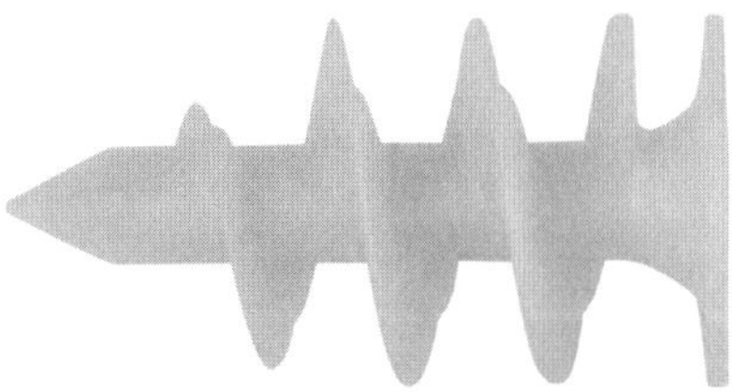

Bild 15.14 Spiraldübel für die direkte Montage an einer Wärmedämmschicht (Fa. Fischerwerke [24])

Außensteckdosen oder Schalter

Müssen Außensteckdosen oder Schalter in eine gedämmte Außenfassade eingebracht werden, steht auch hierfür katalogmäßiges Elektroinstallationsmaterial zur Verfügung. Dabei besteht der Geräteträger aus dem Wandbefestigungselement, einer teleskopierbaren Säule und der luftdichten Gerätedose, siehe **Bild 15.15**.

Das Kabel wird meistens außen an der teleskopierbaren Säule geführt. Das Anschlusskabel wird dann winddicht in die winddichte Gerätedose eingeführt. Wird das Kabel in einem Elektroinstallationsrohr verlegt, muss auch dieses winddicht in die Gerätedose eingeführt und eine Enden müssen mithilfe von Verschlussstopfen winddicht verschlossen werden. Die UP-Gerätedose bildet dann mit dem Außenputz,

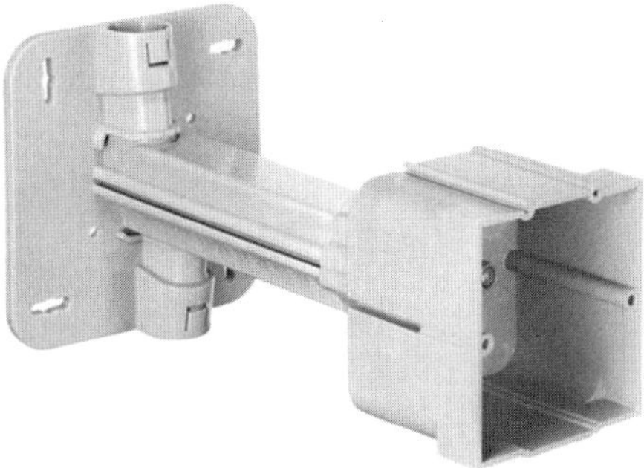

Bild 15.15 Teleskop-Geräteträger für Einbaugeräte (Fa. Kaiser, Schalksmühle [20])

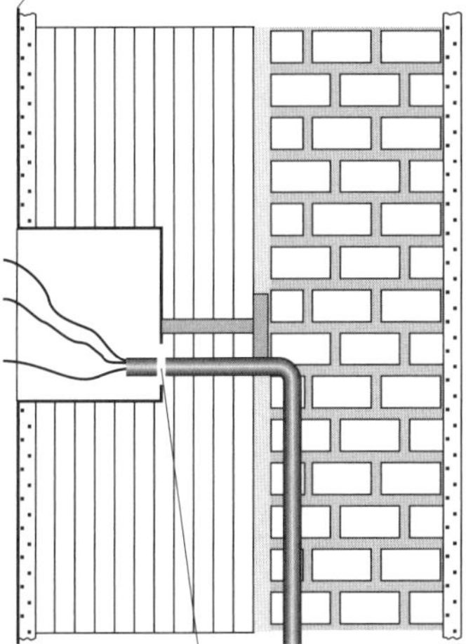

Bild 15.16 Winddichte Schicht durch Außenputz und UP-Gerätedose

einschließlich der Membrane mit dem eingezogenen Kabel, die winddichte Schicht der Außenfassade, siehe **Bild 15.16**.

Zusammenfassung

Tabelle 15.2 zeigt anhand von Beispielen, welche Betrachtungen bei einer Elektroinstallation bei Wänden in Massivbauweise bei einer außen aufgetragenen Wärmedämmung erforderlich sind.

Montage-ort	Beispiele von Elektroinstallationen	Montage		Material, Zubehör
		Handlungen	Risiken	
Innen-montage	UP-Steckdosen/ UP-Installationsdosen	Dosensenke mit Kernbohrer herstellen UP-Dose mit Gips fixieren Kabel in UP-Dose luftdicht einführen	**Luftdichte Schicht** Innenputz bildet zusammen mit UP-Dosen keine luftdichte Schicht	• luftdichte UP-Dosen, • Gips
			Wärmedämmschicht Hohlkammern mit ruhender Luft werden geöffnet	
	Installationsrohre	Mauernut fräsen Fixierung des Installationsrohrs Enden des Installationsrohrs luftdicht in UP-Dosen einführen und an den Enden luftdicht verschließen	**Luftdichte Schicht** falsch eingesetzte Verschlussstopfen bilden mit Innenputz zusammen keine luftdichte Schicht	• Installationsrohr, • Verschluss-stopfen, • Gips oder Klammern
			Wärmedämmschicht Hohlkammern mit ruhender Luft können geöffnet werden	

Tabelle 15.2 Beispiele von Elektroinstallationen bei einer Außenwärmedämmung

Montage-ort	Beispiele von Elektroinstallationen	Montage		Material, Zubehör
		Handlungen	Risiken	
Außen-montage	Außensteckdose	Montage des Geräteträgers Kabel in Gerätedose luftdicht einführen	**Winddichte Schicht** Außenputz bildet zusammen mit UP-Gerätedosen keine winddichte Schicht **Wärmedämmschicht** Geräteträger durchdringt die gesamte Wärmedämmschicht	• teleskopierbarer Geräteträger mit angebauter luftdichter Gerätedose, • Dübel und Befestigungsschrauben
	Außenleuchten mit Montage durch Geräteträger	Montage des Geräteträgers Kabelzuführung durch die Geräteträgerplatte Nach dem Aufbringen der winddichten Schicht durch den Putzer: Kabelaustritt mit Dichtkleber winddicht versiegeln	**Winddichte Schicht** Außenputz bildet zusammen mit UP-Gerätedosen keine luftdichte Schicht **Wärmedämmschicht** Geräteträger durchdringt die gesamte Wärmedämmschicht	• teleskopierbarer Geräteträger, • Dübel und Befestigungsschrauben, • Dichtkleber
	Außenleuchten mit Montage durch Abstandsmontagesystem	Kabelzuführung durch Wärmedämmschicht von der Innenseite Nach dem Aufbringen der winddichten Schicht durch den Putzer: Durchbohrung der Wärmedämmschicht und Montage des Abstandsmontagesystems Abstandsmontagesystem und Kabelaustritt winddicht mit Dichtkleber verschließen	**Winddichte Schicht** Außenputz bildet zusammen mit dem Abstandsmontagesystem und dem Kabelaustritt keine winddichte Schicht **Wärmedämmschicht** Abstandsmontagesystem und das Kabel durchdringt die gesamte Wärmedämmschicht	• Abstands-montagesystem, • Dichtkleber
	Gegensprechanlage	Montage des Geräteträgers Kabel in Gerätedose einführen Gerätedose mit Wärmedämmmaterial füllen Kabel in Einbaugehäuse winddicht einführen Geräteträger mit Einbaugehäuse winddicht verschließen	**Winddichte Schicht** Außenputz bildet zusammen mit der UP-Systemdose keine winddichte Schicht **Wärmedämmschicht** Hohlkammern mit ruhender Luft werden geöffnet	• luftdichter Geräteträger, • Dübel und Befestigungsschrauben

Tabelle 15.2 (*Fortsetzung*) Beispiele von Elektroinstallationen bei einer Außenwärmedämmung

15.3 Massivbauweise mit Innenwärmedämmung

Innendämmungen werden meistens als Nachrüstung an vorhandenen Gebäuden vorgenommen, z. B. wenn eine Außenfassade nicht nachträglich wärmeisoliert werden kann oder darf. Doch eine Innendämmung ist immer nur die zweitbeste Lösung, da sie bauphysikalisch schwieriger zu errichten ist als eine Wärmedämmung durch Hochlochziegel oder durch eine Außendämmung, siehe **Bild 15.17**.

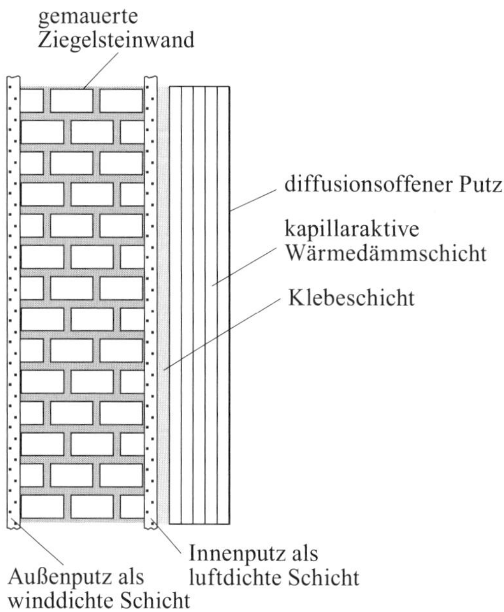

Bild 15.17 Innenwanddämmung mit kapillaraktivem Wärmedämmsystem

Wärmedämmschicht

Heute werden als Wärmedämmschicht in der Regel dampfdurchlässige Dämmstoffe mit kapillaraktiven Eigenschaften verwendet. Diese Wärmedämmung wird also auf der Innenseite von Außenwänden angebracht. Damit die Schichten der Wand nicht beschädigt werden, müssen alle beteiligten Handwerker das Wärmedämmkonzept in seiner Funktion verstanden haben. Schnell kann die Wahl von falschem Baustoff oder falschem Installationsmaterial viel Unheil anrichten. Nur die sorgfältige Montage, unter Berücksichtigung der dafür geeigneten Produkte, kann garantieren, dass die Wand auch nach der Errichtung der elektrischen Anlage weiter den Regeln der Bauphysik entspricht. Die Verwendung von Gips zur Fixierung von Elektroinstallationsdosen ist entsprechend DIN 18015-5:2015-07, Abschnitt 5.4 [16] in dieser Wärmedämmschicht explizit nicht erlaubt.

Das Dämmmaterial hat ein kapillaraktives Verhalten, bei dem die von der Innenraumluft aufgenommene Luftfeuchtigkeit selbsttätig wieder an die Raumluft abgegeben wird. Damit die Hinterströmung der Raumluft ausgeschlossen werden kann, wird das Wärmedämmmaterial mit einem dafür geeigneten Material großflächig auf dem Innenputz (luftdichte Schicht) angebracht.

Luftdichte Schicht

Bevor eine Wärmedämmschicht innen aufgetragen wird, muss der Innenputz trocken, eben und ohne Fehlstellen sein. Dieser Innenputz stellt die luftdichte Schicht dar. Werden UP-Gerätedosen oder UP-Installationsdosen in die Massivwand eingebaut, bilden diese gemeinsam mit dem Innenputz die luftdichte Schicht.

Winddichte Schicht

Die winddichte Schicht bildet bei einer solchen Wärmedämmmethode der (bereits vorhandene) Außenputz oder z. B. die äußere Oberfläche der gebrannten Ziegel.

Das Besondere bei der Elektroinstallation

Kapillaraktive Wärmedämmschichten können in der Regel keine UP-Gerätedosen oder UP-Installationsdosen selbst tragen. Der Einbau solcher Dosen sollte deshalb entweder in der Massivwand erfolgen oder auf dem Innenputz der Massivwand angebracht werden. Je nach Montageort muss unterschiedliches Installationsmaterial verwendet werden.

UP-Dosen in der Massivwand

Wird die UP-Gerätedose in der massiven Wand errichtet und für die Überbrückung der Wärmedämmschicht mit speziellen Verlängerungsstücken erweitert, so bildet die UP-Dose im Mauerwerk mit dem Innenputz die luftdichte Schicht, siehe **Bild 15.18**. Es dürfen deshalb nur luftdichte UP-Gerätedosen einschließlich der dafür vorgesehenen luftdichten Verlängerungsringe verwendet werden.

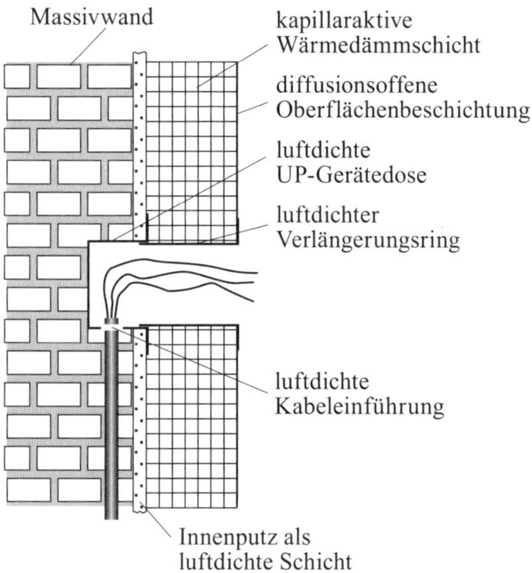

Bild 15.18 Einbau einer UP-Gerätedose in einer Massivwand

UP-Dosen auf der Massivwand

Wird die UP-Gerätedose auf dem Innenputz befestigt, müssen sowohl die Bohrlöcher zur Befestigung der UP-Gerätedose als auch der Kabelaustritt aus dem Innenputz mit Dichtkleber luftdicht verschlossen werden. Die UP-Gerätedose ist bei dieser Montageform in der Regel nicht Bestandteil der luftdichten Schicht, siehe **Bild 15.19**.

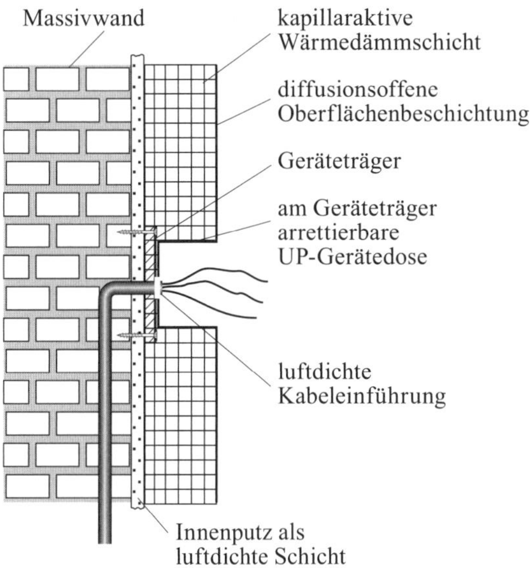

Bild 15.19 Einbau einer UP-Gerätedose, in der Wärmedämmung auf dem Innenputz montiert

Kabelverlegung

Die Verlegung von Kabeln auf dem Innenputz ist nicht zu empfehlen, da sonst die Klebemasse für die Anbringung der Wärmedämmung dicker sein muss als die auf Putz verlegten Kabel zuzüglich der Kabelschellen. Die Verlegung von Kabeln sollte bei dieser Form der Wärmedämmung daher in gefrästen Nuten unter Putz erfolgen.

Zusammenfassung

Tabelle 15.3 zeigt anhand von Beispielen, welche Betrachtungen bei einer Elektroinstallation in Wänden in Massivbauweise bei einer innen aufgetragenen Wärmedämmung erforderlich sind.

Montageort	Beispiele von Elektroinstallationen	Montage		Material, Zubehör
		Handlungen	Risiken	
Innenmontage	UP-Steckdosen/ UP-Installationsdosen (Einbau in Massivwand)	Dosensenke in Massivwand mit Kernbohrer herstellen UP-Dose mit Gips fixieren (UP-verlegtes) Kabel in UP-Dose luftdicht einführen	**luftdichte Schicht** Innenputz bildet zusammen mit Verlängerungsringe und UP-Dosen keine luftdichte Schicht **Wärmedämmschicht** Wärmedämmschicht wird durch Verlängerungsringe unterbrochen Wärmedämmschicht umschließt nicht vollständig den Verlängerungsring	• luftdichte UP-Dosen, • luftdichte Verlängerungsringe, • Gips
	UP-Steckdosen/ UP-Installationsdosen (Montage auf Massivwand)	Löcher für Dübel bohren Kabelaustritt und Dübel mit Dichtkleber luftdicht verschließen Geräteträger auf Innenputz befestigen UP-Dose an Geräteträger arretieren	**luftdichte Schicht** Innenputz bildet zusammen mit Geräteträger keine luftdichte Schicht **Wärmedämmschicht** Wärmedämmschicht wird durch Geräteträger und UP-Dose unterbrochen Wärmedämmschicht umschließt nicht vollständig Geräteträger und UP-Dose	• Geräteträger, • arretierbare luftdichte UP-Dosen, • Dübel und Befestigungsschrauben, • Dichtkleber
	Installationsrohre	Mauernut fräsen Fixierung des Installationsrohrs Enden des Installationsrohrs luftdicht in UP-Dosen einführen und an den Enden luftdicht verschließen	**luftdichte Schicht** falsch eingesetzte Verschlussstopfen bilden mit Innenputz zusammen keine luftdichte Schicht **Wärmedämmschicht** werden Installationsrohre auf Putz angebracht, kann die großflächige Verklebung des Wärmedämmmaterials nicht sichergestellt werden	• Installationsrohr, • Verschlussstopfen, • Gips oder Klammern

Tabelle 15.3 Beispiele von Elektroinstallationen bei einer Innenwärmedämmung

16 Elektroinstallationen in Wänden in Leichtbauweise

Muss in einem Gebäude in Leichtbauweise eine Elektroinstallation errichtet werden, vermutet der Elektroinstallateur, dass seine Arbeiten wesentlich einfacher sind als bei einem Gebäude in Massivbauweise. Denn z. B. bei der Schaffung von Einbauräumen treten statt dem störenden mineralischen Staub nur Holzspäne auf. Doch Vorsicht: Die Anforderungen an die Elektroinstallation hierfür sind sehr komplex. Nur mit speziellem Elektroinstallationsmaterial und dessen passgenauem Einbau können die Vorgaben des Architekten erfüllt werden [25]. Der Elektroinstallateur muss also wissen, was er darf und was nicht.

Wände in Leichtbauweise bestehen aus den tragenden Elementen und der Wärmedämmung, die in den Zwischenräumen eingebracht wird. Die Wärmedämmschicht wird auf der Rauminnenseite mit der Folie als Dampfsperre bzw. Dampfbremse abgedeckt. Diese Folie übernimmt gleichzeitig die Aufgabe der luftdichten Schicht. Zur Stabilisierung werden solche Wände häufig mit Grobspanplatten beplankt, also verschlossen. Auf diese Wände werden meistens auf der Rauminnenseite zusätzlich

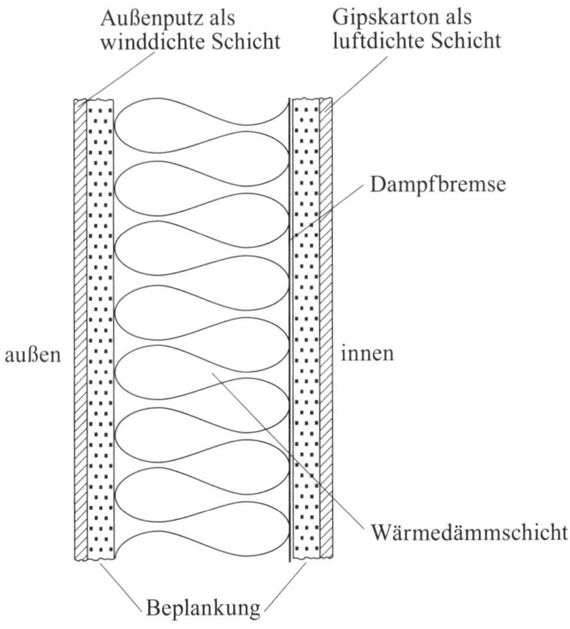

Bild 16.1 Aufbau einer Wand in Leichtbauweise

Gipskartonplatten angebracht und auf der Außenseite ein spezieller Außenputz, der auch die winddichte Schicht bildet, siehe **Bild 16.1**.

Wärmedämmschicht

Bei der Leichtbauweise eines Gebäudes ist in den Wänden zwischen einer beidseitig angebrachten Beplankung, z. B. mit Grobspanplatten, Dämmmaterial eingebracht. Das Wärmedämmmaterial besteht bei dieser Bauweise in der Regel aus Steinwolle, Glaswolle oder sogar aus Schafwolle. Eine Elektroinstallation, die unter Putz verlegt wird, darf eine solche Wärmedämmschicht nicht verdichten (komprimieren), da ein verdichtetes Wärmedämmmaterial eine schlechtere Wärmedämmung hat als ein unverdichtetes.

Natürlich sind bei einer solchen Elektroinstallation Kompromisse zwischen Wärmedämmung und dem Wunsch nach Lichtschaltern oder Steckdosen in der Wand notwendig. Doch darf die Verdichtung sicherlich nicht über ein leichtes Eindrücken hinausgehen. Ist die Anzahl der Einbauten und/oder die Intensität der Verdichtung des Wärmedämmmaterials unverhältnismäßig hoch, muss mit dem Architekten wohl über die Errichtung einer Installationswand vor der Wärmedämmschicht erwogen werden.

Luftdichte Schicht

Bei der Verwendung von üblichen Wärmedämmstoffen wie Steinwolle oder Glaswolle führt das Eindringen von Luftfeuchtigkeit und die Kondensation zu einer Beschädigung des Gebäudes, da bei diesen Feuchtigkeit zur Schimmelbildung in der Wand führen kann. Um dies zu verhindern, muss die Wärmedämmschicht auf der Rauminnenseite mit einer Folie abgedeckt werden. Bei dieser Folie gibt es verschiedene Stufen der Dichtheit. So spricht man bei einer diffusionsdichten Schicht von einer Dampfsperre und bei einer diffusionshemmenden Schicht von einer Dampfbremse. Doch egal ob Sperre oder Bremse, für den Elektroinstallateur ist das Wissen hierüber nicht so wichtig, denn er darf diese Folie in beiden Fällen nicht verletzen.

Winddichte Schicht

Die Winddichtheit wird durch den Außenputz, der in der Regel auf die Beplankung aufgebracht wird, erreicht. Wird eine Elektroinstallation an oder in einer solchen Wand errichtet, müssen sowohl die Befestigungen der elektrischen Betriebsmittel als auch die Elektroinstallation winddicht hergestellt werden.

Das Besondere bei der Elektroinstallation

Die Beplankung der Wand in Leichtbauweise hat für gewöhnlich zur Wärmedämmschicht und damit auch zur Dampfbremse nur einen geringen Abstand. Wird in einer solchen Wand eine UP-Installation errichtet, wird in der Regel die Wärmedämmschicht durch die Hohlwanddose komprimiert. Doch dadurch wird die Wärmedämmfähigkeit reduziert.

Der Vorteil dieser Montageform liegt in der unbeschädigten Dampfbremse, die durch die Hohlraumdose nur nach hinten gedrückt wird. Auch bei dieser Montageform sollten nur luftdichte Hohlwanddosen verwendet werden, denn eine offene Hohlwanddose würde zur Luftzirkulation hinter der Innenwand führen. Als Folge tritt dann mit der Zeit an Steckdosen oder Schaltern Schwarzstaub (Fogging-Effekt) auf.

Doch die luftdichte Schicht und somit auch die Dampfbremse bleibt nur dann erhalten, wenn auch das Kabel auf der Rauminnenseite der Dampfbremse verlegt wird, siehe **Bild 16.2**.

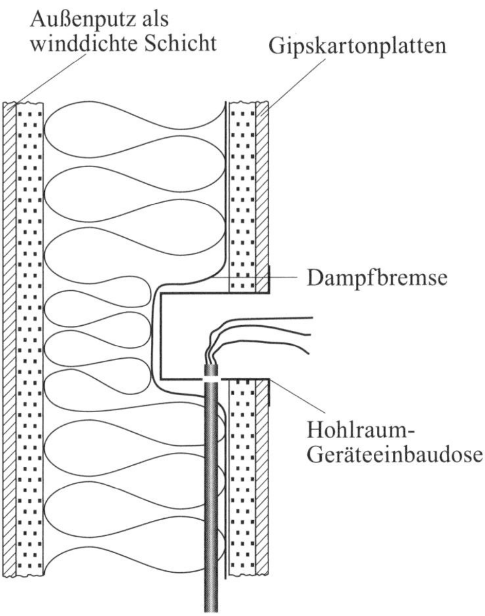

Bild 16.2 Ungünstiger Einbau einer UP-Hohlraumdose mit komprimiertem Wärmedämmmaterial

Großzügiger Abstand ist wertvoll

Damit die Dämmeigenschaften der Wärmedämmschicht durch Komprimierung nicht verschlechtert werden, ist eine auf Abstand montierte Innenwand eine gute Lösung. Bei dieser Montageform können dann auch andere Gewerke, wie Heizungsrohre oder Rohre für die Wasserversorgung in den so entstandenen Montageraum untergebracht werden. Doch die Wand wird dadurch dicker und die Nutzfläche des Raums verkleinert sich entsprechend. **Bild 16.3** zeigt eine vor der Wärmedämmschicht vorgebaute Beplankung, die mit einer Gipskartonschicht luftdicht verschlossen ist.

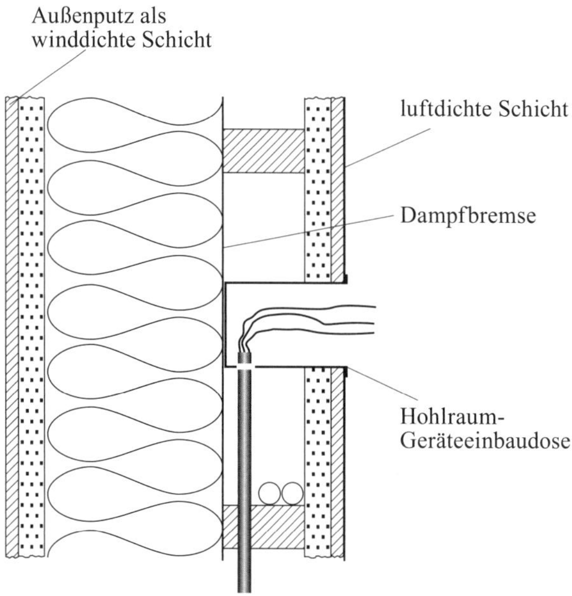

Bild 16.3 Montagefläche ohne Verdichtung der Wärmedämmschicht

Wenn ein Kabel die Folie durchstößt

Wenn mit einem Kabel die Folie durchstoßen wird, muss ein spezielles „Pflaster" die „Wunde" in der Folie wieder verschließen. Der Kleber dieses „Pflasters" muss langzeitstabil und auch gegen Temperaturschwankungen unempfindlich sein. Damit diese Eigenschaften auch garantiert werden können, sollten nur die vom Fachhandel angebotenen Luftdichtmanschetten verwendet werden, siehe **Bild 16.4**. Mit Malerkrepp oder handelsüblichem Paketklebeband kann man solche luftdichten Verschlüsse jedenfalls langzeitstabil nicht herstellen.

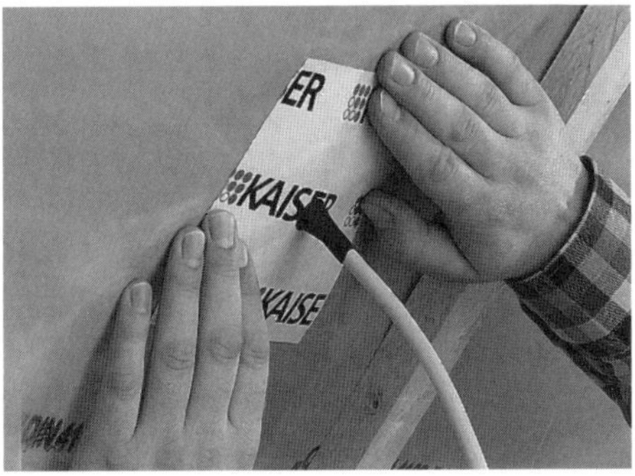

Bild 16.4 Dichtungsmanschette für den Verschluss der Dampfbremse bei einer Kabeldurchführung (Fa. Kaiser, Schalksmühle [20])

Kabel und Elektroinstallationsrohre dürfen nur einzeln durch die luftdichte bzw. winddichte Schicht geführt werden, es sei denn, man verwendet Mehrfach-Luftdichtungsmanschetten, bei denen jedes einzelne Kabel mit einer eigenen Manschette abgedichtet wird.

Luftdichter Einbau von luftdichten Hohlwanddosen

Wird bei einer Wand in Leichtbauweise die luftdichte Schicht durch eine auf der Beplankung aufgebrachte Gipskartonplatte hergestellt, ist der Einbau von Hohlraumdosen eine heikle Angelegenheit. Denn die luftdichte Hohlraumdose muss mit der Bohrung und der Gipskartonwand nach der Montage gemeinsam eine luftdichte Schicht bilden. Wurde der Wandausschnitt nicht passgenau hergestellt, können nur noch mithilfe von speziellen Dichtfolien die Unebenheiten korrigiert werden. Bei der Montage von UP-Gerätedosen in Gipskartonplatten oder Massivholzplatten sind spezielle luftdichte Hohlwanddosen zu verwenden. Solche Hohlwanddosen verfügen außerdem außen noch über zusätzliche spezielle Dichtlippen.

Leitungsrückhaltung

Bei Wänden in Leichtbauweise müssen entsprechend DIN VDE 0100-520 [7] Hohlwanddosen oder Gehäuse über eine Rückhaltung für das eingeführte Kabel aufweisen. Luftdichte Hohlwanddosen verfügen durch ihre Dichtungsmembranen über eine solche Rückhaltung. Entsprechend dieser Norm müssen solche Gerätedosen das Symbol H tragen.

Bei luftdichten Hohlwanddosen oder Gehäusen übernimmt die Membrandichtung die Rückhaltung der eingeführten Kabel. **Bild 16.5** zeigt eine heute nicht mehr zulässige UP-Gerätedose, da sie weder luftdicht ist noch über eine Rückhalteeinrichtung verfügt.

Bild 16.5 Eine heute nicht mehr zulässige Hohlwanddose

Übrigens: Entsprechend DIN VDE 0100-520:2013-06, Abschnitt 521.15.3 dürfen Schalter und Steckdosen in Hohlraumdosen nicht mit Krallen befestigt werden.

Zusammenfassung

In der **Tabelle 16.1** sind Beispiele zusammengefasst, welche Betrachtungen bei einer Elektroinstallation in Wänden in Leichtbauweise erforderlich sind.

Montageort	Beispiele in der Elektroinstallation	Montage		Material, Zubehör
		Handlungen	Risiken	
Innenmontage	UP-Steckdosen/ UP-Installationsdosen	Einbauloch mit Lochschneider herstellen Kabel in Hohlwanddose luftdicht einführen Hohlwanddose luftdicht (passgenau) in das Einbauloch einbauen	**luftdichte Schicht** Innenputz bildet zusammen mit der Hohlwanddose keine luftdichte Schicht	• Lochschneider, • luftdichte Hohlwanddose
			Wärmedämmschicht Wärmedämmschicht wird durch die Hohlwanddose komprimiert	
	Elektroinstallations-rohre	Elektroinstallationsrohr luftdicht in Hohlwanddose einführen Elektroinstallationsrohr an den Enden luftdicht verschließen	**luftdichte Schicht** Einführung des Elektroinstallationsrohrs in die Hohlwanddose ist nicht luftdicht falsch eingesetzte Verschlussstopfen bilden mit der Hohlwanddose zusammen keine luftdichte Schicht	• Installationsrohr, • Verschluss-stopfen
			Wärmedämmschicht Wärmedämmschicht wird durch Elektro-installationsrohr komprimiert	

Tabelle 16.1 Beispiele von Elektroinstallationen in Hohlwänden

Montageort	Beispiele in der Elektroinstallation	Montage		Material, Zubehör
		Handlungen	**Risiken**	
Außenmontage	Außensteckdose	Einbauloch mit Lochschneider herstellen Kabel in Hohlwanddose winddicht einführen Hohlwanddose winddicht (passgenau) in das Einbauloch einbauen	**winddichte Schicht** Außenputz bildet zusammen mit Hohlwanddose keine luftdichte Schicht **Wärmedämmschicht** Wärmedämmschicht wird durch die Hohlwanddose komprimiert	• Lochschneider, • luftdichte Hohlwanddose
	Außenleuchten mit Zuleitung	Bohrloch in der Außenwand herstellen Kabel von der Rauminnenseite durch die Dampfbremse und die Wärmedämmschicht durchfädeln Dampfsperre mit Dichtungsmanschette wieder versiegeln Bohrungen für die Lampenbefestigung in Außenwand herstellen Kabelaustritt und Dübel für die Lampenbefestigung mit Dichtkleber nach dem winddicht versiegeln	**winddichte Schicht** mangelhafte Abdichtung von der Dampfsperre mangelhafte Abdichtung von, Dübel und Kabelaustritt **Wärmedämmschicht** Wärmedämmschicht wird durch eindringende Feuchtigkeit beschädigt (Schimmelbildung)	• Dichtungsmanschette, • Dichtkleber, • Dübel
	Gegensprechanlage	Öffnung in der Außenwand herstellen Kabel von der Rauminnenseite durch die Dampfbremse und die Wärmedämmschicht durchfädeln Dampfsperre mit Dichtungsmanschette wieder versiegeln Kabel in Systemdose winddicht einführen Systemdose in Außenfassade winddicht einsetzen	**winddichte Schicht** mangelhafte Abdichtung von der Dampfsperre mangelhafte Abdichtung von, Dübel und Kabelaustritt **Wärmedämmschicht** Wärmedämmschicht wird durch eindringende Feuchtigkeit beschädigt (Schimmelbildung)	• luftdichte Hohlwandeinbaudose, • Dichtungsmanschette

Tabelle 16.1 (*Fortsetzung*) Beispiele von Elektroinstallationen in Hohlwänden

17 Elektroinstallationen in Dachwärmedämmungen

Der Aufbau der Schichten in einem Dach zur Wärmedämmung unterscheidet sich nur unwesentlich von einer Wand in Leichtbauweise. Statt eines Putzes sind Dächer zum Schutz gegen Wind, Regen und Schnee mit Dachpfannen eingedeckt. Unterhalb der Dachpfannen befindet sich die winddichte Schicht. Zwischen den Dachsparren ist in der Regel die Wärmedämmschicht eingebaut. Als Abschluss ist eine Folie auf der Rauminnenseite als Dampfbremse angebracht, die auch die Funktion der luftdichten Schicht mit übernimmt, siehe **Bild 17.1**.

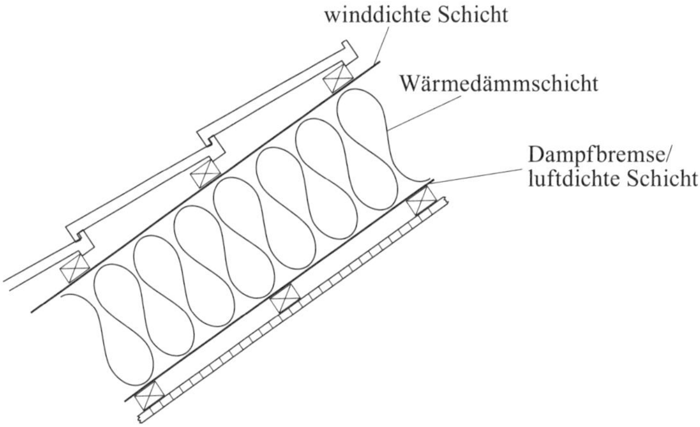

Bild 17.1 Aufbau der Schichten bei einem Dach

Wärmedämmschicht

Das Konzept der Wärmedämmung eines Daches ähnelt dem Konzept von Wänden in Leichtbauweise. Lediglich die Außenseite des Daches ist nicht mit Grobspanplatten beplankt, sondern mit Dachpfannen gedeckt.

Wärmedämmschicht zwischen den Sparren

Die Wärmedämmschicht kann aus Polystyrol (Styropor), Holzfasern, Steinwolle, Hanf oder Schafwolle bestehen und wird zwischen die Sparren gepresstt, ohne eine Lücke zwischen den einzelnen Elementen zu hinterlassen. Eine Elektroinstallation die unter Putz verlegt wird, darf eine solche Wärmedämmschicht nicht verdichten (komprimieren), da verdichtetes Wärmedämmmaterial eine schlechtere Wärmedämmung hat als ein unverdichtetes.

Natürlich sind bei einer solchen Elektroinstallation Kompromisse zwischen der Wärmedämmwirkung und dem Wunsch nach Lichtschaltern, Steckdosen oder Einbaulampen in der betroffenen Wand/Decke notwendig. Doch darf die Verdichtung sicherlich nicht über ein leichtes Eindrücken hinausgehen. Ist die Anzahl der Einbauten und/oder die Intensität der Verdichtung des Wärmedämmmaterials unverhältnismäßig hoch, muss mit dem Architekten auch hier über die Errichtung einer Installationswand/-decke vor der Wärmedämmschicht erwogen werden.

Wärmedämmschicht auf den Sparren

Bei komplexen Dachstühlen, bei denen z. B. viele Sparren mit Kehlbalken miteinander verbunden sind, kann durch diese Wärmedämmform nur schwer eine geschlossene Wärmedämmschicht hergestellt werden. In solchen Fällen wird dann die Wärmedämmschicht statt zwischen den Sparren auf den Sparren verlegt. Doch bevor das Wärmedämmmaterial verlegt werden kann, muss zuerst ein Untergrund geschaffen werden. Dazu werden die Sparren zuerst z. B. mit Grobspanplatten abgedeckt und danach mit einer Folie als Dampfbremse versiegelt. Auf der Dachinnenseite sieht man dann nur die Sparren und die Unterseite der Grobspanplatten. Doch Vorsicht mit Bohrungen in diese Grobspanplatten, z. B. für das Befestigen von Lampen, denn hinter den Grobspanplatten befindet sich die Folie der luftdichten Schicht.

Winddichte Schicht

Unterhalb der Dachpfannen befindet sich die winddichte Schicht. Sogenannte Unterspannbahnen oder auch bestimmte Arten von Holzfaserplatten erfüllen die Anforderungen. Die winddichte Schicht soll das Eindringen vom Wind unter die Dachpfannen eingeblasenen Regen oder Schnee verhindern.

Dampfbremse

Die Folie, die je nach Diffusionsgrad Dampfsperre oder Dampfbremse genannt wird, verhindert bzw. behindert eine Wasserdampfdiffusion vom Innenraum in die Wärmedämmschicht. In der Regel werden hierfür spezielle großformatige Folien auf der Rauminnenseite direkt auf die Wärmedämmschicht aufgebracht.

Luftdichte Schicht

Die luftdichte Schicht befindet sich auf der Innenseite eines Raums (warme Seite) und wird bei einer Dachwärmedämmung durch die Folie der Dampfbremse mit übernommen, damit keine Luftfeuchtigkeit in die Wärmedämmschicht eindringen und kondensieren kann.

Bauphysikalische Grundkenntnisse

Damit bei der Errichtung der Elektroinstallation keine Fehler gemacht werden, sollte der Elektroinstallateur über bauphysikalische Grundkenntnisse verfügen. Wenn möglich, sollte auf den Einbau von elektrischen Einrichtungen in die Dachkonstruktion verzichtet werden.

Muss eine der Folien von der Elektroinstallation durchstoßen werden, muss die Öffnung wieder „versiegelt" werden. Auch beim Einbau von z. B. Deckeneinbauleuchten darf die Folie nicht geöffnet werden. Hier gibt es spezielle Einbaugehäuse. Auch dabei ist zu beachten, dass die Dämmung nicht komprimiert wird.

Das Besondere bei der Elektroinstallation

Da in den Schrägen des Daches auf der Innenseite in der Regel keine Schalter und Steckdosen eingebaut werden, ist heutzutage meistens der UP-Einbau von z. B. LED-Lampen üblich. Doch der Einbau kann mit der Wärmedämmschicht und der Dampfbremse (luftdichten Schicht) kollidieren. Um einen luftdichten Einbau von UP-Leuchten herstellen zu können, sind spezielle Einbaugehäuse zu verwenden. Diese Einbaugehäuse sorgen für einen luftdichten Einbau in die Deckenverkleidung und stellen die luftdichte Einführung der Zuleitung sicher. Doch ist das Einbaugehäuse so groß, dass es die dahinterliegende Wärmedämmschicht unverhältnismäßig stark komprimiert, muss ggf. die Deckenverkleidung mit einem größeren Abstand zur Wärmedämmschicht mit ihrer Dampfbremse errichtet werden, siehe **Bild 17.2**.

Der Anbau von Einbaugehäusen für z. B. UP-LED-Leuchten oder von anderen UP-Einbauteilen muss gemeinsam mit dem Ausbauzimmerer, der die Beplankung und die Gipskartonplatten anbringt, erfolgen. Hier ist eine enge Zusammenarbeit mit

Bild 17.2 Luftdichter Einbau eine Lampe in einer Deckenverkleidung (Fa. Kaiser, Schalksmühle [20])

anderen Handwerkern unbedingt erforderlich, da diese Einbauten später an einer fertig montierten Decke/Wand nicht mehr durchgeführt werden können.

Lediglich die luftdichten Hohlraumeinbaudosen für Schalter oder Steckdosen können nach der Wandmontage eingebaut werden, wobei das Kabel natürlich vorher durch die Wand geführt werden. Doch wie will man den Kernbohrer dann ansetzen? Ergo, sollte auch das Loch für die Hohlraumeinbaudosen vorher geschaffen werden, es sei denn, man hat einen speziellen Kernbohrer.

Da heutzutage häufig LED-Leuchtmittel verwendet werden, ist das Thema Gehäusetemperatur und Wärmeabfuhr nicht mehr so bedeutsam.

Transformator muss zugänglich sein

Die für LED-Lampen benötigten Transformatoren sollten an einer Stelle in der Deckenverkleidung unterbracht werden, die auch nach ihrer Fertigstellung zugänglich sind, sodass ein späterer Transformatoraustausch möglich ist. Natürlich darf der Transformator dann nicht in der Deckenverkleidung festgeschraubt sein.

Für solche Montagen bietet der Fachhandel spezielle Einbaugehäuse an, die von innen an die Deckenverkleidung luftdicht angebracht und deren Zuleitungen auch luftdicht in diese Einbaugehäuse eingeführt werden können. Gleichzeitig kann dann auch die LED-Lampe (oder die erste von mehreren) untergebracht werden, siehe **Bild 17.3**.

Bei dieser Art der Unterbringung des Transformators muss die Öffnung so groß sein, dass er ausgewechselt werden kann.

Der Einsatz von luftdichten Einbaugehäusen dient nicht der Vervollständigung der luftdichten Schicht einer Wand oder Decke in Leichtbauweise. Der Schutz vor dem Eindringen feuchter Raumluft in die Wärmedämmschicht liefert bereits die Folie, die vor der Wärmedämmschicht angebracht ist. Luftdichte Einbaugehäuse sorgen dafür, dass kein Staub und Schmutz aus dem Zwischenraum zwischen der Folie und

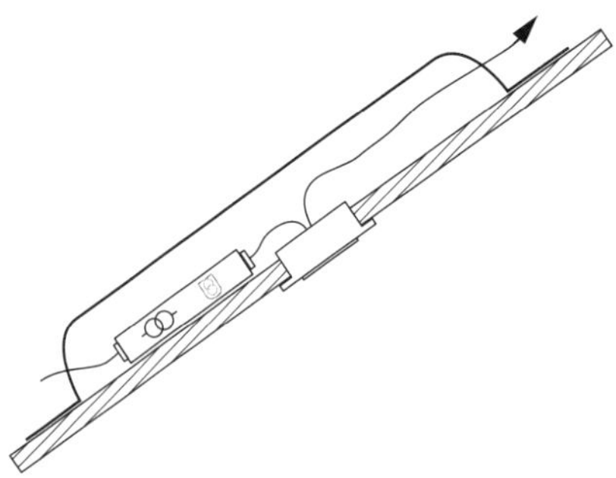

Bild 17.3 Luftdichtes Einbaugehäuse für Hohlwandmontage

der Deckenverkleidung in den Raum dringt. Auch das Auftreten von Schwarzstaub (Fogging-Effekt) um die Einbauöffnung herum wird dadurch verhindert. Im Besonderen sind dies Vorteile beim Einsatz von Klimaanlagen, bei denen die Luftzirkulation zwangsläufig erfolgt.

Zusätzlich verbessern luftdichte Einbaugehäuse den Schallschutz zu anderen Räumen und ein wenig auch den Brandschutz.

Zusammenfassung

In **Tabelle 17.1** sind Beispiele zusammengefasst, welche Betrachtungen bei einer Elektroinstallation in Decken in Leichtbauweise erforderlich sind.

Montageort	Beispiele in der Elektroinstallation	Montage		Material, Zubehör
		Handlungen	Risiken	
Innenmontage	Einbaulampen	Einbauloch mit Lochschneider herstellen Kabel in Hohlwanddose luftdicht einführen Hohlwanddose luftdicht (passgenau) in das Einbauloch einbauen	**luftdichte Schicht** Innenputz bildet zusammen mit Hohlwanddose keine luftdichte Schicht	• Lochschneider, • luftdichte Hohlwanddose
			Wärmedämmschicht Wärmedämmschicht wird durch Hohlwanddose komprimiert	
	Elektroinstallationsrohre	Elektroinstallationsrohr luftdicht in Hohlwanddose einführen Elektroinstallationsrohr an den Enden luftdicht verschließen	**luftdichte Schicht** Einführung des Elektroinstallationsrohrs in die Hohlwanddose ist nicht luftdicht Falsch eingesetzte Verschlussstopfen bilden mit Hohlwanddose zusammen keine luftdichte Schicht	• Installationsrohr, • Verschlussstopfen
			Wärmedämmschicht Wärmedämmschicht wird durch Elektroinstallationsrohr komprimiert	

Tabelle 17.1 Beispiele von Elektroinstallationen in Dächern mit Dachpfannen/-ziegeln

Montageort	Beispiele in der Elektroinstallation	Montage		Material, Zubehör
		Handlungen	Risiken	
Außenmontage	Antennen und Mast	**Montage unterhalb Dacheindeckung** Antennenkabel, Potentialausgleichsleiter und ggf. Stromversorgung für Antennenverstärker im horizontalen Bereich der Decke durch Dampfbremse und Wärmedämmschicht in den Raum unterhalb der Dachpfannen führen. Verschluss der Dampfbremse mit einzelnen Dichtungsmanschetten je Kabel/Leiter oder mit Mehrfach-Luftdichtungsmanschette	**winddichte Schicht** Verschluss der Dampfbremse ist nicht luftdicht Beim Verlegung des Potentialausgleichsleiter und Antennenkabels im Elektroinstallationsrohr kein luftdichter Verschluss	• Dichtungsmanschetten, • Elektroinstallationsrohr, • Verschlussstopfen
		Montage durch Dacheindeckung Mast und Antennenkabel durch Dampfbremse und Wärmedämmschicht und winddichte Schicht durch Dach nach außen führen. Verschluss der Dampfbremse und winddichten Schicht mit Dichtungsmanschetten je Antennenkabel oder mit Mehrfach-Luftdichtungsmanschette Verschluss Durchführung Mast mit Manschetten an der Dampfbremse und der winddichten Schicht	**luft- und winddichte Schicht** Verschluss der winddichten Schicht und der Dampfbremse ist nicht luft- bzw. winddicht bei Verlegung des Antennenkabels kein luftdichter Verschluss Mastdurchführung durch das Dach ist nicht luft- bzw. winddicht	• Dichtungsmanschetten, • Elektroinstallationsrohr, • Verschlussstopfen, • Manschetten für Dachdurchführung Antennenmast

Tabelle 17.1 (*Fortsetzung*) Beispiele von Elektroinstallationen in Dächern mit Dachpfannen/-ziegeln

18 Sparteneinführung in ein Gebäude

Die Verwendung einer Mehrspartendurchführung, durch die alle Sparten gemeinsam durch die Kellerwand/-decke geführt werden, fördert den dauerhaften Schutz gegen das Eindringen von Feuchtigkeit und reduziert Wärmebrücken in der Kellerwand. Doch was sind eigentlich Sparten?

Sparten

Der Begriff Sparten ist eine Fachbezeichnung aus dem Straßen- und Tiefbau und der Oberbegriff für in Erde verlegte Ver- und Entsorgungseinrichtungen. Dies können z. B. folgende Sparten sein:

- Stromversorgungsleitungen des öffentlichen Stromversorgers,
- Gasleitungen,
- Wasserleitungen,
- Kanal,
- Telefonkabel,
- Breitbandkabel,
- Fernwärmeleitungen,
- Abwasserleitungen.

Spartenpläne

Damit die richtigen Eintrittsstellen der Ver- und Entsorgungseinrichtungen in ein Gebäude vom Architekten geplant werden können, benötigt er die Spartenpläne über die vor dem Grundstück in Erde verlaufenden Ver- und Entsorgungseinrichtungen. Auskünfte hierüber erhält man in der Regel von der Stadtverwaltung oder vom betroffenen Ver- und Entsorger. Ein Spartenplan kann z. B. wie in **Bild 18.1** gezeigt aussehen.

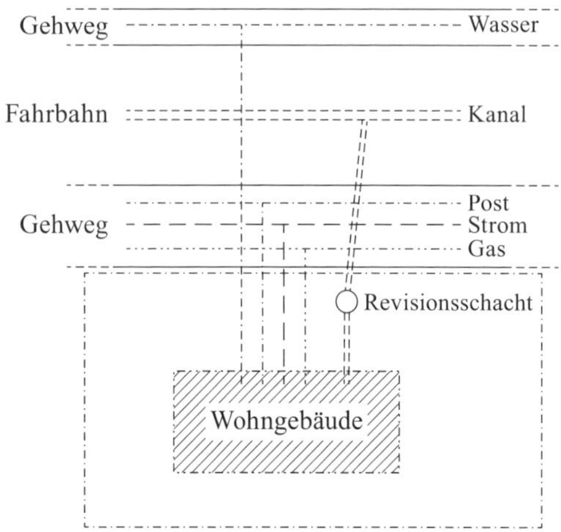

Bild 18.1 Spartenplan der Ver- und Entsorgungseinrichtungen

Verantwortliche bei der Sparteneinführung

Die Errichtung von Versorgungseinrichtungen in einem Gebäude erfolgt in der Regel durch die einzelnen Versorger selbst. Erst nach den Übergabestellen im Gebäude (Hausanschlusskasten, Wasseruhr, Gaszähler usw.) werden die Verbindungen vom Installateur mit der entsprechenden Gebäudeinstallation hergestellt. So wird z. B. die Gebäudeeinführung des Stromversorgungskabels durch den Netzbetreiber (EVU) vorgenommen und der Hausanschlusskasten (HAK) eingesetzt. Der Elektroinstallateur stellt dann die Verbindung zwischen der Elektroinstallation des Gebäudes (elektrische Anlage) mit dem öffentlichen Stromversorger am Hausanschlusskasten her. Auch der Fundamenterder wird über die Haupterdungsschiene (MET) vom Elektroinstallateur an dieser Stelle mit dem PEN-Leiter (beim TN-System) der Stromversorgung verbunden.

Die Durchführungseinrichtung für das Kabel der Stromversorgung muss der Bauherr zur Verfügung stellen und er ist auch für die Abdichtung der Durchführungseinrichtung nach der Kabeleinführung selbst verantwortlich [26]. Die Planung der Durchführungen aller Sparten erfolgt in der Regel durch den Architekten.

Hausanschlussraum

Alle Sparten sind entsprechend DIN 18012 [27] in einem gemeinsamen Hausanschlussraum einzuführen. Dieser muss mit einer Tür verschlossen sein und mit der Bezeichnung „Hausanschlussraum“ beschriftet werden. Dieser Raum muss über allgemein zugängliche Räume wie Treppenhaus, Kellerfluren oder direkt von außen zugänglich sein [28] und darf nicht als Durchgang zu weiteren Räumen dienen.

Sparten in einem Hausanschlussraum

In einem klassischen Hausanschlussraum wird jede Sparte einzeln eingeführt. Während der Bauphase wird jede Sparte an einer eigenen Stelle und zu einem anderen Zeitpunkt in den Hausanschlussraum verlegt, siehe **Bild 18.2**. Dies bedeutet, dass sich irgendwann irgendwelche Bautrupps an der Kelleraußenwand zu schaffen machen. Die Dichtheit der Wand und die pflegliche Behandlung der Wärmedämmschicht, die in der Regel außen angebracht ist, kann vor diesem Hintergrund nicht abschließend bewertet werden.

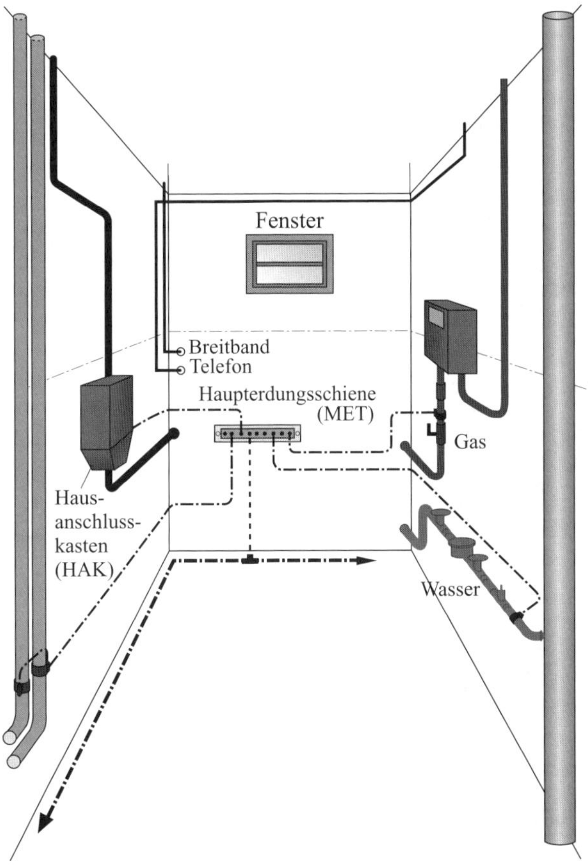

Bild 18.2 Einzelsparteneinführung in einen Hausanschlussraum (abgeleitet aus DIN 18012:2008-05)

Mehrspartendurchführung

Beim Einsatz einer Mehrspartendurchführung wird nur einmal die Kellerwand oder Bodenplatte für die Durchführung der benötigten Sparten geöffnet. Der Vorteil liegt in der Einmaligkeit der Herstellung von nur einer Durchführung durch die Maurer anstelle von verschiedenen Installateuren, die jeweils für „ihre“ Durchführung „ihr“ eigenes Loch schaffen und verschließen/abdichten. Wie gut oder wie schlecht dann die Herstellung der Feuchtigkeitsabdichtung und Wärmedämmung erfolgt, ist immer abhängig vom Fachwissen des entsprechenden Handwerkers und von den verwendeten Materialien bzw. vom Einbauzubehör, siehe **Bild 18.3**. Mehrspartendurchführungen sind systembedingt grundsätzlich gas- und druckwasserdicht, wobei jede Sparte separat abgedichtet wird.

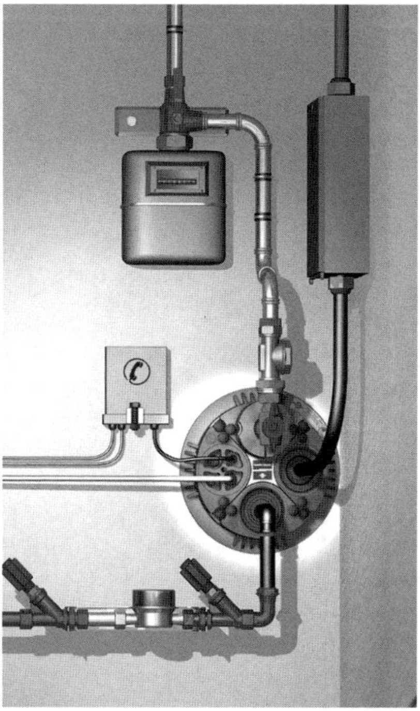

Bild 18.3 Mehrspartendurchführung durch eine (Keller-)Wand (Fa. Doyma [29])

Ist ein Gebäude nicht unterkellert, müssen die Sparten durch die Bodenplatte in das Gebäude eingeführt werden. Auch hierfür gibt es am Markt spezielle Mehrspartendurchführungen, siehe **Bild 18.4**.

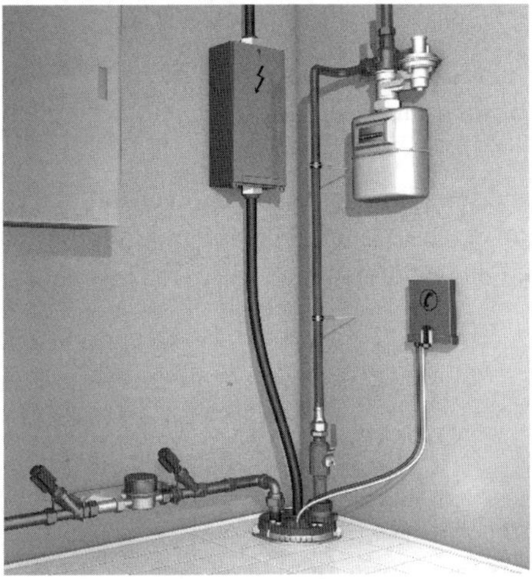

Bild 18.4 Mehrspartendurchführung durch die Fundamentplatte eines Gebäudes ohne Keller (Fa. Doyma [29])

Ausnahme Erdungsleiter

Der Erdungsleiter, der die Verbindung zwischen Fundamenterder und Haupterdungsschiene (MET) herstellt (DIN VDE 0100-540 [30]), wird zum Schutz gegen Korrosion direkt aus dem Fundament ohne Kontakt mit dem Erdreich in das Gebäude eingeführt (DIN 18014 [31]) und braucht deshalb bei den Planungen für die Belegung einer Mehrspartendurchführung nicht mitbetrachtet zu werden, siehe **Bild 18.5**.

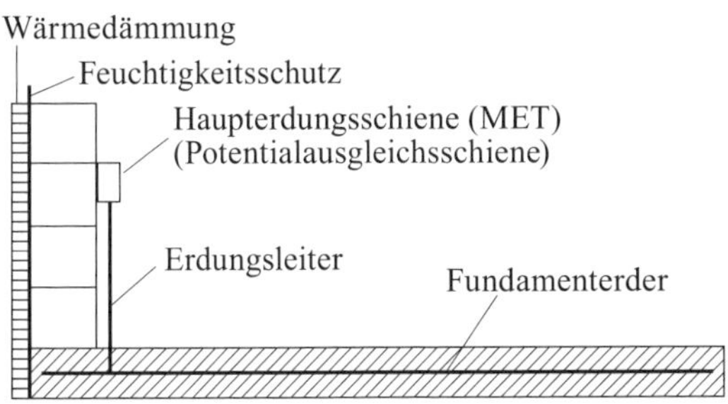

Bild 18.5 Einführung des Erdungsleiters in das Gebäude

Endstromkreise für den Außenbereich

Da bei Gebäuden immer mehrere Endstromkreise im Außenbereich errichtet werden, sollten diese nicht einfach durch eine Bohrung durch die Kellerwand nach außen verlegt werden.

Auch hier sollte zur Minimierung von Wanddurchbrüchen eine entsprechend ausgeführte Mehrspartendurchführung oder eine eigene Mehrfachwanddurchführung für Kabel verwendet werden, siehe **Bild 18.6**. Folgende Endstromkreise sind heutzutage im Außenbereich üblich:

- Ladestation für Elektrofahrzeuge,
- Stromversorgung der Garagen,
- Gartenbeleuchtung,
- Türsprechanlage und Klingel an der Gartentür,
- Steckdosen im Garten (z. B. für Rasenmäher, Springbrunnenpumpe),
- Photovoltaik.

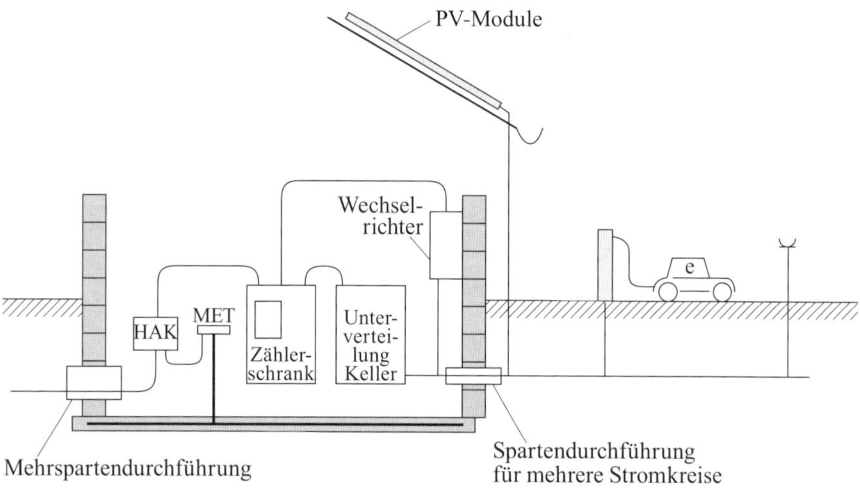

Bild 18.6 Beispiel einer Kabelführung mit Spartendurchführungen bei einem Gebäude

19 Dokumentation der luftdichten und wärmebrückenfreien Elektroinstallation

Damit die Dokumentation der luftdichten, winddichten und wärmebrückenfreien Elektroinstallation kein zu umfangreiches Ausmaß annimmt, sollte zuerst einmal nur entsprechend DIN 4108-2 [32] zertifiziertes luftdichtes Elektroinstallationsmaterial verwendet werden. Auch die Hilfsmittel zur Wiederherstellung von luftdichten oder winddichten Schichten, die für die Elektroinstallation geöffnet wurden, sollten dafür geeignet sein.

Da die Auswahl der Produkte von der Bauweise und der Wärmedämmmethode abhängig ist, sollte das verwendete Elektroinstallationsmaterial in der Dokumentation den Räumen zugeordnet werden.

Die Lage der luftdichten und winddichten Wärmedämmschichten sowie die Methode der Wärmedämmung wurden ja bereits durch den Architekten in den Ausschreibungsunterlagen für den Elektroplaner angegeben. Bei der Dokumentation ist zu beachten, dass bei einem Gebäude die Räume mit unterschiedlichen Wärmedämmkonzepten ausgeführt sein können. Wird z. B. ein Gebäude in Massivbauweise errichtet, sind meistens die Wände anders aufgebaut als das Dach oder die Kellerräume. Somit gibt es auch unterschiedliche Wärmedämmkonzepte, für die wiederum verschiedene Installationsmethoden und unterschiedliches Elektroinstallationsmaterial benötigt werden.

Besichtigung und Fotos baubegleitend

Alle Durchdringungen von luftdichten und winddichten Wärmedämmschichten durch die Elektroinstallation sind durch Besichtigung zu überprüfen. Dabei ist es wichtig, dass alle luftdichten und winddichten Schichten wieder verschlossen wurden.

Eine weitere visuelle Prüfung ist die Inaugenscheinnahme von UP-Gerätedosen und UP-Installationsdosen vor dem Anschluss der elektrischen Betriebsmittel. Dabei ist insbesondere zu prüfen, ob luftdichte Dosen verwendet wurden und ob alle eingeführten Kabel durch die Membrandichtungen der Dosen tatsächlich luftdicht umhüllt sind. Wurden die Kabel mittels eines Elektroinstallationsrohrs in die Dosen eingeführt, muss sowohl die luftdichte Einführung des Rohrs in die Dosen überprüft werden als auch der luftdichte Verschluss der Elektroinstallationsrohre nach der Einführung der Einzeladern des Kabels in die Dosen.

Dokumentation der luftdichten Elektroinstallation gemäß DIN 18015-5			
Haus/Wohnung	**Zimmer**	**Bauweise**	**Schichten**
Gebäude 1 Wohnung I	Kind 1	Massivbauweise	Wärmedämmschicht: Hochlochziegel
			luftdichte Schicht: Innenputz
			winddichte Schicht: Außenputz

Raumlayout:

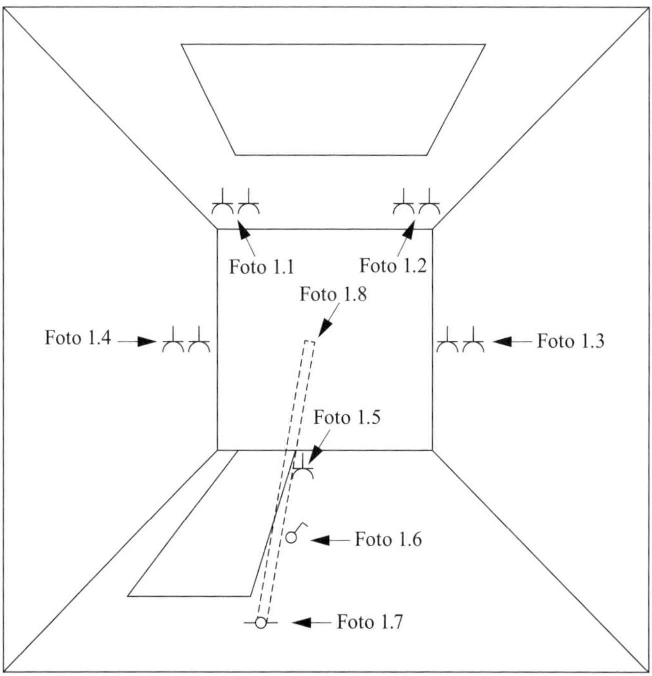

Dateiname: Bild:	1.1	Dateiname: Bild:	1.2	Dateiname: Bild:	1.3
Dateiname: Bild:	1.4	Dateiname: Bild:	1.5	Dateiname: Bild:	1.6
Dateiname: Bild:	1.7	Dateiname: Bild:	1.8	Dateiname: Bild:	
Name:		Datum:		Dokumentennummer:	

Bild 19.1 Beispiel einer möglichen Dokumentation

Doch wie soll eine Dokumentation hierüber aussehen? Die Dokumentation kann aus einer Auflistung der verwendeten Produkte mit Angabe des Einbauorts, z. B. durch eine Übersichtszeichnung, siehe **Bild 19.1**, und zusätzlich durch Fotos erfolgen. Die Fotos sollten aber in der Phase der Errichtung gemacht werden, damit die ausgeführten Arbeiten auch erkennbar sind. Dies bedeutet, dass auf solchen Fotos z. B. die luftdichte Einführung der einzelnen Kabel in die UP-Gerätedose, oder der luftdichte Verschluss eines Installationsrohrs erkennbar ist.

20 Nachweis luftdichter Installationen

DIN 18015-5 beschreibt im informativen Anhang E, wie geprüft werden kann, ob ein Gebäude (einschließlich der Elektroinstallation) luftdicht ausgeführt wurde. Doch die Elektroinstallation ist nicht das einzige Gewerk, das die Luftdichtheit eines Gebäudes beeinträchtigen kann. So müssen auch Fenster, Außentüren und die Telefoninstallation/Breitbandinstallation ebenso luftdicht ausgeführt sein. Die Heizungsanlage und die Sanitäreinrichtungen müssen bei ihrer Errichtung ebenfalls durch luftdichte Schichten geführt werden. Auch Kollektoren für die Warmwassererzeugung oder eine Be- und Entlüftungsanlage sind zu beachten. Die Aufzählung zeigt, dass bei der Prüfung der Luftdichtheit alle Gewerke betroffen sind. Fällt die Prüfung negativ aus, ist die Suche nach dem Verursacher der Undichtheit eine unangenehme Situation auf der Baustelle, denn erst einmal ist der Verursacher nicht bekannt und die Suche nach dem Schuldigen beginnt.

Leckluftströme bei einer Elektroinstallation können mithilfe eines Thermoanemometers schnell geprüft werden, siehe **Bild 20.1**. Es ist deshalb ratsam, dass der Elektroinstallateur bei der Dichtigkeitsprüfung über ein solches Messgerät verfügt.

Bild 20.1 Thermoanemometer zur Messung der Luftströmung in einer UP-Geräteeinbaudose (Quelle: Elektro+ [19])

Blower-Door-Messung

Die Luftdichtheit eines Gebäudes kann nach dem „Blower-Door"-Messverfahren geprüft werden. Dieses Verfahren eignet sich entsprechend DIN EN 13829 [33] zur Messung der Leckagerate eines Gebäudes oder einer Wohnung. Natürlich kann die Messung erst durchgeführt werden, wenn das Gebäude komplett fertiggestellt ist. Alle beabsichtigten Öffnungen (z. B. Lüftungsanlage) müssen für diese Messung verschlossen werden und die Geruchsverschlüsse von Waschtischen und Toiletten (Siphon) müssen mit Wasser gefüllt sein.

Als Vorbereitung für die Messung wird in die Zarge eines Tür- oder Fensterrahmens eine Platte mit einem speziellen Ventilator luftdicht eingebaut, siehe **Bild 20.2**. Dieser Ventilator kann sowohl einen Unter- als auch einen Überdruck im Gebäude erzeugen. Mithilfe einer Volumenstrommesseinrichtung wird dann die Menge des Luftstroms erfasst, die zur Aufrechterhaltung eines bestimmten Luftdrucks im Innern des Gebäudes benötigt wird. Dieses Luftvolumen ist dann, vereinfacht ausgedrückt, die Rate der Leckage.

Bild 20.2 Beispiel eines Türeinbauelements für die Ermittlung der Leckagerate (Fa. BlowerDoor [34])

Teil C Effizienzrelevante EG-Richtlinien und EG-Verordnungen

Umsetzung von EG-Richtlinien in nationales Recht

EG-Richtlinien werden vom Europäischen Parlament und des Rates der Europäischen Union veröffentlicht und müssen von allen europäischen Mitgliedstaaten im Rahmen ihrer landesspezifischen gesetzgebenden Verfahren in nationales Recht umgesetzt werden.

In Deutschland wurde z. B. die EG-Richtlinie 2009/125/EG (siehe Kapitel 21) durch das Energieverbrauchsrelevante-Produkte-Gesetz (EVPG) vom 16. November 2011 in nationales Recht umgesetzt. Die EG-Richtlinie 2010/30/EU (siehe Kapitel 22) wurde als Teil des Energieverbrauchskennzeichnungsgesetzes (EnVKG) durch die Energieverbrauchskennzeichnungsverordnung (EnVKV) am 12. Mai 2012 in deutsches Recht umgesetzt.

Gesetzescharakter von EG-Verordnungen

EG-Richtlinien enthalten in der Regel Ziele und keine Lösungen. Damit konkrete Anforderungen, z. B. an den Wirkungsgrad von Transformatoren oder Motoren, in ganz Europa gesetzlich festgelegt werden können, veröffentlicht die EU-Kommission produktbezogene Verordnungen für die Umsetzung der relevanten EG-Richtlinie im Amtsblatt der Europäischen Union.

EG-Verordnungen haben allgemeine Geltung und brauchen nicht zusätzlich durch die einzelnen europäischen Staaten gesetzlich umgesetzt zu werden, da sie als EG-Richtlinie automatisch in den Mitgliedstaaten Gesetzescharakter haben. Von den nationalen Gesetzgebern sind also zusätzlich keine nationalen Rechtsmaßnahmen erforderlich.

21 EG-Richtlinie 2009/125/EG Richtlinie für die umweltgerechte Gestaltung energieverbrauchsrelevanter Produkte (Ökodesign-Richtlinie)

L 285/10 DE Amtsblatt der Europäischen Union 31.10.2009

RICHTLINIEN

RICHTLINIE 2009/125/EG DES EUROPÄISCHEN PARLAMENTS UND DES RATES

vom 21. Oktober 2009

zur Schaffung eines Rahmens für die Festlegung von Anforderungen an die umweltgerechte Gestaltung energieverbrauchsrelevanter Produkte

(Neufassung)

(Text von Bedeutung für den EWR)

DAS EUROPÄISCHE PARLAMENT UND DER RAT DER EUROPÄISCHEN UNION —

gestützt auf den Vertrag zur Gründung der Europäischen Gemeinschaft, insbesondere auf Artikel 95,

auf Vorschlag der Kommission,

nach Stellungnahme des Europäischen Wirtschafts- und Sozialausschusses [1],

gemäß dem Verfahren des Artikels 251 des Vertrags [2],

in Erwägung nachstehender Gründe:

(1) Die Richtlinie 2005/32/EG des Europäischen Parlaments und des Rates vom 6. Juli 2005 zur Schaffung eines Rahmens für die Festlegung von Anforderungen an die umweltgerechte Gestaltung energiebetriebener Produkte [3] wurde erheblich geändert. Aus Gründen der Klarheit empfiehlt es sich, im Rahmen der jetzt anstehenden Änderungen, die strikt auf die Ausweitung des Geltungsbereichs der Richtlinie auf alle energieverbrauchsrelevanten Produkte begrenzt sind, eine Neufassung dieser Richtlinie vorzunehmen.

(2) Die unterschiedlichen Rechts- und Verwaltungsvorschriften der Mitgliedstaaten für die umweltgerechte Gestaltung („Ökodesign") energieverbrauchsrelevanter Produkte können Handelshemmnisse schaffen, den Wettbewerb in der Gemeinschaft verzerren und damit unmittelbar das Funktionieren des Binnenmarktes stören. Die Harmonisierung der nationalen Rechtsvorschriften ist das einzige Mittel, um der Entstehung von Handelshemmnissen und unlauterem Wettbewerb vorzubeugen. Die Ausweitung des Geltungsbereichs auf alle energieverbrauchsrelevanten Produkte stellt sicher, dass die Ökodesign-Anforderungen für alle bedeutenden energieverbrauchsrelevanten Produkte auf Gemeinschaftsebene harmonisiert werden können.

(3) Auf energieverbrauchsrelevante Produkte entfällt ein großer Teil des Verbrauchs von natürlichen Ressourcen und Energie in der Gemeinschaft. Sie haben auch eine Reihe weiterer wichtiger Umweltauswirkungen. Bei den meisten in der Gemeinschaft auf dem Markt befindlichen Produktarten sind bei ähnlicher Funktion und Leistung sehr unterschiedliche Umweltauswirkungen zu beobachten. Im Interesse einer nachhaltigen Entwicklung sollte die laufende Minderung der von diesen Produktarten insgesamt verursachten Umweltauswirkungen vor allem durch Ermittlung der Hauptursachen schädlicher Umweltauswirkungen und durch Vermeidung einer Übertragung von Umweltbelastungen gefördert werden, wenn das ohne übermäßige Kosten erreicht werden kann.

(4) Bei vielen energieverbrauchsrelevanten Produkten besteht ein erhebliches Verbesserungspotenzial im Hinblick auf die Verringerung der Umweltauswirkungen und auf Energieeinsparungen durch bessere Gestaltung, was auch zu wirtschaftlichen Einsparungen für Unternehmen und Endverbraucher führt. Neben Produkten, die Energie verbrauchen, erzeugen, übertragen oder messen, können gewisse energieverbrauchsrelevante Produkte, einschließlich Produkten, die im Baugewerbe verwendet werden, wie Fenster und Isoliermaterialien, oder einige den Wasserverbrauch beeinflussende Produkte wie Duschköpfe oder Wasserhähne auch zu erheblichen Energieeinsparungen beim Gebrauch beitragen.

(5) Die umweltgerechte Gestaltung von Produkten ist wesentlicher Bestandteil der Gemeinschaftsstrategie zur integrierten Produktpolitik. Sie bietet als vorbeugender Ansatz zur Optimierung der Umweltverträglichkeit von Produkten und zur gleichzeitigen Erhaltung ihrer Gebrauchsqualität neue konkrete Chancen für Hersteller, Verbraucher und die Allgemeinheit.

[1] ABl. C 100 vom 30.4.2009, S. 120.
[2] Stellungnahme des Europäischen Parlaments vom 24. April 2009 (noch nicht im Amtsblatt veröffentlicht) und Beschluss des Rates vom 24. September 2009.
[3] ABl. L 191 vom 22.7.2005, S. 29.

(6) Die Verbesserung der Energieeffizienz, wofür der effizientere Endverbrauch von Elektrizität eine der verfügbaren Optionen ist, gilt als wesentlicher Beitrag zum Erreichen der Zielvorgaben für Treibhausgasemissionen in der Gemeinschaft. Die Elektrizitätsnachfrage ist die am schnellsten wachsende Kategorie des Endenergieverbrauchs und wird Prognosen zufolge in den nächsten 20 bis 30 Jahren weiter steigen, sofern keine politischen Maßnahmen gegen diese Tendenz ergriffen werden. Eine erhebliche Senkung des Energieverbrauchs ist dem von der Kommission vorgelegten Europäischen Programm zur Klimaänderung (ECCP) zufolge möglich. Die Klimaänderung gehört zu den Prioritäten des in dem Beschluss Nr. 1600/2002/EG des Europäischen Parlaments und des Rates ([1]) niedergelegten Sechsten Umweltaktionsprogramms der Gemeinschaft. Energieeinsparungen sind die kostengünstigste Art, die Versorgungssicherheit zu erhöhen und die Abhängigkeit von Einfuhren zu verringern. Deshalb sollten auf der Nachfrageseite wesentliche Maßnahmen erlassen und Zielvorgaben angesetzt werden.

(7) Maßnahmen sollten auf der Stufe der Gestaltung energieverbrauchsrelevanter Produkte ergriffen werden, da sich zeigt, dass auf dieser Stufe die während des Lebenszyklus auftretenden Umweltbelastungen vorgezeichnet und die meisten Kosten festgelegt werden.

(8) Es sollte ein kohärenter Gesamtrahmen für die Festlegung gemeinschaftlicher Ökodesign-Anforderungen für energieverbrauchsrelevante Produkte mit dem Ziel geschaffen werden, den freien Verkehr von Produkten zu gewährleisten, die diesen Anforderungen entsprechen, und deren Umweltauswirkungen zu mindern. Solche gemeinschaftliche Anforderungen sollten die Grundsätze des fairen Wettbewerbs und des internationalen Handels berücksichtigen.

(9) Ökodesign-Anforderungen sollten unter Berücksichtigung der Ziele und Prioritäten des Sechsten Umweltaktionsprogramms der Gemeinschaft festgelegt werden, gegebenenfalls einschließlich der entsprechenden Ziele der einschlägigen thematischen Strategien dieses Programms.

(10) Mit dieser Richtlinie soll durch eine Minderung der potenziellen Umweltauswirkungen energieverbrauchsrelevanter Produkte ein hohes Umweltschutzniveau erreicht werden, was letztlich den Verbrauchern und anderen Produktnutzern zugute kommt. Eine nachhaltige Entwicklung erfordert auch die angemessene Berücksichtigung der gesundheitlichen, gesellschaftlichen und wirtschaftlichen Auswirkungen der geplanten Maßnahmen. Die Verbesserung der Energie- und Ressourceneffizienz von Produkten trägt zur Sicherheit der Energieversorgung und zur Verringerung der Nachfrage nach natürlichen Ressourcen bei, die beide Voraussetzungen für eine gesunde Wirtschaft und damit für eine nachhaltige Entwicklung sind.

(11) Hält es ein Mitgliedstaat für erforderlich, nationale Bestimmungen beizubehalten, die durch überragende Erfordernisse des Umweltschutzes gerechtfertigt sind, oder auf neue wissenschaftliche Erkenntnisse gestützte nationale Bestimmungen zum Schutz der Umwelt aufgrund eines spezifischen Problems für diesen Mitgliedstaat, das sich nach dem Erlass der betreffenden Durchführungsmaßnahme ergibt, einzuführen, so ist dies unter Beachtung von Artikel 95 Absätze 4, 5 und 6 des Vertrags zulässig, in dem die vorherige Anmeldung bei der Kommission und deren Billigung vorgesehen sind.

(12) Um die sich aus einer besseren Gestaltung ergebenden Umweltvorteile zu maximieren, kann es erforderlich sein, die Verbraucher über die Umweltaspekte und Eigenschaften energieverbrauchsrelevanter Produkte und über deren umweltfreundliche Verwendung zu informieren.

(13) Mit dem in der Mitteilung der Kommission vom 18. Juni 2003 mit dem Titel „Integrierte Produktpolitik — Auf den ökologischen Lebenszyklus-Ansatz aufbauen" beschriebenen Konzept, das ein wichtiger und innovativer Teil des Sechsten Umweltaktionsprogramms der Gemeinschaft ist, wird das Ziel verfolgt, die Umweltauswirkungen von Produkten während ihres gesamten Lebenszyklus einschließlich Auswahl und Einsatz von Rohmaterialien, Fertigung, Verpackung, Transport und Vertrieb, Installierung und Wartung, Nutzung und Ende der Lebensdauer zu verringern. Durch die Berücksichtigung der Umweltauswirkungen während des gesamten Lebenszyklus bei der Gestaltung eines Produkts ist es möglich, den Umweltschutz einschließlich bezüglich der Ressourcen- und Materialeffizienz auf kostengünstige Weise zu verbessern und somit dazu beizutragen, die Ziele der thematischen Strategie für die nachhaltige Nutzung natürlicher Ressourcen zu erreichen. Die Regelungen sollten so flexibel sein, dass die Umwelterfordernisse in die Produktgestaltung unter Berücksichtigung technischer, funktionaler und wirtschaftlicher Erfordernisse einbezogen werden können.

(14) Obwohl ein umfassender Ansatz bei der Umweltverträglichkeit wünschenswert ist, sollte bis zur Annahme eines Arbeitsplans die Senkung von Treibhausgasemissionen durch Steigerung der Energieeffizienz als ein vorrangiges umweltpolitisches Ziel betrachtet werden.

([1]) ABl. L 242 vom 10.9.2002, S. 1.

(15) Es kann notwendig und gerechtfertigt sein, für bestimmte Produkte oder deren Umweltaspekte spezifische quantitative Ökodesign-Anforderungen festzulegen, um die von den Produkten verursachten Umweltauswirkungen auf ein Minimum zu begrenzen. Angesichts der dringenden Notwendigkeit, einen Beitrag zur Einhaltung der Verpflichtungen aus dem Protokoll von Kyoto zum Rahmenübereinkommen der Vereinten Nationen über Klimaänderungen zu leisten, und unbeschadet des in dieser Richtlinie befürworteten integrierten Ansatzes sollte denjenigen Maßnahmen eine gewisse Priorität eingeräumt werden, die ein hohes Potenzial für die kostengünstige Verringerung von Treibhausgasemissionen haben. Solche Maßnahmen können auch zur nachhaltigen Nutzung der Ressourcen beitragen und sind ein wesentlicher Beitrag zum Zehnjahres-Rahmenplan für Programme für nachhaltige Produktions- und Verbrauchsstrukturen, der vom 26. August bis 4. September 2002 auf dem Weltgipfel für nachhaltige Entwicklung in Johannesburg vereinbart wurde.

(16) Der Energieverbrauch energieverbrauchsrelevanter Produkte im Bereitschafts- oder ausgeschalteten Zustand sollte grundsätzlich soweit angebracht auf das für ihren ordnungsgemäßen Betrieb erforderliche Mindestmaß gesenkt werden.

(17) Die — auch auf internationaler Ebene — leistungsfähigsten auf dem Markt anzutreffenden Produkte und Technologien sollten als Referenz dienen und die Höhe von Ökodesign-Anforderungen sollte auf der Grundlage einer technischen, wirtschaftlichen und ökologischen Analyse festgelegt werden. Eine flexible Methode für die Festlegung der Anforderungen kann eine schnelle Verbesserung der Umwelteigenschaften von Produkten erleichtern. Die beteiligten Betroffenen sollten konsultiert werden und bei dieser Analyse aktiv mitwirken. Der Erlass verbindlicher Vorschriften erfordert eine ausreichende Konsultation der Betroffenen. Bei solchen Konsultationen kann sich die Notwendigkeit einer schrittweisen Einführung dieser Vorschriften oder von Übergangsregelungen ergeben. Die Festsetzung von Zwischenzielen erhöht die Vorhersehbarkeit der Politik, ermöglicht die Berücksichtigung von Produktentwicklungszyklen und erleichtert den Betroffenen die langfristige Planung.

(18) Alternative Wege wie die Selbstregulierung durch die Industrie sollten Vorrang erhalten, wenn sich die politischen Ziele mit ihnen voraussichtlich schneller oder kostengünstiger erreichen lassen als mit Rechtsvorschriften. Rechtsvorschriften können erforderlich sein, wenn die Marktkräfte die Entwicklung nicht in die gewünschte Richtung lenken oder nicht rasch genug vorantreiben.

(19) Die Selbstregulierung, einschließlich freiwilliger Vereinbarungen in Form einseitig übernommener Verpflichtungen der Wirtschaft, kann dank schneller und kostengünstiger Anwendung raschen Fortschritt ermöglichen und flexible und angemessene Anpassungen an die technischen Möglichkeiten und die Sensibilitäten des Marktes ermöglichen.

(20) Zur Bewertung der freiwilligen Vereinbarungen und der anderen als Alternativen zu Durchführungsmaßnahmen vorgeschlagenen Selbstregulierungsmaßnahmen sollten Informationen zumindest über die folgenden Themen verfügbar sein: Offenheit der Beteiligung, Mehrwert, Repräsentativität, quantifizierte und abgestufte Ziele, Beteiligung der Zivilgesellschaft, Überwachung und Berichterstattung, Kostenwirksamkeit der Verwaltung einer Selbstregulierungsmaßnahme und Nachhaltigkeit.

(21) Die Mitteilung der Kommission vom 17. Februar 2002 mit dem Titel „Umweltvereinbarungen auf Gemeinschaftsebene im Rahmen des Aktionsplans ‚Vereinfachung und Verbesserung des Regelungsumfelds'" könnte nützliche Anhaltspunkte für die Bewertung der Selbstkontrolle der Industrie im Zusammenhang mit dieser Richtlinie liefern.

(22) Diese Richtlinie sollte auch die Berücksichtigung des Ökodesigns bei kleinen und mittleren Unternehmen (KMU) und Kleinstunternehmen fördern. Diese Berücksichtigung könnte dadurch erleichtert werden, dass Informationen über die Nachhaltigkeit der betreffenden Produkte weithin zur Verfügung gestellt und leicht zugänglich gemacht werden.

(23) Energieverbrauchsrelevante Produkte, die die Ökodesign-Anforderungen der Durchführungsmaßnahmen zu dieser Richtlinie erfüllen, sollten die CE-Kennzeichnung und entsprechende Angaben tragen, um das Inverkehrbringen und den freien Verkehr im Binnenmarkt zu ermöglichen. Die strenge Durchsetzung der Durchführungsmaßnahmen ist erforderlich, um die Umweltauswirkungen regelkonformer energieverbrauchsrelevanter Produkte zu verringern und einen fairen Wettbewerb sicherzustellen.

(24) Bei der Ausarbeitung der Durchführungsmaßnahmen und des Arbeitsplans sollte die Kommission Vertreter der Mitgliedstaaten sowie die an der Produktgruppe interessierten beteiligten Kreise konsultieren; hierzu zählen die Industrie einschließlich KMU und Handwerk, Gewerkschaften, Groß- und Einzelhandel, Importeure, Umweltschutzverbände und Verbraucherorganisationen.

(25) Bei der Ausarbeitung von Durchführungsmaßnahmen sollte die Kommission auch die bestehenden nationalen Umweltvorschriften — insbesondere über Giftstoffe —, die nach Auffassung der Mitgliedstaaten beibehalten werden sollten, angemessen berücksichtigen; bestehende und gerechtfertigte Umweltschutzniveaus in den Mitgliedstaaten sollten dabei nicht gemindert werden.

(26) Die zur Verwendung in Richtlinien zur technischen Harmonisierung bestimmten Module und Regeln des Beschlusses Nr. 768/2008/EG des Europäischen Parlaments und des Rates vom 9. Juli 2008 über einen gemeinsamen Rechtsrahmen für die Vermarktung von Produkten [1] sollten berücksichtigt werden.

[1] ABl. L 218 vom 13.8.2008, S. 82.

(27) Die Aufsichtsbehörden sollten Informationen über im Geltungsbereich dieser Richtlinie geplante Maßnahmen austauschen, um die Marktaufsicht wirksamer zu gestalten, wobei der Verordnung (EG) Nr. 765/2008 des Europäischen Parlaments und des Rates vom 9. Juli 2008 über die Vorschriften für die Akkreditierung und Marktüberwachung im Zusammenhang mit der Vermarktung von Produkten ([1]) Rechnung zu tragen ist. Bei dieser Zusammenarbeit sollten elektronische Kommunikationsmittel und die entsprechenden Programme der Gemeinschaft weitestgehend genutzt werden. Der Informationsaustausch über Umweltauswirkungen während eines Lebenszyklus sowie über Leistungen von Gestaltungslösungen sollte gefördert werden. Die Zusammenstellung und Verbreitung des Wissens, das durch die Ökodesign-Bemühungen der Hersteller entsteht, stellt einen entscheidenden Mehrwert dieser Richtlinie dar.

(28) Die zuständige Stelle ist in der Regel eine öffentliche oder private Einrichtung, die von einer Behörde benannt wird und über die erforderliche Unparteilichkeit und den notwendigen technischen Sachverstand verfügt, um die Übereinstimmung eines Produkts mit den anwendbaren Durchführungsmaßnahmen überprüfen zu können.

(29) In Anbetracht dessen, wie wichtig es ist, die Nichterfüllung der Bestimmungen zu vermeiden, sollten die Mitgliedstaaten sicherstellen, dass die für eine effektive Marktüberwachung nötigen Mittel zur Verfügung stehen.

(30) Hinsichtlich der Schulung und Information von KMU im Bereich des Ökodesigns kann es zweckmäßig sein, Begleitmaßnahmen in Betracht zu ziehen.

(31) Es liegt im Interesse des Funktionierens des Binnenmarktes, über auf Gemeinschaftsebene harmonisierte Normen zu verfügen. Sobald der Hinweis auf eine solche Norm im *Amtsblatt der Europäischen Union* veröffentlicht ist, sollte deren Einhaltung die Vermutung der Konformität mit den entsprechenden Anforderungen der im Rahmen dieser Richtlinie erlassenen Durchführungsmaßnahme begründen, wenn auch andere Arten des Konformitätsnachweises zulässig sein sollten.

(32) Harmonisierte Normen sollten in erster Linie den Herstellern dabei helfen, die im Rahmen dieser Richtlinie erlassenen Durchführungsmaßnahmen anzuwenden. Solche Normen könnten bei der Festlegung von Mess- und Prüfverfahren eine wesentliche Rolle spielen. Bei allgemeinen Ökodesign-Anforderungen könnten harmonisierte Normen weitgehend dazu beitragen, Hersteller bei der Erstellung des ökologischen Profils ihrer Produkte gemäß den Anforderungen der jeweils geltenden Durchführungsmaßnahme zu leiten. In diesen Normen sollte der Zusammenhang zwischen den jeweiligen Normvorschriften und den von ihnen erfassten Anforderungen eindeutig angegeben werden. Zweck harmonisierter Normen sollte es nicht sein, Grenzwerte für umweltspezifische Aspekte festzulegen.

(33) Für die Zwecke der in dieser Richtlinie verwendeten Begriffsbestimmungen empfiehlt es sich, auf einschlägige internationale Normen wie ISO 14040 Bezug zu nehmen.

(34) Diese Richtlinie steht im Einklang mit bestimmten Grundsätzen für die Umsetzung des neuen Konzepts, wie sie in der Entschließung des Rates von 7. Mai 1985 über eine neue Konzeption auf dem Gebiet der technischen Harmonisierung und der Normung ([2]) formuliert sind, und dem Grundsatz der Verweisung auf harmonisierte europäische Normen. In seiner Entschließung vom 28. Oktober 1999 zur Funktion der Normung in Europa ([3]) ersucht der Rat die Kommission, zu prüfen, ob das Neue Konzept der Harmonisierung auf weitere, bisher nicht von ihm erfasste Bereiche ausgedehnt werden könne, um dort die Rechtsvorschriften zu verbessern und zu vereinfachen.

(35) Diese Richtlinie ergänzt bestehende gemeinschaftliche Rechtsvorschriften wie die Richtlinie 92/75/EWG des Rates vom 22. September 1992 über die Angabe des Verbrauchs an Energie und anderen Ressourcen durch Haushaltsgeräte mittels einheitlicher Etiketten und Produktinformationen ([4]), die Verordnung (EG) Nr. 1980/2000 des Europäischen Parlaments und des Rates vom 17. Juli 2000 zur Revision des gemeinschaftlichen Systems zur Vergabe eines Umweltzeichens ([5]), die Richtlinie 2002/96/EG des Europäischen Parlaments und des Rates vom 27. Januar 2003 über Elektro- und Elektronik-Altgeräte ([6]), die Richtlinie 2002/95/EG des Europäischen Parlaments und des Rates vom 27. Januar 2003 zur Beschränkung der Verwendung bestimmter gefährlicher Stoffe in Elektro- und Elektronikgeräten ([7]), die Richtlinie 2006/121/EG des Europäischen Parlaments und des Rates vom 18. Dezember 2006 zur Änderung der Richtlinie 67/548/EWG des Rates zur Angleichung der Rechts- und Verwaltungsvorschriften für die Einstufung, Verpackung und Kennzeichnung gefährlicher Stoffe im Hinblick auf ihre Anpassung an die Verordnung (EG) Nr. 1907/2006 zur Registrierung, Bewertung, Zulassung und Beschränkung chemischer Stoffe (REACH) und zur Schaffung eines Europäischen Amtes für chemische Stoffe ([8]) und die Verordnung (EG) Nr. 106/2008 des Europäischen Parlaments und des Rates vom 15. Januar 2008 über ein gemeinschaftliches Kennzeichnungsprogramm für Strom sparende Bürogeräte ([9]). Synergien zwischen der vorliegenden Richtlinie und den bestehenden gemeinschaftlichen Rechtsvorschriften sollten zur Steigerung ihrer Wirksamkeit und zur Entwicklung eines kohärenten Vorschriftenwerks für Hersteller beitragen.

([1]) ABl. L 218 vom 13.8.2008, S. 30.

([2]) ABl. C 136 vom 4.6.1985, S. 1.
([3]) ABl. C 141 vom 19.5.2000, S. 1.
([4]) ABl. L 297 vom 13.10.1992, S. 16.
([5]) ABl. L 237 vom 21.9.2000, S. 1.
([6]) ABl. L 37 vom 13.2.2003, S. 24.
([7]) ABl. L 37 vom 13.2.2003, S. 19.
([8]) ABl. L 396 vom 30.12.2006, S. 1.
([9]) ABl. L 39 vom 13.2.2008, S. 1.

(36) Die zur Durchführung dieser Richtlinie erforderlichen Maßnahmen sollten gemäß dem Beschluss 1999/468/EG des Rates vom 28. Juni 1999 zur Festlegung der Modalitäten für die Ausübung der der Kommission übertragenen Durchführungsbefugnisse erlassen werden [1].

(37) Insbesondere sollte die Kommission die Befugnis erhalten, die Richtlinie 92/42/EWG des Rates [2] sowie die Richtlinien 96/57/EG [3] und 2000/55/EG [4] des Europäischen Parlaments und des Rates zu ändern oder aufzuheben. Diese Änderung oder Aufhebung ist nach dem Regelungsverfahren mit Kontrolle des Artikels 5a des Beschlusses 1999/468/EG zu erlassen.

(38) Außerdem sollte die Kommission die Befugnis erhalten, Durchführungsmaßnahmen zur Festlegung von Ökodesign-Anforderungen für bestimmte energieverbrauchsrelevante Produkte, einschließlich der Einführung von Durchführungsmaßnahmen in der Übergangszeit und gegebenenfalls einschließlich Bestimmungen zur Gewährleistung der Ausgewogenheit der verschiedenen Umweltaspekte, zu erlassen. Da es sich hierbei um Maßnahmen von allgemeiner Tragweite handelt, die eine Änderung nicht wesentlicher Bestimmungen dieser Richtlinie durch Ergänzung bewirken, sind diese Maßnahmen nach dem Regelungsverfahren mit Kontrolle des Artikels 5a des Beschlusses 1999/468/EG zu erlassen.

(39) Auf der Grundlage der bei der Anwendung der vorliegenden Richtlinie, der Richtlinie 2005/32/EG sowie der Durchführungsmaßnahmen gewonnenen Erfahrung sollte die Kommission das Funktionieren, die Methoden und die Wirksamkeit der vorliegenden Richtlinie überprüfen und bewerten, ob eine Ausweitung des auf energieverbrauchsrelevante Produkte beschränkten Geltungsbereichs zweckmäßig ist. Im Rahmen dieser Überprüfung sollte die Kommission Vertreter der Mitgliedstaaten und die betroffenen interessierten Kreise konsultieren.

(40) Die Mitgliedstaaten sollten die Sanktionen festlegen, die bei Verstößen gegen die nach dieser Richtlinie erlassenen nationalen Vorschriften zu verhängen sind. Diese Sanktionen sollten wirksam, verhältnismäßig und abschreckend sein.

(41) Da das Ziel dieser Richtlinie, nämlich durch angemessene Anforderungen an die umweltrelevanten Eigenschaften von Produkten das Funktionieren des Binnenmarktes zu gewährleisten, auf Ebene der Mitgliedstaaten nicht ausreichend verwirklicht werden kann und daher wegen ihres Umfangs und ihrer Wirkungen besser auf Gemeinschaftsebene zu erreichen ist, kann die Gemeinschaft im Einklang mit dem in Artikel 5 des Vertrags niedergelegten Subsidiaritätsprinzip tätig werden. Entsprechend dem in demselben Artikel genannten Grundsatz der Verhältnismäßigkeit geht diese Richtlinie nicht über das zur Erreichung dieses Ziels erforderliche Maß hinaus.

(42) Die Verpflichtung zur Umsetzung dieser Richtlinie in innerstaatliches Recht sollte nur jene Bestimmungen betreffen, die im Vergleich zur Richtlinie 2005/32/EG inhaltlich geändert wurden. Die Verpflichtung zur Umsetzung der inhaltlich unveränderten Bestimmungen ergibt sich aus der Richtlinie 2005/32/EG.

(43) Diese Richtlinie sollte die Verpflichtungen der Mitgliedstaaten hinsichtlich der in Anhang IX Teil B genannten Fristen für die Umsetzung der dort genannten Richtlinien in innerstaatliches Recht unberührt lassen.

(44) Gemäß Nummer 34 der Interinstitutionellen Vereinbarung über bessere Rechtsetzung [5] sind die Mitgliedstaaten aufgefordert, für ihre eigenen Zwecke und im Interesse der Gemeinschaft eigene Tabellen aufzustellen, aus denen im Rahmen des Möglichen die Entsprechungen zwischen dieser Richtlinie und den Umsetzungsmaßnahmen zu entnehmen sind, und diese zu veröffentlichen —

HABEN FOLGENDE RICHTLINIE ERLASSEN:

Artikel 1

Gegenstand und Geltungsbereich

(1) Diese Richtlinie schafft einen Rahmen für die Festlegung gemeinschaftlicher Ökodesign-Anforderungen für energieverbrauchsrelevante Produkte mit dem Ziel, den freien Verkehr solcher Produkte im Binnenmarkt zu gewährleisten.

(2) Diese Richtlinie sieht die Festlegung von Anforderungen vor, die die von den Durchführungsmaßnahmen erfassten energieverbrauchsrelevanten Produkte erfüllen müssen, damit sie in Verkehr gebracht und/oder in Betrieb genommen werden dürfen. Sie trägt zur nachhaltigen Entwicklung bei, indem sie die Energieeffizienz und das Umweltschutzniveau erhöht und zugleich die Sicherheit der Energieversorgung verbessert.

(3) Diese Richtlinie gilt nicht für Verkehrsmittel zur Personen- oder Güterbeförderung.

(4) Diese Richtlinie einschließlich ihrer Durchführungsmaßnahmen gilt unbeschadet der Rechtsvorschriften der Gemeinschaft für die Abfallbewirtschaftung und für Chemikalien, einschließlich der Rechtsvorschriften der Gemeinschaft für fluorierte Treibhausgase.

Artikel 2

Begriffsbestimmungen

Im Sinne dieser Richtlinie bezeichnet der Ausdruck

[1] ABl. L 184 vom 17.7.1999, S. 23.
[2] ABl. L 167 vom 22.6.1992, S. 17.
[3] ABl. L 236 vom 18.9.1996, S. 36.
[4] ABl. L 279 vom 1.11.2000, S. 33.
[5] ABl. C 321 vom 31.12.2003, S. 1.

1. „energieverbrauchsrelevantes Produkt" („Produkt") einen Gegenstand, dessen Nutzung den Verbrauch von Energie in irgendeiner Weise beeinflusst und der in Verkehr gebracht und/oder in Betrieb genommen wird, einschließlich Teilen, die zum Einbau in ein unter diese Richtlinie fallendes energieverbrauchsrelevantes Produkt bestimmt sind, als Einzelteile für Endnutzer in Verkehr gebracht und/oder in Betrieb genommen werden und getrennt auf ihre Umweltverträglichkeit geprüft werden können;

2. „Bauteile und Baugruppen" Teile, die zum Einbau in energieverbrauchsrelevante Produkte bestimmt sind, jedoch nicht als Einzelteile für Endnutzer in Verkehr gebracht und/oder in Betrieb genommen werden können oder deren Umweltverträglichkeit nicht getrennt geprüft werden kann;

3. „Durchführungsmaßnahmen" auf der Grundlage dieser Richtlinie erlassene Maßnahmen zur Festlegung der Ökodesign-Anforderungen für bestimmte Produkte oder zu bestimmten Umweltaspekten;

4. „Inverkehrbringen" die erstmalige entgeltliche oder unentgeltliche Bereitstellung eines Produkts auf dem Gemeinschaftsmarkt zur Verteilung oder zur Verwendung in der Gemeinschaft, wobei die Vertriebsmethode ohne Belang ist;

5. „Inbetriebnahme" die erstmalige bestimmungsgemäße Verwendung eines Produkts durch einen Endnutzer in der Gemeinschaft;

6. „Hersteller" eine natürliche oder juristische Person, die unter diese Richtlinie fallende Produkte herstellt und für deren Übereinstimmung mit dieser Richtlinie zum Zweck ihres Inverkehrbringens und/oder ihrer Inbetriebnahme unter dem Namen oder der Handelsmarke des Herstellers oder für dessen eigenen Gebrauch verantwortlich ist. Gibt es keinen Hersteller im Sinne des Satzes 1 dieser Nummer oder keinen Importeur im Sinne von Nummer 8, so gilt als Hersteller jede natürliche oder juristische Person, die unter diese Richtlinie fallende Produkte in Verkehr bringt und/oder in Betrieb nimmt;

7. „Bevollmächtigter" eine in der Gemeinschaft niedergelassene natürliche oder juristische Person, die vom Hersteller schriftlich beauftragt worden ist, in seinem Namen den mit dieser Richtlinie verbundenen Verpflichtungen und Förmlichkeiten vollständig oder teilweise nachzukommen;

8. „Importeur" eine in der Gemeinschaft niedergelassene natürliche oder juristische Person, die ein aus einem Drittstaat stammendes Produkt in der Gemeinschaft im Rahmen ihrer Geschäftstätigkeit in Verkehr bringt;

9. „Materialien" alle Materialien, die während des Lebenszyklus eines Produkts verwendet werden;

10. „Produktgestaltung" die Gesamtheit der Prozesse zur Umsetzung von rechtlichen und technischen Anforderungen, Sicherheits-, Funktions- und Markterfordernissen oder sonstigen Anforderungen an ein Produkt in dessen technische Beschreibung;

11. „Umweltaspekt" einen Bestandteil oder eine Funktion eines Produkts, der (die) während des Lebenszyklus des Produkts mit der Umwelt in Wechselwirkung treten kann;

12. „Umweltauswirkung" eine einem Produkt während seines Lebenszyklus ganz oder teilweise zurechenbare Veränderung der Umwelt;

13. „Lebenszyklus" die Gesamtheit der aufeinander folgenden und miteinander verknüpften Existenzphasen eines Produkts von der Verarbeitung des Rohmaterials bis zur Entsorgung;

14. „Wiederverwendung" eine Maßnahme, durch die ein Produkt, das das Ende seiner Erstnutzung erreicht hat, erneut für denselben Zweck verwendet wird, für den es ursprünglich bestimmt war, einschließlich der weiteren Nutzung eines Produkts, das bei einer Rücknahmestelle, einem Vertreiber, Recyclingbetrieb oder Hersteller abgegeben wurde, sowie die erneute Nutzung eines Produkts nach seiner Aufarbeitung;

15. „Recycling" die industrielle Wiederaufbereitung von Abfallmaterialien für den ursprünglichen oder einen anderen Zweck, jedoch mit Ausnahme der energetischen Verwertung;

16. „energetische Verwertung" die Verwendung von Abfällen zur Energieerzeugung durch Verbrennung allein oder zusammen mit anderen Abfällen und unter Verwertung der dabei entstehenden Wärme;

17. „Verwertung" eines der in Anhang II B der Richtlinie 2006/12/EG des Europäischen Parlaments und des Rates vom 5. April 2006 über Abfälle [1] genannten anwendbaren Verfahren;

18. „Abfall" einen Stoff oder Gegenstand im Sinne des Anhangs I der Richtlinie 2006/12/EG, dessen sich sein Besitzer entledigt, entledigen will oder entledigen muss;

19. „gefährliche Abfälle" Abfälle im Sinne des Artikels 1 Absatz 4 der Richtlinie 91/689/EWG des Rates vom 12. Dezember 1991 über gefährliche Abfälle [2];

20. „ökologisches Profil" die Beschreibung — gemäß der für das Produkt einschlägigen Durchführungsmaßnahme — der einem Produkt während seines Lebenszyklus zurechenbaren, für seine Umweltauswirkung bedeutsamen Zufuhren und Abgaben (z. B. von Materialien, Emissionen und Abfällen), ausgedrückt in messbaren physikalischen Größen;

(1) ABl. L 114 vom 27.4.2006, S. 9.
(2) ABl. L 377 vom 31.12.1991, S. 20.

21. „Umweltverträglichkeit" eines Produkts das in den technischen Unterlagen dokumentierte Ergebnis der Bemühungen des Herstellers um die Umweltaspekte des Produkts;

22. „Verbesserung der Umweltverträglichkeit" den sich über mehrere Produktgenerationen erstreckenden Prozess der Verbesserung der Umweltverträglichkeit eines Produkts, wenn auch nicht unbedingt aller Umweltaspekte zugleich;

23. „umweltgerechte Gestaltung" („Ökodesign") die Berücksichtigung von Umwelterfordernissen bei der Produktgestaltung mit dem Ziel, die Umweltverträglichkeit des Produkts während seines gesamten Lebenszyklus zu verbessern;

24. „Ökodesign-Anforderung" eine Anforderung an ein Produkt oder an seine Gestaltung, die zur Verbesserung seiner Umweltverträglichkeit bestimmt ist, oder die Anforderung, über Umweltaspekte des Produkts Auskunft zu geben;

25. „allgemeine Ökodesign-Anforderung" eine Ökodesign-Anforderung, die das gesamte ökologische Profil eines Produkts ohne Grenzwerte für einen bestimmten Umweltaspekt betrifft;

26. „spezifische Ökodesign-Anforderung" eine Ökodesign-Anforderung in Form einer messbaren Größe für einen bestimmten Umweltaspekt eines Produkts wie etwa den Energieverbrauch im Betrieb bei einer bestimmten Ausgangsleistung;

27. „harmonisierte Norm" eine technische Spezifikation, die von einem anerkannten Normungsgremium im Auftrag der Kommission und nach den in der Richtlinie 98/34/EG des Europäischen Parlaments und des Rates vom 22. Juni 1998 über ein Informationsverfahren auf dem Gebiet der Normen und technischen Vorschriften [1] genannten Verfahren zur Festlegung einer europäischen Anforderung ausgearbeitet und verabschiedet wurde, die jedoch nicht rechtsverbindlich ist.

Artikel 3

Inverkehrbringen und/oder Inbetriebnahme

(1) Die Mitgliedstaaten ergreifen die erforderlichen Maßnahmen, um sicherzustellen, dass Produkte nur in Verkehr gebracht und/oder in Betrieb genommen werden, wenn sie den für sie geltenden Durchführungsmaßnahmen entsprechen und die CE-Kennzeichnung gemäß Artikel 5 tragen.

(2) Die Mitgliedstaaten benennen die für die Marktaufsicht zuständigen Behörden. Sie tragen dafür Sorge, dass diese Behörden die notwendigen Befugnisse besitzen und anwenden, um die ihnen aufgrund dieser Richtlinie obliegenden geeigneten Maßnahmen zu ergreifen. Die Mitgliedstaaten legen die Aufgaben, Befugnisse und organisatorischen Vorkehrungen für die zuständigen Behörden fest; diese sind befugt,

a) in angemessenem Umfang geeignete Kontrollen der Konformität der Produkte zu veranlassen und den Hersteller oder den Bevollmächtigten zu verpflichten, nichtkonforme Produkte gemäß Artikel 7 vom Markt zu nehmen,

b) von den Betroffenen sämtliche notwendigen Informationen anzufordern, die in den Durchführungsmaßnahmen genau angegeben sind,

c) Proben von Produkten zu nehmen und diese einer Konformitätsprüfung zu unterziehen.

(3) Die Mitgliedstaaten leiten der Kommission laufend Informationen über die Ergebnisse der Marktaufsicht zu; soweit zweckmäßig, leitet die Kommission diese Informationen an die übrigen Mitgliedstaaten weiter.

(4) Die Mitgliedstaaten sorgen dafür, dass die Verbraucher und andere Betroffene Gelegenheit haben, an die zuständigen Behörden Bemerkungen im Zusammenhang mit der Konformität von Produkten zu richten.

Artikel 4

Pflichten des Importeurs

Ist der Hersteller nicht in der Gemeinschaft niedergelassen und gibt es keinen Bevollmächtigten, so hat der Importeur folgende Pflichten:

a) sicherzustellen, dass das in Verkehr gebrachte und/oder in Betrieb genommene Produkt dieser Richtlinie und den anwendbaren Durchführungsmaßnahmen entspricht; und

b) die Konformitätserklärung und die technische Dokumentation zur Verfügung zu stellen.

Artikel 5

Kennzeichnung und EG-Konformitätserklärung

(1) Vor dem Inverkehrbringen und/oder der Inbetriebnahme eines von Durchführungsmaßnahmen erfassten Produkts ist dieses mit der CE-Kennzeichnung zu versehen und eine EG-Konformitätserklärung für das Produkt auszustellen, mit der der Hersteller oder sein Bevollmächtigter zusichert, dass es allen einschlägigen Bestimmungen der jeweils geltenden Durchführungsmaßnahme entspricht.

(2) Die CE-Kennzeichnung besteht aus den Buchstaben „CE" gemäß dem Muster in Anhang III.

(3) Die EG-Konformitätserklärung muss die in Anhang VI genannten Angaben enthalten und auf die einschlägige Durchführungsmaßnahme verweisen.

[1] ABl. L 204 vom 21.7.1998, S. 37.

(4) An einem Produkt darf keine Kennzeichnung angebracht werden, die den Benutzer über die Bedeutung oder die Gestalt der CE-Kennzeichnung täuschen kann.

(5) Die Mitgliedstaaten können verlangen, dass die Angaben gemäß Anhang I Teil 2 in ihrer (ihren) Amtssprache(n) vorliegen müssen, wenn das Produkt dem Endnutzer übergeben wird.

Die Mitgliedstaaten lassen auch zu, dass diese Angaben in einer oder mehreren der anderen Amtssprachen der Organe der Europäischen Union abgefasst werden.

Bei der Anwendung von Unterabsatz 1 berücksichtigen die Mitgliedstaaten insbesondere,

a) ob die Informationen auch durch harmonisierte Symbole, allgemein anerkannte Codes oder auf andere Weise wiedergegeben werden können, und

b) den voraussichtlichen Benutzer des Produkts und die Art der erforderlichen Informationen.

Artikel 6

Freier Warenverkehr

(1) Die Mitgliedstaaten dürfen das Inverkehrbringen und/oder die Inbetriebnahme eines Produkts in ihrem Hoheitsgebiet nicht unter Berufung auf Ökodesign-Anforderungen betreffend die in Anhang I Teil 1 genannten Ökodesign-Parameter, die von der jeweils geltenden Durchführungsmaßnahme erfasst werden, untersagen, beschränken oder behindern, wenn das Produkt allen einschlägigen Bestimmungen der jeweils geltenden Durchführungsmaßnahme entspricht und mit der in Artikel 5 genannten CE-Kennzeichnung versehen ist.

(2) Die Mitgliedstaaten dürfen das Inverkehrbringen und/oder die Inbetriebnahme eines Produkts in ihrem Hoheitsgebiet, das mit der in Artikel 5 genannten CE-Kennzeichnung versehen ist und für das die jeweils geltende Durchführungsmaßnahme vorsieht, dass keine Ökodesign-Anforderung erforderlich ist, nicht unter Berufung auf Ökodesign-Anforderungen betreffend die in Anhang I Teil 1 genannten Ökodesign-Parameter untersagen, beschränken oder behindern.

(3) Die Mitgliedstaaten lassen es zu, dass bei Messen, Ausstellungen, Vorführungen und dergleichen Produkte gezeigt werden, die den Bestimmungen der jeweils geltenden Durchführungsmaßnahme nicht entsprechen, sofern deutlich sichtbar darauf hingewiesen wird, dass sie erst in Verkehr gebracht und/oder in Betrieb genommen werden dürfen, wenn sie diesen Bestimmungen entsprechen.

Artikel 7

Schutzklausel

(1) Stellt ein Mitgliedstaat fest, dass ein mit der in Artikel 5 genannten CE-Kennzeichnung versehenes Produkt bei bestimmungsgemäßer Verwendung nicht alle einschlägigen Bestimmungen der jeweils geltenden Durchführungsmaßnahme erfüllt, so ist der Hersteller oder sein Bevollmächtigter verpflichtet, das Produkt in Übereinstimmung mit den Bestimmungen der geltenden Durchführungsmaßnahme und/oder der CE-Kennzeichnung zu bringen und den rechtswidrigen Zustand nach den Anweisungen des betreffenden Mitgliedstaats abzustellen.

Liegen ausreichende Hinweise dafür vor, dass ein Produkt nicht den anwendbaren Bestimmungen entsprechen könnte, so trifft der Mitgliedstaat die erforderlichen Maßnahmen, die je nach Schwere des Verstoßes bis zum Verbot des Inverkehrbringens des betreffenden Produkts, solange es den Bestimmungen nicht entspricht, reichen können.

Besteht die Nichtübereinstimmung weiter, so trifft der Mitgliedstaat eine Entscheidung, mit der das Inverkehrbringen und/oder die Inbetriebnahme des betreffenden Produkts eingeschränkt oder untersagt wird, oder er sorgt dafür, dass es vom Markt genommen wird.

Wird ein Produkt verboten oder vom Markt genommen, so sind die Kommission und die anderen Mitgliedstaaten unverzüglich davon zu unterrichten.

(2) Jede nach dieser Richtlinie erlassene Entscheidung, mit der das Inverkehrbringen und/oder die Inbetriebnahme eines Produkts untersagt oder eingeschränkt wird, ist zu begründen.

Sie ist dem Betroffenen unverzüglich mitzuteilen, und ihm ist gleichzeitig mitzuteilen, welche Rechtsmittel ihm nach den jeweiligen nationalen Rechtsvorschriften zur Verfügung stehen und innerhalb welcher Fristen diese Rechtsmittel einzulegen sind.

(3) Der Mitgliedstaat teilt der Kommission sowie den anderen Mitgliedstaaten eine gemäß Absatz 1 getroffene Entscheidung unverzüglich mit, nennt die Gründe dafür und gibt insbesondere an, ob es sich bei der festgestellten Nichtübereinstimmung um einen der folgenden Fälle handelt:

a) Nichterfüllung der Anforderungen der geltenden Durchführungsmaßnahme,

b) fehlerhafte Anwendung der in Artikel 10 Absatz 2 genannten harmonisierten Normen,

c) Unzulänglichkeiten in den in Artikel 10 Absatz 2 genannten harmonisierten Normen.

(4) Die Kommission hört unverzüglich die Betroffenen und kann unabhängige Sachverständige um technischen Rat ersuchen.

Im Anschluss an diese Anhörung teilt die Kommission unverzüglich dem Mitgliedstaat, der die Entscheidung getroffen hat, sowie den anderen Mitgliedstaaten ihre Ansicht mit.

Hält die Kommission die Entscheidung für nicht gerechtfertigt, so teilt sie dies den Mitgliedstaaten unverzüglich mit.

(5) Begründet der Mitgliedstaat die nach Absatz 1 des vorliegenden Artikels getroffene Entscheidung mit einer Unzulänglichkeit in einer harmonisierten Norm, so leitet die Kommission das in Artikel 10 Absätze 2, 3 und 4 genannte Verfahren ein. Zugleich unterrichtet die Kommission den in Artikel 19 Absatz 1 genannten Ausschuss.

(6) Die Mitgliedstaaten und die Kommission treffen in begründeten Fällen geeignete Maßnahmen zur Wahrung der Vertraulichkeit der im Rahmen dieses Verfahrens übermittelten Informationen.

(7) Die von den Mitgliedstaaten aufgrund dieses Artikels getroffenen Entscheidungen werden der Öffentlichkeit in transparenter Weise bekannt gemacht.

(8) Die Stellungnahmen der Kommission zu diesen Entscheidungen werden im *Amtsblatt der Europäischen Union* veröffentlicht.

Artikel 8

Konformitätsbewertung

(1) Vor dem Inverkehrbringen eines von einer Durchführungsmaßnahme erfassten Produkts und/oder vor der Inbetriebnahme eines solchen Produkts muss der Hersteller oder sein Bevollmächtigter sicherstellen, dass die Konformität des Produkts mit allen einschlägigen Anforderungen der jeweils geltenden Durchführungsmaßnahme bewertet wird.

(2) Die Konformitätsbewertungsverfahren werden in den Durchführungsmaßnahmen festgelegt und lassen dem Hersteller die Wahl zwischen der in Anhang IV dieser Richtlinie beschriebenen internen Entwurfskontrolle und dem in Anhang V dieser Richtlinie beschriebenen Managementsystem. In begründeten Fällen wird für das Konformitätsbewertungsverfahren entsprechend der vom Produkt ausgehenden Gefahr eines der in Anhang II des Beschlusses 768/2008/EG beschriebenen einschlägigen Module gewählt.

Liegen einem Mitgliedstaat deutliche Anhaltspunkte dafür vor, dass ein Produkt den anwendbaren Bestimmungen nicht entspricht, so veröffentlicht dieser Mitgliedstaat so schnell wie möglich eine mit Gründen versehene Bewertung der Übereinstimmung dieses Produkts; diese Bewertung kann von einer zuständigen Stelle durchgeführt werden, damit gegebenenfalls rechtzeitig korrigierende Maßnahmen getroffen werden können.

Wurde ein von einer Durchführungsmaßnahme erfasstes Produkt von einer Organisation entworfen, die nach den Bestimmungen der Verordnung (EG) Nr. 761/2001 des Europäischen Parlaments und des Rates vom 19. März 2001 über die freiwillige Beteiligung von Organisationen an einem Gemeinschaftssystem für das Umweltmanagement und die Umweltbetriebsprüfung (EMAS) ([1]) eingetragen ist, und schließt die Eintragung die Entwurfstätigkeit ein, so wird davon ausgegangen, dass das Managementsystem dieser Organisation die Anforderungen des Anhangs V der vorliegenden Richtlinie erfüllt.

([1]) ABl. L 114 vom 24.4.2001, S. 1.

Wurde ein von einer Durchführungsmaßnahme erfasstes Produkt von einer Organisation entworfen, die über ein Managementsystem verfügt, das die Entwurfstätigkeit einschließt, und wird dieses System nach harmonisierten Normen umgesetzt, deren Fundstellen im *Amtsblatt der Europäischen Union* veröffentlicht wurden, so wird davon ausgegangen, dass das Managementsystem die entsprechenden Anforderungen des Anhangs V dieser Richtlinie erfüllt.

(3) Nach dem Inverkehrbringen und/oder der Inbetriebnahme eines von einer Durchführungsmaßnahme erfassten Produkts muss der Hersteller oder sein Bevollmächtigter die Unterlagen zur Konformitätsbewertung und die abgegebenen Konformitätserklärungen zehn Jahre nach Herstellung des letzten Exemplars dieses Produkts für die Mitgliedstaaten zur Einsicht bereithalten.

Die Unterlagen sind innerhalb von zehn Tagen nach Eingang einer Anforderung durch die zuständige Behörde eines Mitgliedstaats vorzulegen.

(4) Die in Artikel 5 genannten Unterlagen zur EG-Konformitätsbewertung und die Konformitätserklärung sind in einer Amtssprache der Organe der Europäischen Union abzufassen.

Artikel 9

Konformitätsvermutung

(1) Die Mitgliedstaaten gehen davon aus, dass ein Produkt, das mit der in Artikel 5 genannten CE-Kennzeichnung versehen ist, den einschlägigen Bestimmungen der jeweils geltenden Durchführungsmaßnahme entspricht.

(2) Wurde ein Produkt nach harmonisierten Normen hergestellt, deren Fundstellen im *Amtsblatt der Europäischen Union* veröffentlicht wurden, so gehen die Mitgliedstaaten davon aus, dass es allen einschlägigen Anforderungen der geltenden Durchführungsmaßnahme entspricht, auf die sich diese Normen beziehen.

(3) Wurde für Produkte das gemeinschaftliche Umweltzeichen nach der Verordnung (EG) Nr. 1980/2000 vergeben, so wird davon ausgegangen, dass sie die Ökodesign-Anforderungen der jeweils geltenden Durchführungsmaßnahme erfüllen, sofern das Umweltzeichen diese Anforderungen erfüllt.

(4) Zum Zwecke der Konformitätsvermutung im Rahmen dieser Richtlinie kann die Kommission nach dem in Artikel 19 Absatz 2 genannten Regelungsverfahren entscheiden, dass andere Umweltzeichen gleichwertige Bedingungen wie das gemeinschaftliche Umweltzeichen im Sinne der Verordnung (EG) Nr. 1980/2000 erfüllen. Bei Produkten, denen solche anderen Umweltzeichen zuerkannt wurden, wird davon ausgegangen, dass sie die Ökodesign-Anforderungen der jeweils geltenden Durchführungsmaßnahme erfüllen, sofern dieses Umweltzeichen diese Anforderungen erfüllt.

Artikel 10

Harmonisierte Normen

(1) Die Mitgliedstaaten sorgen so weit wie möglich dafür, dass angemessene Vorkehrungen getroffen werden, damit die betroffenen Kreise auf nationaler Ebene bei der Ausarbeitung und Überwachung harmonisierter Normen gehört werden.

(2) Ist ein Mitgliedstaat oder die Kommission der Auffassung, dass harmonisierte Normen, deren Anwendung die Vermutung der Übereinstimmung mit einzelnen Bestimmungen einer geltenden Durchführungsmaßnahme begründet, diesen Bestimmungen nicht vollständig genügen, so befasst der betreffende Mitgliedstaat oder die Kommission unter Angabe der Gründe den durch Artikel 5 der Richtlinie 98/34/EG eingesetzten Ständigen Ausschuss. Der Ausschuss nimmt dazu umgehend Stellung.

(3) Aufgrund der Stellungnahme des Ausschusses entscheidet die Kommission, ob die Fundstellen der betreffenden Normen im *Amtsblatt der Europäischen Union* zu veröffentlichen, unter Vorbehalt zu veröffentlichen oder zu belassen, nicht zu veröffentlichen oder zu streichen sind.

(4) Die Kommission unterrichtet das zuständige Europäische Normungsgremium hiervon und erteilt gegebenenfalls einen Auftrag zur Überarbeitung der betreffenden harmonisierten Norm.

Artikel 11

Anforderungen an Bauteile und Baugruppen

Hersteller oder ihre Bevollmächtigten, die Bauteile und Baugruppen in Verkehr bringen und/oder in Betrieb nehmen, können durch die Durchführungsmaßnahmen verpflichtet werden, dem Hersteller eines von den Durchführungsmaßnahmen erfassten Produkts relevante Angaben zur Materialzusammensetzung sowie zum Verbrauch von Energie, Materialien und/oder Ressourcen hinsichtlich der betreffenden Bauteile oder Baugruppen zu machen.

Artikel 12

Verwaltungszusammenarbeit und Informationsaustausch

(1) Die Mitgliedstaaten sorgen dafür, dass geeignete Maßnahmen ergriffen werden, um die für die Anwendung dieser Richtlinie zuständigen Behörden dazu anzuhalten, zusammenzuarbeiten und sich gegenseitig sowie der Kommission Informationen zu übermitteln, um die Durchführung der Richtlinie, insbesondere des Artikels 7, zu unterstützen.

Für die Verwaltungszusammenarbeit und den Informationsaustausch sind so weit wie möglich elektronische Kommunikationsmittel zu nutzen; Unterstützung durch die einschlägigen Programme der Gemeinschaft ist möglich.

Die Mitgliedstaaten teilen der Kommission die für die Anwendung dieser Richtlinie zuständigen Behörden mit.

(2) Über die genaue Art und die Organisation des Informationsaustauschs zwischen der Kommission und den Mitgliedstaaten wird nach dem in Artikel 19 Absatz 2 genannten Regelungsverfahren entschieden.

(3) Die Kommission ergreift geeignete Maßnahmen, um die in diesem Artikel beschriebene Zusammenarbeit zwischen den Mitgliedstaaten zu fördern und einen Beitrag dazu zu leisten.

Artikel 13

Kleine und mittlere Unternehmen

(1) Im Rahmen der Programme, aus denen kleine und mittlere Unternehmen (KMU) und Kleinstunternehmen Nutzen ziehen können, berücksichtigt die Kommission Initiativen, die KMU und Kleinstunternehmen helfen, Umweltaspekte einschließlich der Energieeffizienz in die Produktgestaltung einzubeziehen.

(2) Eine Durchführungsmaßnahme kann von Leitlinien begleitet werden, die den Besonderheiten jener KMU Rechnung tragen, die in einem betroffenen Produktsektor tätig sind. Erforderlichenfalls und unter Beachtung von Absatz 1 kann die Kommission weiteres Spezialmaterial ausarbeiten, um die Durchführung der vorliegenden Richtlinie durch KMU zu erleichtern.

(3) Die Mitgliedstaaten tragen insbesondere durch Stärkung von Unterstützungsnetzen und -strukturen dafür Sorge, dass sie KMU und Kleinstunternehmen dazu anregen, bereits in der Phase der Produktentwicklung einen umweltverträglichen Ansatz zu wählen und sich dem künftigen Europäischen Recht anzupassen.

Artikel 14

Aufklärung der Verbraucher

Nach Maßgabe der anwendbaren Durchführungsmaßnahmen stellen die Hersteller in der ihnen angemessen erscheinenden Form sicher, dass Verbraucher eines Produkts über folgende Aspekte unterrichtet werden:

a) die Rolle, die sie bei der nachhaltigen Nutzung des betreffenden Produkts spielen können, und

b) das ökologische Profil des betreffenden Produkts und die Vorteile des Ökodesigns, falls dies in den Durchführungsmaßnahmen vorgesehen ist.

Artikel 15

Durchführungsmaßnahmen

(1) Erfüllt ein Produkt die in Absatz 2 des vorliegenden Artikels genannten Kriterien, so wird es von einer Durchführungsmaßnahme oder einer Selbstregulierungsmaßnahme im Sinne von Absatz 3 Buchstabe b des vorliegenden Artikels erfasst. Diese Durchführungsmaßnahmen zur Änderung nicht wesentlicher Bestimmungen dieser Richtlinie durch Ergänzung werden nach dem in Artikel 19 Absatz 3 genannten Regelungsverfahren mit Kontrolle erlassen.

(2) Die in Absatz 1 genannten Kriterien sind folgende:

a) Das Verkaufs- und Handelsvolumen des Produkts ist erheblich; als Richtwert dient dabei nach den neuesten vorliegenden Zahlen innerhalb eines Jahres in der Gemeinschaft eine Anzahl von mehr als 200 000 Stück;

b) das Produkt muss angesichts der in Verkehr gebrachten und/oder in Betrieb genommenen Mengen eine erhebliche Umweltauswirkung in der Gemeinschaft gemäß den in dem Beschluss Nr. 1600/2002/EG festgelegten strategischen Prioritäten der Gemeinschaft haben und

c) das Produkt muss ein erhebliches Potenzial für eine Verbesserung seiner Umweltverträglichkeit ohne übermäßig hohe Kosten bieten, wobei insbesondere berücksichtigt wird:

i) Fehlen anderer einschlägiger Gemeinschaftsvorschriften bzw. einer angemessenen Regelung des Problems durch die Marktkräfte und

ii) große Unterschiede bei der Umweltverträglichkeit der auf dem Markt verfügbaren Produkte mit gleichwertigen Funktionen.

(3) Bei der Erstellung des Entwurfs einer Durchführungsmaßnahme berücksichtigt die Kommission die Stellungnahmen des in Artikel 19 Absatz 1 genannten Ausschusses sowie Folgendes:

a) die umweltpolitischen Prioritäten der Gemeinschaft, wie sie etwa in dem Beschluss Nr. 1600/2002/EG oder in dem Europäischen Programm zur Klimaänderung der Kommission (ECCP) festgehalten sind, und

b) einschlägige gemeinschaftsrechtliche Bestimmungen und Maßnahmen zur Selbstregulierung, wie etwa freiwillige Vereinbarungen, von denen im Anschluss an eine Bewertung gemäß Artikel 17 zu erwarten ist, dass sie die Erreichung der politischen Ziele schneller oder kostengünstiger als zwingende Vorschriften ermöglichen.

(4) Bei der Ausarbeitung eines Entwurfs einer Durchführungsmaßnahme geht die Kommission wie folgt vor:

a) Sie prüft den Lebenszyklus des Produkts sowie alle seine bedeutsamen Umweltaspekte, unter anderem die Energieeffizienz. Der Umfang der Untersuchung der Umweltaspekte und der Durchführbarkeit von deren Verbesserungen steht im Verhältnis zu ihrer Bedeutung. Die Festlegung von Ökodesign-Anforderungen an die bedeutenden Umweltaspekte eines Produkts darf nicht aufgrund einer Unsicherheit bei anderen Aspekten unangemessen verzögert werden;

b) sie führt eine Bewertung der Auswirkungen auf die Umwelt, die Verbraucher und die Hersteller, einschließlich KMU, in Bezug auf Wettbewerbsfähigkeit (auch auf Märkten außerhalb der Gemeinschaft), Innovation, Marktzugang sowie Kosten und Nutzen durch;

c) sie trägt den von den Mitgliedstaaten für relevant erachteten nationalen Umweltvorschriften Rechnung;

d) sie führt eine geeignete Konsultation der Beteiligten durch;

e) sie erstellt auf der Grundlage der in Buchstabe b genannten Bewertung eine Begründung für den Entwurf der Durchführungsmaßnahme und

f) sie macht Terminvorgaben für die Durchführung, legt abgestufte Maßnahmen oder Übergangsmaßnahmen oder -zeiträume fest und berücksichtigt dabei insbesondere die möglichen Auswirkungen auf KMU oder auf spezifische, hauptsächlich von KMU hergestellte Produktgruppen.

(5) Durchführungsmaßnahmen müssen alle nachstehenden Kriterien erfüllen:

a) Es darf aus Sicht des Benutzers keine nennenswerten nachteiligen Auswirkungen auf die Funktionsweise des Produkts geben;

b) Gesundheit, Sicherheit und Umwelt dürfen nicht beeinträchtigt werden;

c) es darf keine nennenswerten nachteiligen Auswirkungen für die Verbraucher geben, insbesondere hinsichtlich der Erschwinglichkeit und der Lebenszykluskosten des Produkts;

d) es darf keine nennenswerten nachteiligen Auswirkungen auf die Wettbewerbsfähigkeit der Industrie geben;

e) eine spezifische Ökodesign-Anforderung darf grundsätzlich nicht dazu führen, dass die Technik eines bestimmten Herstellers von allen anderen Herstellern übernommen werden muss; und

f) sie dürfen den Herstellern keine übermäßige administrative Belastung aufbürden.

(6) Mit den Durchführungsmaßnahmen werden Ökodesign-Anforderungen nach Anhang I und/oder Anhang II festgelegt.

Für ausgewählte Produkteigenschaften mit erheblicher Umweltauswirkung werden spezifische Ökodesign-Anforderungen festgelegt.

Die Durchführungsmaßnahmen können auch vorsehen, dass für bestimmte Ökodesign-Parameter nach Anhang I Teil 1 keine Ökodesign-Anforderungen aufzustellen sind.

(7) Die Anforderungen sind so zu formulieren, dass gewährleistet ist, dass Marktaufsichtsbehörden prüfen können, ob das Produkt die Anforderungen der Durchführungsmaßnahme erfüllt. In der Durchführungsmaßnahme ist anzugeben, ob eine Überprüfung entweder direkt am Produkt oder anhand der technischen Unterlagen vorgenommen werden kann.

(8) Die Durchführungsmaßnahmen müssen die in Anhang VII genannten Elemente umfassen.

(9) Die von der Kommission bei der Ausarbeitung der Durchführungsmaßnahmen herangezogenen einschlägigen Studien und Analysen sollten der Öffentlichkeit zugänglich gemacht werden, wobei vor allem der leichte Zugang für und die leichte Benutzung durch interessierte KMU berücksichtigt werden sollte.

(10) Gegebenenfalls enthält eine Durchführungsmaßnahme, die Anforderungen an die umweltgerechte Gestaltung festlegt, Bestimmungen zur Gewährleistung der Ausgewogenheit der verschiedenen Umweltaspekte. Diese Maßnahmen zur Änderung nicht wesentlicher Bestimmungen dieser Richtlinie durch Ergänzung werden nach dem in Artikel 19 Absatz 3 genannten Regelungsverfahren mit Kontrolle erlassen.

Artikel 16

Arbeitsprogramm

(1) Die Kommission erstellt gemäß den in Artikel 15 festgelegten Kriterien nach Anhörung des in Artikel 18 genannten Konsultationsforums spätestens am 21. Oktober 2011 ein Arbeitsprogramm, das der Öffentlichkeit zugänglich gemacht wird.

Das Arbeitsprogramm enthält für die folgenden drei Jahre ein nicht erschöpfendes Verzeichnis der Produktgruppen, die für den Erlass von Durchführungsmaßnahmen als vorrangig angesehen werden.

Das Arbeitsprogramm wird von der Kommission nach Anhörung des Konsultationsforums regelmäßig angepasst.

(2) In der Übergangszeit, in der das erste in Absatz 1 des vorliegenden Artikels genannte Arbeitsprogramm erstellt wird, erlässt die Kommission jedoch unter Einhaltung der in Artikel 15 festgelegten Kriterien und nach Anhörung des Konsultationsforums gegebenenfalls im Voraus:

a) Durchführungsmaßnahmen, wobei sie mit den Produkten beginnt, die im ECCP als Produkte mit einem hohen Potenzial für eine kostengünstige Senkung von Treibhausgasemissionen eingestuft wurden, beispielsweise Heiz- und Warmwasserbereitungsgeräte, elektrische Antriebssysteme, Beleuchtung in privaten Haushalten und im Dienstleistungssektor, Haushaltsgeräte, Bürogeräte in privaten Haushalten und im Dienstleistungssektor, Unterhaltungselektronik und HLK-Anlagen (Heizungs-, Lüftungs- und Klimaanlagen), und

b) eine separate Durchführungsmaßnahme zur Senkung der Energieverluste im Bereitschaftszustand bei bestimmten Produkten.

Diese Maßnahmen zur Änderung nicht wesentlicher Bestimmungen dieser Richtlinie durch Ergänzung werden nach dem in Artikel 19 Absatz 3 genannten Regelungsverfahren mit Kontrolle erlassen.

Artikel 17

Selbstregulierung

Freiwillige Vereinbarungen und andere im Rahmen dieser Richtlinie als Alternativen zu Durchführungsmaßnahmen vorgestellte Selbstregulierungsmaßnahmen werden zumindest nach Anhang VIII bewertet.

Artikel 18

Konsultationsforum

Die Kommission sorgt dafür, dass sie bei ihren Tätigkeiten bei jeder Durchführungsmaßnahme auf eine ausgewogene Beteiligung der Vertreter der Mitgliedstaaten und aller an diesem Produkt oder dieser Produktgruppe interessierten Kreise, wie Industrie einschließlich KMU, Handwerk, Gewerkschaften, Groß- und Einzelhändler, Importeure, Umweltschutzgruppen und Verbraucherorganisationen, achtet. Diese Kreise tragen insbesondere dazu bei, die Durchführungsmaßnahmen festzulegen und zu überprüfen, die Wirksamkeit der geltenden Marktaufsichtsmechanismen zu prüfen und die freiwilligen Vereinbarungen und anderen Selbstregulierungsmaßnahmen zu bewerten. Sie treten in einem Konsultationsforum zusammen. Die Geschäftsordnung des Forums wird von der Kommission festgelegt.

Artikel 19

Ausschuss

(1) Die Kommission wird von einem Ausschuss unterstützt.

(2) Wird auf diesen Absatz Bezug genommen, so gelten die Artikel 5 und 7 des Beschlusses 1999/468/EG unter Beachtung von dessen Artikel 8.

Der Zeitraum nach Artikel 5 Absatz 6 des Beschlusses 1999/468/EG wird auf drei Monate festgesetzt.

(3) Wird auf diesen Absatz Bezug genommen, so gelten Artikel 5a Absätze 1 bis 4 und Artikel 7 des Beschlusses 1999/468/EG unter Beachtung von dessen Artikel 8.

Artikel 20

Sanktionen

Die Mitgliedstaaten legen für Verstöße gegen die aufgrund dieser Richtlinie erlassenen nationalen Vorschriften Sanktionen fest und treffen die zu ihrer Anwendung erforderlichen Maßnahmen. Die Sanktionen müssen wirksam, verhältnismäßig und abschreckend sein und das Ausmaß der Abweichung von den Anforderungen sowie die Zahl der in der Gemeinschaft auf den Markt gebrachten Einheiten an nichtkonformen Produkten berücksichtigen. Die Mitgliedstaaten teilen der Kommission diese Vorschriften bis zum 20. November 2010 mit und melden ihr spätere Änderungen unverzüglich.

Artikel 21

Überprüfung

Die Kommission überprüft spätestens 2012 die Wirksamkeit dieser Richtlinie und ihrer Durchführungsmaßnahmen, u. a. einschließlich folgender Aspekte:

a) Methode, anhand derer bedeutende Umweltparameter wie etwa Ressourceneffizienz erkannt und abgedeckt werden und bei der der gesamte Lebenszyklus des Produkts berücksichtigt wird;

b) Schwelle für Durchführungsmaßnahmen;

c) Marktaufsichtsmechanismen und

d) etwaige in Gang gesetzte einschlägige Selbstregulierungsmaßnahmen.

Im Anschluss an diese Überprüfung und vor allem unter Berücksichtigung der Erfahrungen im Zusammenhang mit dem erweiterten Geltungsbereich dieser Richtlinie bewertet die Kommission nach Anhörung des in Artikel 18 genannten Konsultationsforums insbesondere die Zweckmäßigkeit einer Ausweitung des Geltungsbereichs der Richtlinie auf nicht energieverbrauchsrelevante Produkte, um eine erhebliche Verringerung der Umweltauswirkungen während ihres gesamten Lebenszyklus zu erreichen, und legt dem Europäischen Parlament und dem Rat gegebenenfalls Vorschläge zur Änderung dieser Richtlinie vor.

Artikel 22

Vertraulichkeit

Die in Artikel 11 und in Anhang I Teil 2 genannten Anforderungen an die vom Hersteller und/oder seinem Bevollmächtigten zu machenden Angaben müssen dem Verhältnismäßigkeitsprinzip genügen und dem legitimen Bedürfnis nach Vertraulichkeit wirtschaftlich sensibler Informationen Rechnung tragen.

Artikel 23

Umsetzung

(1) Die Mitgliedstaaten setzen die Rechts- und Verwaltungsvorschriften in Kraft, die erforderlich sind, um den Artikeln 1 bis 9, 11, 14, 15 und 20 und den Anhängen I bis V, VII und VIII bis zum 20. November 2010 nachzukommen. Sie teilen der Kommission unverzüglich den Wortlaut dieser Vorschriften mit.

Wenn die Mitgliedstaaten diese Vorschriften erlassen, nehmen sie in den Vorschriften selbst oder durch einen Hinweis bei der amtlichen Veröffentlichung auf diese Richtlinie Bezug. In diese Vorschriften fügen sie eine Erklärung ein, dass Verweisungen in den geltenden Rechts- und Verwaltungsvorschriften auf die durch die vorliegende Richtlinie geänderte Richtlinie als Verweisungen auf die vorliegende Richtlinie gelten. Die Mitgliedstaaten regeln die Einzelheiten dieser Verweisung und die Formulierung dieser Erklärung.

(2) Die Mitgliedstaaten teilen der Kommission den Wortlaut der wichtigsten innerstaatlichen Rechtsvorschriften mit, die sie auf dem unter diese Richtlinie fallenden Gebiet erlassen.

Artikel 24

Aufhebung

Die Richtlinie 2005/32/EG in der Fassung der in Anhang IX Teil A aufgeführten Richtlinie wird unbeschadet der Verpflichtungen der Mitgliedstaaten hinsichtlich der in Anhang IX Teil B genannten Fristen für die Umsetzung der dort genannten Richtlinien in innerstaatliches Recht aufgehoben.

Verweisungen auf die aufgehobene Richtlinie gelten als Verweisungen auf die vorliegende Richtlinie und sind nach Maßgabe der Entsprechungstabelle in Anhang X zu lesen.

Artikel 25

Inkrafttreten

Diese Richtlinie tritt am zwanzigsten Tag nach ihrer Veröffentlichung im *Amtsblatt der Europäischen Union* in Kraft.

Artikel 26

Adressaten

Diese Richtlinie ist an die Mitgliedstaaten gerichtet.

Geschehen zu Straßburg am 21. Oktober 2009.

Im Namen des Europäischen Parlaments	*Im Namen des Rates*
Der Präsident	*Die Präsidentin*
J. BUZEK	C. MALMSTRÖM

ANHANG I

Methode zur Festlegung allgemeiner Ökodesign-Anforderungen

(gemäß Artikel 15 Absatz 6)

Die allgemeinen Ökodesign-Anforderungen stellen auf die Verbesserung der Umweltverträglichkeit des Produkts ab und sind vor allem auf wesentliche Umweltaspekte des Produkts ausgerichtet, ohne Grenzwerte festzulegen. Das in diesem Anhang genannte Verfahren wird angewandt, wenn die Festlegung von Grenzwerten für das untersuchte Produkt ungeeignet ist. Die Kommission bestimmt die wesentlichen Umweltaspekte im Rahmen der Ausarbeitung eines Umsetzungsmaßnahmen-Entwurfs für den in Artikel 19 Absatz 1 genannten Ausschuss, die in der Durchführungsmaßnahme anzugeben sind.

Bei der Ausarbeitung von Durchführungsmaßnahmen, mit denen allgemeine Ökodesign-Anforderungen nach Artikel 15 festgelegt werden, gibt die Kommission je nach dem Produkt, das von der Durchführungsmaßnahme erfasst wird, an, welche der in Teil 1 genannten Ökodesign-Parameter zutreffen und welche der in Teil 2 genannten Informationen vorgeschrieben werden, sowie die in Teil 3 genannten Anforderungen an den Hersteller.

Teil 1. Ökodesign-Parameter für Produkte

1.1. Die wesentlichen Umweltaspekte, soweit sie die Produktgestaltung betreffen, werden unter Berücksichtigung der nachstehenden Phasen des Lebenszyklus des Produkts festgelegt:

a) Auswahl und Einsatz von Rohmaterial,

b) Fertigung,

c) Verpackung, Transport und Vertrieb,

d) Installierung und Wartung,

e) Nutzung und

f) Ende der Lebensdauer, d. h. der Zustand eines Produkts am Ende seiner Erstnutzung bis zur endgültigen Entsorgung.

1.2. Für jede dieser Phasen ist — soweit relevant — Folgendes abzuschätzen:

a) voraussichtlicher Verbrauch an Material, Energie und anderen Ressourcen wie etwa Frischwasser;

b) voraussichtliche Immissionen in Luft, Wasser und Boden;

c) voraussichtliche Umweltbelastung durch physikalische Einwirkungen wie Lärm, Schwingungen, Strahlung, elektromagnetische Felder;

d) Menge der voraussichtlich entstehenden Abfallstoffe und

e) Möglichkeiten der Wiederverwendung, des Recyclings und der Verwertung von Material und/oder Energie unter Berücksichtigung der Richtlinie 2002/96/EG.

1.3. Die Verbesserung der in Nummer 1.2 genannten Umweltaspekte eines Produkts ist insbesondere nach folgenden Kriterien zu beurteilen, die bei Bedarf durch andere Kriterien ergänzt werden können:

a) Masse und Volumen des Produkts;

b) Verwendung von Recyclingmaterial;

c) Verbrauch an Energie, Wasser und anderen Ressourcen während des Produktlebenszyklus;

d) Verwendung von Stoffen, die gesundheits- und/oder umweltschädlich im Sinne der Richtlinie 67/548/EWG des Rates vom 27. Juni 1967 zur Angleichung der Rechts- und Verwaltungsvorschriften für die Einstufung, Verpackung und Kennzeichnung gefährlicher Stoffe (1) sind, unter Berücksichtigung von Rechtsvorschriften über das Inverkehrbringen und die Verwendung bestimmter Substanzen, wie etwa die Richtlinie 76/769/EWG des Rates vom 27. Juli 1976 zur Angleichung der Rechts- und Verwaltungsvorschriften der Mitgliedstaaten für Beschränkungen des Inverkehrbringens und der Verwendung gewisser gefährlicher Stoffe und Zubereitungen (2) und die Richtlinie 2002/95/EG;

e) Art und Menge der für die bestimmungsgemäße Nutzung und die ordnungsgemäße Wartung benötigten Verbrauchsmaterialien;

f) Indikatoren der Wiederverwendbarkeit und Rezyklierbarkeit: Zahl der verwendeten Materialien und Bauteile, Verwendung von Normteilen, Zeitaufwand für das Zerlegen, Komplexität der zum Zerlegen benötigten Werkzeuge, Verwendung von Kennzeichnungsnormen für wieder verwendbare und rezyklierbare Bauteile und Materialien (einschließlich der Kennzeichnung von Kunststoffteilen nach ISO-Norm), Verwendung leicht rezyklierbarer Materialien, leichte Zugänglichkeit von wertvollen und anderen rezyklierbaren Bauteilen und Materialien, leichte Zugänglichkeit von Bauteilen und Materialien, die gefährliche Stoffe enthalten;

g) Verwendung gebrauchter Teile;

h) Vermeidung technischer Lösungen, die der Wiederverwendung und dem Recycling von Bauteilen und vollständigen Geräten entgegenstehen;

i) Indikatoren der Produktlebensdauer: garantierte Mindestlebensdauer, Mindestzeitraum der Lieferbarkeit von Ersatzteilen, Modularität, Nachrüstbarkeit, Reparierbarkeit;

j) entstehende Mengen von Abfällen und gefährlichen Abfällen;

k) Immissionen in die Atmosphäre (Treibhausgase, Säurebildner, flüchtige organische Verbindungen, Ozon abbauende Stoffe, persistente organische Schadstoffe, Schwermetalle, Fein- und Schwebstaubpartikel), jedoch unbeschadet der Richtlinie 97/68/EG des Europäischen Parlaments und des Rates vom 16. Dezember 1997 zur Angleichung der Rechtsvorschriften der Mitgliedstaaten über Maßnahmen zur Bekämpfung der Emission von gasförmigen Schadstoffen und luftverunreinigenden Partikeln aus Verbrennungsmotoren für mobile Maschinen und Geräte (3);

l) Immissionen in das Wasser (Schwermetalle, Stoffe mit nachteiligen Auswirkungen auf die Sauerstoffbilanz, persistente organische Schadstoffe) und

m) Immissionen in den Boden (insbesondere durch Austritt gefährlicher Stoffe bei der Nutzung von Produkten und durch Auswaschung von Schadstoffen nach ihrer Deponierung).

Teil 2. Anforderungen an die Bereitstellung von Informationen

In den Durchführungsmaßnahmen kann vorgeschrieben werden, dass der Hersteller Angaben zu machen hat, die den Umgang mit dem Produkt, seine Nutzung oder sein Recycling durch andere Stellen als den Hersteller beeinflussen können, wozu gegebenenfalls folgende Angaben gehören:

a) Informationen des Konstrukteurs zum Herstellungsprozess;

b) Informationen für Verbraucher über die wesentlichen Umweltaspekte und die Eigenschaften des Produkts; diese Informationen sind dem Produkt beizufügen, wenn es in Verkehr gebracht wird, damit der Verbraucher verschiedene Produkte in ihren Umweltaspekten vergleichen kann;

c) Informationen für Verbraucher darüber, wie das Produkt mit möglichst geringer Umweltbelastung zu installieren, zu nutzen und zu warten ist, wie es eine möglichst hohe Lebensdauer erreicht und wie es zu entsorgen ist, sowie gegebenenfalls Informationen über den Zeitraum der Lieferbarkeit von Ersatzteilen und die Nachrüstbarkeit der Geräte und

d) Informationen über Entsorgungsbetriebe zu Zerlegung, Recycling oder Deponierung des Altprodukts.

Die Informationen sind am Produkt selbst anzubringen, wo immer das möglich ist.

Hierbei sind die Bestimmungen des Gemeinschaftsrechts wie beispielsweise die der Richtlinie 2002/96/EG zu beachten.

(1) ABl. 196 vom 16.8.1967, S. 1.
(2) ABl. L 262 vom 27.9.1976, S. 201.
(3) ABl. L 59 vom 27.2.1998, S. 1.

Teil 3. Anforderungen an den Hersteller

1. Hersteller von Produkten nehmen eine Analyse des Modells des Produkts für dessen gesamten Lebenszyklus vor, die die in der Durchführungsmaßnahme festgelegten, durch die Gestaltung des Produkts wesentlich beeinflussbaren Umweltaspekte prüft und auf realistischen Annahmen der üblichen Nutzungsbedingungen und der Verwendungszwecke des Produkts beruht. Weitere Umweltaspekte können freiwillig geprüft werden.

   Anhand der Ergebnisse dieser Analyse erstellt der Hersteller das ökologische Profil des Produkts. In ihm sind alle umweltrelevanten Produkteigenschaften und alle dem Produkt während seines Lebenszyklus zurechenbaren und als physikalische Größen messbaren Aufwendungen/Abgaben zu berücksichtigen.

2. Anhand der Ergebnisse dieser Analyse bewerten die Hersteller Entwurfsalternativen und die erreichte Umweltverträglichkeit des Produkts anhand von Referenzwerten.

   Die Referenzwerte werden von der Kommission in der Durchführungsmaßnahme auf der Grundlage der während der Ausarbeitung dieser Maßnahme gesammelten Informationen ermittelt.

   Bei der Wahl einer bestimmten konstruktiven Lösung ist unter Beachtung aller geltenden Rechtsvorschriften ein sinnvoller Kompromiss zwischen den verschiedenen Umweltaspekten und zwischen den Erfordernissen des Umweltschutzes und anderen Erfordernissen wie Sicherheit und Gesundheitsschutz, funktionalen Erfordernissen, Qualität, Leistung und wirtschaftlichen Aspekten, einschließlich Herstellungskosten und Marktfähigkeit, zu erreichen.

ANHANG II

Methode zur Festlegung spezifischer Ökodesign-Anforderungen

(gemäß Artikel 15 Absatz 6)

Spezifische Ökodesign-Anforderungen werden mit dem Ziel festgelegt, ausgewählte Umweltaspekte des Produkts zu verbessern. Es kann sich dabei gegebenenfalls um Anforderungen für die reduzierte Verwendung eines bestimmten Materials handeln, wie etwa der Begrenzung der Verwendung dieses Materials in den verschiedenen Stadien des Lebenszyklus des Produkts (z. B. Begrenzung des Wasserverbrauchs bei der Nutzung oder des Verbrauchs eines bestimmten Materials bei der Herstellung oder Mindestanforderungen für die Verwendung von Recyclingmaterial).

Bei der Ausarbeitung der Durchführungsmaßnahmen mit spezifischen Ökodesign-Anforderungen gemäß Artikel 15 ermittelt die Kommission je nach dem Produkt, das von der Durchführungsmaßnahme erfasst wird, die entsprechenden Ökodesign-Parameter nach Anhang I Teil 1 und legt die Höhe dieser Anforderungen nach dem in Artikel 19 Absatz 2 genannten Regelungsverfahren folgendermaßen fest:

1. In einer technischen, ökologischen und wirtschaftlichen Analyse ist eine Reihe auf dem Markt befindlicher Modelle auszuwählen, die für das betreffende Produkt repräsentativ sind; an ihnen sind die wirtschaftlich tragfähigen technischen Möglichkeiten zur Verbesserung der Umweltverträglichkeit des Produkts zu ermitteln, wobei darauf zu achten ist, dass die Leistung und der Verbrauchernutzen des Produkts nicht wesentlich gemindert werden.

   Im Rahmen der technischen, ökologischen und wirtschaftlichen Analyse werden zudem in Bezug auf die geprüften Umweltaspekte die besten auf dem Markt befindlichen Produkte und Technologien ermittelt.

   Das Abschneiden von auf internationalen Märkten verfügbaren Produkten und in der Gesetzgebung anderer Länder bestehende Referenzwerte sollten sowohl bei der Analyse als auch bei der Festlegung von Anforderungen berücksichtigt werden.

   Anhand der Ergebnisse dieser Analyse sind unter Berücksichtigung der technischen und wirtschaftlichen Machbarkeit und des Verbesserungspotenzials konkrete Maßnahmen zur Minimierung der Umweltauswirkung des Produkts zu treffen.

   Die Anforderungen an die Energieeffizienz oder den Energieverbrauch im Betrieb sind so festzusetzen, dass die Lebenszykluskosten repräsentativer Modelle des Produkts für den Endnutzer möglichst niedrig sind, wobei die Auswirkungen auf die anderen Umweltaspekte zu berücksichtigen sind. Der Analyse der Lebenszykluskosten sind ein realer Diskontsatz, der auf den Angaben der Europäischen Zentralbank beruht, sowie eine realistische Produktlebensdauer zugrunde zu legen; zu betrachten ist die Summe der Veränderungen des Kaufpreises (entsprechend den Veränderungen der Herstellungskosten) und der Betriebskosten, die sich aus den entsprechenden Möglichkeiten der technischen Verbesserung der als repräsentativ ausgewählten Modelle des Produkts über deren Lebensdauer ergeben. Die Betriebskosten sind in erster Linie Energiekosten und Kosten für andere Ressourcen wie Wasser und Waschmittel.

   Eine die maßgeblichen Faktoren, wie etwa Kosten für Energie, andere Ressourcen, Rohmaterial und Fertigung sowie Diskontsätze, und bei Bedarf die externen Umweltkosten, einschließlich der vermiedenen Treibhausgasemissionen, betreffende Sensibilitätsanalyse ist vorzunehmen, um festzustellen, ob sich wesentliche Änderungen ergeben, und um die Schlussfolgerungen zu überprüfen. Die Anforderung ist entsprechend anzupassen.

   Der Verbrauch anderer Ressourcen wie Wasser kann auf ähnliche Weise analysiert werden.

2. Bei der Ausarbeitung der technischen, ökologischen und wirtschaftlichen Analysen kann auf Informationen zurückgegriffen werden, die im Rahmen anderer Maßnahmen der Gemeinschaft gewonnen wurden.

   Gleiches gilt für Informationen aus bestehenden Programmen, die außerhalb der Gemeinschaft durchgeführt werden und auf die Festlegung spezifischer Ökodesign-Anforderungen an Produkte, die mit Wirtschaftspartnern der Europäischen Union gehandelt werden, abstellen.

3. Die Anforderung darf erst nach Ablauf der für die Entwicklung eines neuen Produkts üblichen Zeit in Kraft treten.

ANHANG III

CE-Kennzeichnung

(gemäß Artikel 5 Absatz 2)

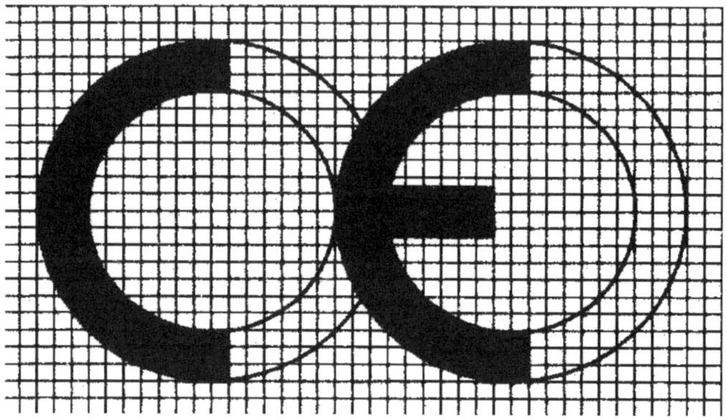

Die CE-Kennzeichnung muss mindestens 5 mm hoch sein. Bei der Vergrößerung oder Verkleinerung der CE-Kennzeichnung müssen die im obigen Bild wiedergegebenen Proportionen gewahrt bleiben.

Die CE-Kennzeichnung ist auf dem Produkt anzubringen. Ist dies nicht möglich, ist sie stattdessen auf der Verpackung und den Begleitdokumenten anzubringen.

ANHANG IV

Interne Entwurfskontrolle

(gemäß Artikel 8 Absatz 2)

1. In diesem Anhang wird das Verfahren beschrieben, nach dem der Hersteller oder sein Bevollmächtigter, der den in Nummer 2 genannten Verpflichtungen nachkommt, gewährleistet und erklärt, dass ein Produkt die Anforderungen der jeweils geltenden Durchführungsmaßnahme erfüllt. Die EG-Konformitätserklärung kann für ein Produkt oder mehrere Produkte ausgestellt werden und ist vom Hersteller aufzubewahren.

2. Der Hersteller muss technische Unterlagen zusammenstellen, anhand deren es möglich ist, die Übereinstimmung des Produkts mit den Anforderungen der jeweils geltenden Durchführungsmaßnahme zu beurteilen.

   Die technischen Unterlagen enthalten insbesondere:

   a) eine allgemeine Beschreibung des Produkts und der Verwendung, für die es vorgesehen ist;

   b) die Ergebnisse der vom Hersteller durchgeführten Analyse der Umweltauswirkungen und/oder Verweise auf einschlägige Literatur oder Fallstudien, auf die der Hersteller sich bei der Bewertung, Dokumentierung und Gestaltung des Produkts gestützt hat;

   c) das ökologische Profil, sofern dies die Durchführungsmaßnahme verlangt;

   d) die Beschreibung der Umweltaspekte der Gestaltung des Produkts;

   e) eine Liste der in Artikel 10 genannten Normen, die ganz oder teilweise angewandt wurden, und eine Beschreibung der Lösungen, mit denen den Anforderungen der jeweils geltenden Durchführungsmaßnahme entsprochen wird, falls keine Normen nach Artikel 10 angewandt wurden oder falls die Normen den Anforderungen der Durchführungsmaßnahme nicht vollständig Rechnung tragen;

   f) die Angaben nach Anhang I Teil 2 zu den umweltrelevanten Gestaltungsmerkmalen des Produkts und

   g) die Ergebnisse der Messungen zur Prüfung der Übereinstimmung des Produkts mit den Ökodesign-Anforderungen einschließlich Angaben zur Konformität dieser Messungen im Vergleich zu den Ökodesign-Anforderungen der jeweils geltenden Durchführungsmaßnahme.

3. Der Hersteller hat den Fertigungsprozess so zu gestalten und zu überwachen, dass das Produkt den in Nummer 2 genannten Angaben entspricht und die Anforderungen der jeweils geltenden Durchführungsmaßnahme erfüllt.

ANHANG V

Managementsystem für die Konformitätsbewertung

(gemäß Artikel 8 Absatz 2)

1. In diesem Anhang wird das Verfahren beschrieben, nach dem der Hersteller, der den in Nummer 2 genannten Verpflichtungen nachkommt, gewährleistet und erklärt, dass ein Produkt die Anforderungen der jeweils geltenden Durchführungsmaßnahme erfüllt. Die EG-Konformitätserklärung kann für ein Produkt oder mehrere Produkte ausgestellt werden und ist vom Hersteller aufzubewahren.

2. Für die Bewertung der Konformität des Produkts kann ein Managementsystem herangezogen werden, sofern der Hersteller die in Nummer 3 beschriebenen Umweltkomponenten darin einbezieht.

3. Umweltkomponenten des Managementsystems

Unter dieser Nummer werden die Komponenten eines Managementsystems und die Verfahren beschrieben, mit denen der Hersteller nachweisen kann, dass das Produkt die Anforderungen der jeweils geltenden Durchführungsmaßnahme erfüllt.

3.1. Umweltorientierte Produktpolitik

Der Hersteller muss nachweisen können, dass die Anforderungen der maßgebenden Durchführungsmaßnahme erfüllt sind. Ferner muss der Hersteller zur Verbesserung der Umweltverträglichkeit der Produkte ein Rahmenkonzept für die Festlegung von Umweltverträglichkeitszielen und -indikatoren und deren Überprüfung vorlegen können.

Alle Maßnahmen, die der Hersteller trifft, um die Umweltverträglichkeit insgesamt durch Produktgestaltung und Gestaltung des Herstellungsprozesses zu verbessern und das Umweltprofil zu ermitteln — sofern die Durchführungsmaßnahme dies vorschreibt —, müssen strukturiert und schriftlich in Form von Verfahren und Anweisungen dokumentiert sein.

Diese Verfahren und Anweisungen müssen insbesondere Folgendes in der Dokumentation hinreichend ausführlich beschreiben:

a) die Liste der Dokumente, die zum Nachweis der Konformität des Produkts zu erstellen und gegebenenfalls bereitzustellen sind;

b) die Umweltverträglichkeitsziele und -indikatoren sowie die Organisationsstruktur, die Verteilung der Zuständigkeiten und die Befugnisse der Geschäftsleitung und die Mittelausstattung in Bezug auf die Erfüllung und Beibehaltung dieser Ziele und Indikatoren;

c) die nach der Fertigung durchzuführenden Prüfungen des Produkts auf Übereinstimmung mit den Umweltverträglichkeitsvorgaben;

d) die Verfahren zur Kontrolle der vorgeschriebenen Dokumentation und zur Sicherstellung ihrer regelmäßigen Aktualisierung und

e) das Verfahren, mit dem die Einbeziehung und Wirksamkeit der Umweltkomponenten des Managementsystems überprüft wird.

3.2. Planung

Der Hersteller hat Folgendes auszuarbeiten und zu aktualisieren:

a) Verfahren zur Ermittlung des ökologischen Profils des Produkts,

b) Umweltverträglichkeitsziele und -indikatoren, die bei der Wahl technischer Lösungen neben technischen und wirtschaftlichen Erfordernissen zu berücksichtigen sind, und

c) ein Programm zur Erreichung dieser Ziele.

3.3. Durchführung und Unterlagen

3.3.1. Die Unterlagen zum Managementsystem müssen insbesondere Folgendes einhalten:

a) Zuständigkeiten und Befugnisse sind festzulegen und zu dokumentieren, damit die umweltorientierte Produktpolitik wirksam durchgeführt werden kann, damit ihre Umsetzung schriftlich festgehalten wird und damit Kontrollen und Verbesserungsmaßnahmen möglich sind;

b) die Methoden der Entwurfskontrolle und der Prüfung nach der Fertigung sowie die bei der Produktgestaltung zur Anwendung kommenden Verfahren und systematischen Maßnahmen sind schriftlich festzuhalten und

c) der Hersteller muss Unterlagen erstellen und aktualisieren, in denen die wesentlichen Umweltkomponenten des Managementsystems und die Verfahren zur Prüfung aller benötigten Unterlagen beschrieben sind.

3.3.2. Die Unterlagen zu dem Produkt müssen insbesondere Angaben zu folgenden Aspekten enthalten:

a) eine allgemeine Beschreibung des Produkts und der Verwendung, für die es vorgesehen ist;

b) die Ergebnisse der vom Hersteller durchgeführten Analyse der Umweltauswirkungen und/oder Verweise auf einschlägige Literatur oder Fallstudien, auf die der Hersteller sich bei der Bewertung, Dokumentierung und Gestaltung des Produkts gestützt hat;

c) das ökologische Profil, sofern dies die Durchführungsmaßnahme verlangt;

d) die Ergebnisse der Messungen zur Prüfung der Übereinstimmung des Produkts mit den Ökodesign-Anforderungen einschließlich Angaben zur Konformität dieser Messungen im Vergleich zu den Ökodesign-Anforderungen der jeweils geltenden Durchführungsmaßnahme;

e) Spezifikationen des Herstellers, in denen insbesondere angegeben wird, welche harmonisierten Normen angewandt wurden; werden keine harmonisierten Normen nach Artikel 10 angewandt oder tragen die harmonisierten Normen den Anforderungen der Durchführungsmaßnahme nicht vollständig Rechnung, so muss dargelegt werden, mit welchen Mitteln die Erfüllung der Anforderungen gewährleistet wird, und

f) die Angaben nach Anhang I Teil 2 zu den umweltrelevanten Gestaltungsmerkmalen des Produkts.

3.4. Prüfungen und Abstellung von Mängeln

3.4.1. Der Hersteller muss

a) alle erforderlichen Maßnahmen ergreifen, um sicherzustellen, dass das Produkt in Einklang mit den Gestaltungsspezifikationen und den Anforderungen der für das Produkt geltenden Durchführungsmaßnahme hergestellt wird;

b) Verfahren ausarbeiten und aufrechterhalten, mit denen er auf Nichtkonformität reagiert und die dokumentierten Verfahren im Anschluss an die Abstellung der Mängel ändert, und

c) mindestens alle drei Jahre eine umfassende interne Prüfung (Audit) des Managementsystems in Bezug auf dessen Umweltkomponenten durchführen.

ANHANG VI

EG-Konformitätserklärung

(gemäß Artikel 5 Absatz 3)

Die EG-Konformitätserklärung muss folgende Angaben enthalten:

1. Name und Anschrift des Herstellers oder seines Bevollmächtigten;

2. eine für die eindeutige Bestimmung des Produkts hinreichend ausführliche Beschreibung;

3. gegebenenfalls die Fundstellen der angewandten harmonisierten Normen;

4. gegebenenfalls die sonstigen angewandten technischen Normen und Spezifikationen;

5. gegebenenfalls die Erklärung der Übereinstimmung mit anderen einschlägigen Rechtsvorschriften der Gemeinschaft, die die CE-Kennzeichnung vorsehen, und

6. Name und Unterschrift der für den Hersteller oder seinen Bevollmächtigten zeichnungsberechtigten Person.

ANHANG VII

Inhalt der Durchführungsmaßnahmen

(gemäß Artikel 15 Absatz 8)

In einer Durchführungsmaßnahme ist insbesondere Folgendes festzulegen:

1. die genaue Definition der von ihr erfassten Produktart(en);

2. die Ökodesign-Anforderung(en) an das (die) von ihr erfasste(n) Produkt(e), den Zeitpunkt des Inkrafttretens, eventuelle Stufen- oder Übergangsregelungen oder -fristen;

   a) bei allgemeinen Ökodesign-Anforderungen die relevanten Phasen und Einzelaspekte unter denen gemäß Anhang I Nummern 1.1 und 1.2 zusammen mit Beispielen für Parameter aus der Liste in Anhang I Nummer 1.3 als Richtschnur für die Bewertung der Verbesserungen in Bezug auf die festgelegten Umweltaspekte;

   b) bei spezifischen Ökodesign-Anforderungen deren Höhe;

3. die in Anhang I Teil 1 genannten Ökodesign-Parameter, für die keine Ökodesign-Anforderung erforderlich ist;

4. die Anforderungen an die Installation des Produkts, wenn diese einen unmittelbaren Einfluss auf dessen Umweltverträglichkeit hat;

5. die anzuwendenden Messnormen und/oder Messverfahren; soweit verfügbar, sind harmonisierte Normen, deren Fundstellen im *Amtsblatt der Europäischen Union* veröffentlicht sind, anzuwenden;

6. Angaben zur Konformitätsbewertung nach dem Beschluss 93/465/EWG:

   a) wenn ein anderes Modul als Modul A anzuwenden ist: die Gründe für die Wahl dieses bestimmten Verfahrens,

   b) gegebenenfalls die Kriterien für die Zulassung und/oder Zertifizierung Dritter.

   Sind in verschiedenen Gemeinschaftsvorschriften für dasselbe Produkt verschiedene Module festgelegt, so ist das in der Durchführungsmaßnahme für die jeweilige Anforderung festgelegte Modul anzuwenden;

7. die Informationen, die der Hersteller zu übermitteln hat, namentlich über die Einzelheiten der technischen Unterlagen, die erforderlich sind, um die Prüfung der Übereinstimmung der Produkte mit der Durchführungsmaßnahme zu erleichtern;

8. die Länge der Übergangsfrist, während deren die Mitgliedstaaten das Inverkehrbringen und/oder die Inbetriebnahme von Produkten zulassen müssen, die zum Zeitpunkt der Verabschiedung der Durchführungsmaßnahme den in ihrem Hoheitsgebiet geltenden Vorschriften entsprechen;

9. das Datum für die Bewertung und mögliche Änderung der Durchführungsmaßnahme unter Berücksichtigung der Schnelligkeit des technischen Fortschritts.

ANHANG VIII

Selbstregulierung

(gemäß Artikel 17)

Zusätzlich zu der grundlegenden rechtlichen Anforderung, dass Selbstregulierungsinitiativen mit sämtlichen Bestimmungen des Vertrags (insbesondere des Binnenmarkt- und des Wettbewerbsrechts) sowie mit den internationalen Verpflichtungen der Gemeinschaft einschließlich der multilateralen Handelsbestimmungen in Einklang stehen müssen, kann folgende nicht erschöpfende Liste von Orientierungskriterien zur Beurteilung der Zulässigkeit von Selbstregulierungsinitiativen als Alternative zu einer Durchführungsmaßnahme im Rahmen dieser Richtlinie dienen:

1. **Offenheit der Beteiligung**

Selbstregulierungsinitiativen müssen sowohl in der Vorbereitungs- als auch der Durchführungsphase für Mitwirkende in Drittstaaten offen stehen.

2. **Mehrwert**

Selbstregulierungsinitiativen müssen einen Mehrwert (über das „Weitermachen wie bisher" hinaus) in Form einer besseren Gesamtumweltverträglichkeit des betroffenen Produkts schaffen.

3. **Repräsentativität**

Die Industrie und ihre Verbände, die an einer Selbstregulierungsmaßnahme mitwirken, müssen eine große Mehrheit des betreffenden Wirtschaftszweigs mit möglichst wenigen Ausnahmen repräsentieren. Es ist darauf zu achten, dass für die Einhaltung der Wettbewerbsbestimmungen gesorgt wird.

4. **Quantifizierte und abgestufte Ziele**

Die von den Interessengruppen festgelegten Ziele sind klar und eindeutig anhand gründlich definierter Ausgangspunkte zu formulieren. Erstreckt sich die Selbstregulierungsinitiative über einen langen Zeitraum, sind Zwischenziele aufzuführen. Es muss möglich sein, die Erfüllung der Ziele und Zwischenziele auf erschwingliche und glaubwürdige Art und Weise und anhand klarer, zuverlässiger Indikatoren nachzuprüfen. Forschungsdaten sowie wissenschaftliche und technologische Hintergrunddaten müssen die Aufstellung dieser Indikatoren erleichtern.

5. **Beteiligung der Zivilgesellschaft**

Damit Transparenz gewährleistet ist, werden Selbstregulierungsinitiativen öffentlich bekannt gegeben, auch mit Hilfe des Internets und sonstiger elektronischer Mittel der Informationsverbreitung.

Das Gleiche gilt für vorläufige und endgültige Überwachungsberichte. Die Interessengruppen, einschließlich der Mitgliedstaaten, der Industrie, der nichtstaatlichen Umweltorganisationen und der Verbraucherverbände, müssen aufgefordert werden, Anmerkungen zu einer Selbstregulierungsinitiative zu machen.

6. **Überwachung und Berichterstattung**

Selbstregulierungsinitiativen umfassen ein gründlich konzipiertes Überwachungssystem mit klar aufgeführten Aufgaben für die Industrie und die unabhängigen Prüfer. Die Dienststellen der Kommission sind aufzufordern, in Partnerschaft mit den Parteien der Selbstregulierungsinitiative das Erreichen der Ziele zu überwachen.

Der Überwachungs- und Berichterstattungsplan ist detailliert, transparent und objektiv. Es obliegt den Dienststellen der Kommission, unterstützt durch den in Artikel 19 Absatz 1 genannten Ausschuss, zu prüfen, ob die Gesamtziele der freiwilligen Vereinbarung oder anderer Selbstregulierungsmaßnahmen erreicht worden sind.

7. **Kostenwirksamkeit der Verwaltung einer Selbstregulierungsinitiative**

Die Kosten der Verwaltung von Selbstregulierungsinitiativen, besonders was die Überwachung angeht, dürfen keine gegenüber den Zielen der Initiative und den sonstigen verfügbaren politischen Instrumenten unverhältnismäßige administrative Belastung mit sich bringen.

8. **Nachhaltigkeit**

Selbstregulierungsinitiativen tragen der politischen Zielsetzung dieser Richtlinie einschließlich des integrierten Ansatzes Rechnung und stehen im Einklang mit den wirtschafts- und sozialpolitischen Aspekten einer nachhaltigen Entwicklung. Die Belange der Verbraucher, nämlich solche der Gesundheit und Lebensqualität und wirtschaftliche Belange, sind zu wahren.

9. **Kompatibilität von Anreizen**

Selbstregulierungsinitiativen sind nicht dazu angetan, die erwarteten Ergebnisse zu erbringen, wenn sonstige Faktoren und Anreize — Druck des Marktes, Besteuerung und nationales Recht — den an der Selbstregulierungsinitiative Beteiligten widersprüchliche Signale senden. Politische Konsequenz ist in dieser Hinsicht von entscheidender Bedeutung und muss bei der Bewertung der Wirksamkeit der Initiative berücksichtigt werden.

ANHANG IX

TEIL A

Aufgehobene Richtlinie mit der Liste ihrer aufeinander folgenden Änderungen

(gemäß Artikel 24)

Richtlinie 2005/32/EG des Europäischen Parlaments und des Rates (ABl. L 191 vom 22.7.2005, S. 29).	
Richtlinie 2008/28/EG des Europäischen Parlaments und des Rates (ABl. L 81 vom 20.3.2008, S. 48).	nur Artikel 1

TEIL B

Fristen für die Umsetzung in innerstaatliches Recht

(gemäß Artikel 24)

Richtlinie	Umsetzungsfrist
2005/32/EG	11. August 2007
2008/28/EG	—

ANHANG X

Entsprechungstabelle

Richtlinie 2005/32/EG	Vorliegende Richtlinie
Artikel 1 bis 20	Artikel 1 bis 20
Artikel 21	—
Artikel 22	—
Artikel 23	Artikel 21
Artikel 24	Artikel 22
Artikel 25	—
—	Artikel 23
—	Artikel 24
Artikel 26	Artikel 25
Artikel 27	Artikel 26
Anhänge I bis VIII	Anhänge I bis VIII
—	Anhang IX
—	Anhang X

22 Richtlinie 2010/30/EU über die Angabe des Verbrauchs an Energie und anderen Ressourcen durch energieverbrauchsrelevante Produkte mittels einheitlicher Etiketten und Produktinformationen

18.6.2010 DE Amtsblatt der Europäischen Union L 153/1

I

(Gesetzgebungsakte)

RICHTLINIEN

RICHTLINIE 2010/30/EU DES EUROPÄISCHEN PARLAMENTS UND DES RATES

vom 19. Mai 2010

über die Angabe des Verbrauchs an Energie und anderen Ressourcen durch energieverbrauchsrelevante Produkte mittels einheitlicher Etiketten und Produktinformationen

(Neufassung)

(Text von Bedeutung für den EWR)

DAS EUROPÄISCHE PARLAMENT UND DER RAT DER EUROPÄISCHEN UNION —

gestützt auf den Vertrag über die Arbeitsweise der Europäischen Union, insbesondere auf Artikel 194 Absatz 2,

auf Vorschlag der Europäischen Kommission,

nach Stellungnahme des Europäischen Wirtschafts- und Sozialausschusses ([1]),

nach Anhörung des Ausschusses der Regionen,

gemäß dem ordentlichen Gesetzgebungsverfahren ([2]),

in Erwägung nachstehender Gründe:

(1) Die Richtlinie 92/75/EWG des Rates vom 22. September 1992 über die Angabe des Verbrauchs an Energie und anderen Ressourcen durch Haushaltsgeräte mittels einheitlicher Etiketten und Produktinformationen ([3]) wurde wesentlich geändert ([4]). Aus Gründen der Klarheit empfiehlt es sich, im Rahmen der jetzt durchzuführenden Änderungen eine Neufassung dieser Richtlinie vorzunehmen.

(2) Der Geltungsbereich der Richtlinie 92/75/EWG beschränkt sich auf Haushaltsgeräte. Die Mitteilung der Kommission vom 16. Juli 2008 über den Aktionsplan für Nachhaltigkeit in Produktion und Verbrauch und für eine nachhaltige Industriepolitik hat gezeigt, dass die Erweiterung des Geltungsbereichs der Richtlinie 92/75/EWG auf energieverbrauchsrelevante Produkte, die bei ihrer Nutzung erhebliche unmittelbare oder mittelbare Auswirkungen auf den Energieverbrauch haben, die potenziellen Synergien verschiedener Legislativmaßnahmen verstärken könnte, insbesondere mit der Richtlinie 2009/125/EG des Europäischen Parlaments und des Rates vom 21. Oktober 2009 zur Schaffung eines Rahmens für die Festlegung von Anforderungen an die umweltgerechte Gestaltung energieverbrauchsrelevanter Produkte ([5]). Diese Richtlinie sollte die Anwendung der Richtlinie 2009/125/EG unberührt lassen. Zusammen mit der genannten Richtlinie und anderen Rechtsinstrumenten der Union ist diese Richtlinie Teil eines größeren Rechtsrahmens und bewirkt im Kontext eines ganzheitlichen Ansatzes zusätzliche Energieeinsparungen und Umweltvorteile.

(3) Der Vorsitz des Europäischen Rates hat in seinen Schlussfolgerungen vom 8. und 9. März 2007 betont, dass die Energieeffizienz in der Union erhöht werden muss, damit das Ziel erreicht wird, 20 % des Energieverbrauchs in der Union bis 2020 einzusparen; er hat ferner Ziele für die EU-weite Entwicklung erneuerbarer Energien und die Reduzierung der Treibhausgasemissionen festgelegt und eine umfassende und rasche Umsetzung der vorrangigen Maßnahmen gefordert, die in der Mitteilung der Kommission vom 19. Oktober 2006 mit dem Titel „Aktionsplan für Energieeffizienz: Das Potenzial ausschöpfen" aufgeführt sind. In diesem Aktionsplan werden die enormen Energieeinsparungspotenziale im Produktionssektor hervorgehoben.

(4) Die Verbesserung der Effizienz energieverbrauchsrelevanter Produkte durch sachkundige Wahl der Verbraucher kommt der Wirtschaft in der EU insgesamt zugute.

([1]) ABl. C 228 vom 22.9.2009, S. 90.
([2]) Standpunkt des Europäischen Parlaments vom 5. Mai 2009 (noch nicht im Amtsblatt veröffentlicht), Standpunkt des Rates in erster Lesung vom 14. April 2010 (noch nicht im Amtsblatt veröffentlicht), Standpunkt des Europäischen Parlaments vom 18. Mai 2010 (noch nicht im Amtsblatt veröffentlicht).
([3]) ABl. L 297 vom 13.10.1992, S. 16.
([4]) Siehe Anhang I Teil A.
([5]) ABl. L 285 vom 31.10.2009, S. 10.

(5) Eine genaue, sachdienliche und vergleichbare Unterrichtung über den spezifischen Energieverbrauch von energieverbrauchsrelevanten Produkten sollte die Wahl der Endverbraucher auf Produkte lenken, die bei ihrem Gebrauch am wenigsten Energie oder andere wichtige Ressourcen verbrauchen oder indirekt zu einem geringeren Verbrauch führen, und wird die Hersteller somit zu Maßnahmen veranlassen, die den Verbrauch von Energie und anderen wichtigen Ressourcen der von ihnen hergestellten Produkte verringern. Diese Unterrichtung sollte mittelbar auch die effiziente Nutzung dieser Produkte fördern, um zur Erreichung des EU-Ziels einer Steigerung der Energieeffizienz um 20 % beizutragen. Fehlt eine derartige Unterrichtung, werden die Marktmechanismen allein nicht in der Lage sein, zur rationellen Nutzung der Energie und anderer wichtiger Ressourcen bei diesen Produkten beizutragen.

(6) Es sei darauf hingewiesen, dass es Rechtsvorschriften der Union und einzelstaatliche Rechtsvorschriften gibt, die den Verbrauchern gewisse Rechte hinsichtlich der von ihnen gekauften Produkte verleihen, u. a. Anspruch auf Ausgleich oder auf Umtausch des Produkts.

(7) Die Kommission sollte eine Prioritätenliste mit energieverbrauchsrelevanten Produkten erstellen, die in einen delegierten Rechtsakt nach dieser Richtlinie einbezogen werden könnten. Diese Liste könnte in den Arbeitsplan im Sinne der Richtlinie 2009/125/EG aufgenommen werden.

(8) Informationen sind für das Funktionieren der Marktmechanismen von besonderer Bedeutung, weshalb es erforderlich ist, ein einheitliches Etikett für sämtliche Produkte eines Typs einzuführen, den potenziellen Käufern ferner zusätzliche genormte Informationen über den Energieverbrauch und den Verbrauch sonstiger wichtiger Ressourcen durch diese Produkte zur Verfügung zu stellen und Maßnahmen dafür zu treffen, dass den potenziellen Endverbrauchern, die das Produkt — und somit das Etikett — nicht in Augenschein nehmen können, diese Informationen ebenfalls zur Kenntnis gelangen. Damit dies effizient und erfolgreich geschieht, sollte das Etikett für Endverbraucher leicht erkennbar, einfach und prägnant sein. Für diesen Zweck sollte die bisherige Gestaltung des Etiketts beibehalten werden und als Rahmen für die an die Endverbraucher gerichteten Informationen über die Energieeffizienz des Produkts dienen. Der Energieverbrauch sowie die anderen Angaben über die Produkte sind gemäß harmonisierten Normen und Verfahren zu messen.

(9) Wie die Kommission in der mit ihrem Vorschlag für diese Richtlinie vorgelegten Folgenabschätzung dargelegt hat, wurde die Energiekennzeichnungsregelung in verschiedenen Ländern der ganzen Welt als Muster übernommen.

(10) Die Mitgliedstaaten sollten die Einhaltung dieser Richtlinie insbesondere bezüglich der Verantwortlichkeiten von Lieferanten und Händlern regelmäßig überwachen und die entsprechenden Ergebnisse in den Bericht aufnehmen, den sie der Kommission gemäß dieser Richtlinie alle vier Jahre vorlegen müssen.

(11) Die Verordnung (EG) Nr. 765/2008 des Europäischen Parlaments und des Rates vom 9. Juli 2008 über die Vorschriften für die Akkreditierung und Marktüberwachung im Zusammenhang mit der Vermarktung von Produkten [1] enthält allgemeine Bestimmungen über die Marktüberwachung im Zusammenhang mit der Vermarktung von Produkten. Diese Richtlinie enthält im Hinblick auf die Erreichung des mit ihr verfolgten Ziels ausführlichere Bestimmungen in diesem Bereich. Diese Bestimmungen stehen im Einklang mit der Verordnung (EG) Nr. 765/2008.

(12) Im Fall einer Regelung auf ausschließlich freiwilliger Basis würden nur einige Produkte mit einheitlichen Etiketten bzw. Produktinformationen versehen; dies könnte zu Unklarheiten oder sogar Fehlinformationen für den Endverbraucher führen. Durch die vorliegende Regelung sollte daher die Angabe des Verbrauchs an Energie und anderen wichtigen Ressourcen aller in Betracht kommenden Produkte mittels einheitlicher Etiketten und Produktinformationen sichergestellt werden.

(13) Energieverbrauchsrelevante Produkte haben während ihres Gebrauchs unmittelbare oder mittelbare Auswirkungen auf den Verbrauch einer Vielzahl verschiedener Energieträger, vor allem Elektrizität und Gas. Daher sollte sich diese Richtlinie auf alle energieverbrauchsrelevanten Produkte erstrecken, die sich während des Gebrauchs unmittelbar oder mittelbar auf den Energieverbrauch auswirken.

(14) Energieverbrauchsrelevante Produkte, die während des Gebrauchs wesentliche unmittelbare oder mittelbare Auswirkungen auf den Verbrauch von Energie oder gegebenenfalls wichtiger Ressourcen haben und bei denen hinreichende Möglichkeiten einer besseren Energienutzung gegeben sind, sollten in einen delegierten Rechtsakt einbezogen werden, wenn die Bereitstellung von Informationen auf Etiketten die Endverbraucher zum Kauf effizienterer Produkte bewegen kann.

(15) Im Hinblick auf die Verwirklichung der Ziele der Union bezüglich Klimawandel und Energieversorgungssicherheit und in Anbetracht des langfristig voraussichtlich weiter zunehmenden Gesamtenergieverbrauchs durch Produkte könnte zu den delegierten Rechtsakten gemäß dieser Richtlinie gegebenenfalls auch gehören, dass auf dem Etikett der maximale Endenergieverbrauch des Produkts angegeben wird.

(16) Die öffentliche Beschaffungspolitik einer Reihe von Mitgliedstaaten verlangt von den Vergabebehörden die Beschaffung energieeffizienter Produkte. Eine Reihe von Mitgliedstaaten hat auch Anreize für energieeffiziente Produkte geschaffen. Die Kriterien, nach denen Produkte für die öffentliche Beschaffung oder für Anreize in Frage kommen, können je nach Mitgliedstaat stark voneinander abweichen. Die Bezugnahme auf Leistungsklassen für bestimmte Produkte, die in delegierten Rechtsakten gemäß dieser Richtlinie festgelegt sind, kann die Fragmentierung bei der öffentlichen Beschaffung und bei Anreizen verringern und die Marktaufnahme effizienter Produkte erleichtern.

[1] ABl. L 218 vom 13.8.2008, S. 30.

(17) Anreize, die die Mitgliedstaaten zur Förderung effizienter Produkte gewähren, können staatliche Beihilfen darstellen. Diese Richtlinie greift dem Ergebnis etwaiger Verfahren über staatliche Beihilfen bezüglich solcher Anreize gemäß den Artikeln 107 und 108 des Vertrags über die Arbeitsweise der Europäischen Union (AEUV) nicht vor und sollte keine steuer- und finanzpolitischen Fragen regeln. Die Mitgliedstaaten können die Art dieser Anreize selbst bestimmen.

(18) Die Förderung energieeffizienter Produkte durch Etikettierung, öffentliche Beschaffung und Anreize sollte die Gesamtumweltverträglichkeit und die Funktionsweise solcher Produkte nicht beeinträchtigen.

(19) Der Kommission sollte die Befugnis übertragen werden, gemäß Artikel 290 AEUV delegierte Rechtsakte bezüglich der Angabe des Verbrauchs an Energie und anderen wichtigen Ressourcen durch energieverbrauchsrelevante Produkte während des Gebrauchs mittels einheitlicher Etiketten und Produktinformationen zu erlassen. Es ist von besonderer Bedeutung, dass die Kommission bei ihren vorbereitenden Arbeiten angemessene Konsultationen — auch auf Expertenebene — durchführt.

(20) Die Kommission sollte dem Europäischen Parlament und dem Rat regelmäßig eine Zusammenfassung der von den Mitgliedstaaten nach dieser Richtlinie vorgelegten Berichte über ihre Tätigkeiten zur Durchsetzung der Bestimmungen und über das Niveau der Einhaltung der Bestimmungen übermitteln, die die gesamte EU und jeden Mitgliedstaat jeweils getrennt erfasst.

(21) Die Kommission sollte dafür verantwortlich sein, die auf dem Etikett angegebenen Klassifizierungen anzupassen, damit für die Unternehmen Vorhersehbarkeit und für die Verbraucher Verständlichkeit sichergestellt werden.

(22) Die technologische Entwicklung und das Potenzial zusätzlicher erheblicher Energieeinsparungen könnten — je nach Produkt in unterschiedlichem Ausmaß — eine weitere Differenzierung der Produkte erfordern und eine Überarbeitung der Klassifizierung rechtfertigen. Diese Überprüfung sollte insbesondere die Möglichkeit einer Anpassung der Skala umfassen. Die Überprüfung sollte bei Produkten, die aufgrund sehr innovativer Eigenschaften einen wesentlichen Beitrag zur Energieeffizienz leisten können, so schnell wie möglich vorgenommen werden.

(23) Die Kommission wird bei der Überprüfung der Fortschritte und der Berichterstattung über die Umsetzung des Aktionsplans für Nachhaltigkeit in Produktion und Verbrauch und für eine nachhaltige Industriepolitik im Jahr 2012 insbesondere prüfen, ob weitere Maßnahmen zur Verbesserung der Energieeffizienz und der Umweltverträglichkeit von Produkten erforderlich sind; dazu könnte u. a. die Angabe des CO_2-Fußabdrucks der Produkte oder der Umweltauswirkungen der Produkte während ihres gesamten Lebenszyklus für die Verbraucher gehören.

(24) Die Verpflichtung zur Umsetzung dieser Richtlinie in innerstaatliches Recht sollte nur jene Bestimmungen betreffen, die im Vergleich zu Richtlinie 92/75/EWG inhaltlich geändert wurden. Die Pflicht zur Umsetzung der inhaltlich unveränderten Bestimmungen ergibt sich aus Richtlinie 92/75/EWG.

(25) Die Mitgliedstaaten sollten bei der Umsetzung der Bestimmungen dieser Richtlinie nach Möglichkeit auf den Erlass von Maßnahmen verzichten, mit denen den betreffenden Marktteilnehmern, insbesondere kleinen und mittleren Unternehmen, unnötig bürokratische und schwerfällige Verpflichtungen aufgebürdet würden.

(26) Diese Richtlinie sollte die Pflichten der Mitgliedstaaten hinsichtlich der Fristen für die Umsetzung in innerstaatliches Recht und für die Anwendung der Richtlinie 92/75/EWG unberührt lassen.

(27) Nach Nummer 34 der Interinstitutionellen Vereinbarung über bessere Rechtsetzung ([1]) sind die Mitgliedstaaten aufgefordert, für ihre eigenen Zwecke und im Interesse der Union eigene Tabellen aufzustellen, aus denen im Rahmen des Möglichen die Entsprechungen zwischen dieser Richtlinie und den Umsetzungsmaßnahmen zu entnehmen sind, und diese zu veröffentlichen —

HABEN FOLGENDE RICHTLINIE ERLASSEN:

Artikel 1

Geltungsbereich

(1) Diese Richtlinie schafft einen Rahmen für die Harmonisierung der einzelstaatlichen Maßnahmen hinsichtlich der Information der Endverbraucher — insbesondere mittels einheitlicher Etiketten und Produktinformationen — über den Energieverbrauch und gegebenenfalls den Verbrauch an anderen wichtigen Ressourcen während des Gebrauchs sowie zusätzlichen Angaben über energieverbrauchsrelevante Produkte, damit die Endverbraucher effizientere Produkte wählen können.

(2) Diese Richtlinie gilt für energieverbrauchsrelevante Produkte, die während des Gebrauchs wesentliche unmittelbare und mittelbare Auswirkungen auf den Verbrauch an Energie und gegebenenfalls anderen wichtigen Ressourcen haben.

(3) Diese Richtlinie gilt nicht für

a) Produkte aus zweiter Hand,

b) Verkehrsmittel zur Personen- oder Güterbeförderung,

c) das Leistungsschild oder ein gleichwertiges Etikett, das aus Sicherheitsgründen an Produkten angebracht wird.

([1]) ABl. C 321 vom 31.12.2003, S. 1.

Artikel 2

Begriffsbestimmungen

Für die Zwecke dieser Richtlinie bezeichnet der Ausdruck:

a) „energieverbrauchsrelevantes Produkt" oder „Produkt" einen Gegenstand, dessen Nutzung den Verbrauch an Energie beeinflusst und der in der Union in Verkehr gebracht und/oder in Betrieb genommen wird, einschließlich Teilen, die zum Einbau in ein unter diese Richtlinie fallendes energieverbrauchsrelevantes Produkt bestimmt sind, als Einzelteil für Endverbraucher in Verkehr gebracht und/oder in Betrieb genommen werden und getrennt auf ihre Umweltverträglichkeit geprüft werden können;

b) „Datenblatt" eine einheitliche Aufstellung von Angaben über ein Produkt;

c) „andere wichtige Ressourcen" Wasser, Chemikalien oder jede andere Ressource, die das betreffende Produkt bei Normalbetrieb verbraucht;

d) „zusätzliche Angaben" weitere Angaben über die Leistung und Merkmale eines Produkts, die sich auf dessen Verbrauch an Energie oder anderen wichtigen Ressourcen beziehen oder für die Beurteilung dieses Verbrauchs von Nutzen sind und die auf messbaren Daten beruhen;

e) „unmittelbare Auswirkungen" Auswirkungen von Produkten, die während des Gebrauchs tatsächlich Energie verbrauchen;

f) „mittelbare Auswirkungen" Auswirkungen von Produkten, die zwar keine Energie verbrauchen, jedoch während des Gebrauchs zur Einsparung von Energie beitragen;

g) „Händler" einen Einzelhändler oder jede andere Person, die Produkte an Endverbraucher verkauft, vermietet, zum Ratenkauf anbietet oder ausstellt;

h) „Lieferant" den Hersteller oder dessen zugelassenen Vertreter in der Union oder den Importeur, der das Produkt in der Union in Verkehr bringt oder in Betrieb nimmt. In Ermangelung dessen gilt jede natürliche oder juristische Person als Lieferant, die durch diese Richtlinie erfasste Produkte in Verkehr bringt oder in Betrieb nimmt;

i) „Inverkehrbringen" die erstmalige Zurverfügungstellung eines Produkts auf dem Unionsmarkt im Hinblick auf den Vertrieb oder die Nutzung des Produkts innerhalb der Union, ob gegen Entgelt oder kostenlos und unabhängig von der Art des Vertriebs;

j) „Inbetriebnahme" die erstmalige Nutzung eines Produkts in der Union zu seinem beabsichtigten Zweck;

k) „unbefugte Verwendung des Etiketts" die Verwendung des Etiketts, außer durch Behörden der Mitgliedstaaten oder Organe der Europäischen Union, in einer Weise, die nicht in dieser Richtlinie oder einem delegierten Rechtsakt vorgesehen ist.

Artikel 3

Verantwortlichkeiten der Mitgliedstaaten

(1) Die Mitgliedstaaten stellen sicher, dass

a) alle in ihrem Hoheitsgebiet niedergelassenen Lieferanten und Händler ihren Verpflichtungen aufgrund Artikel 5 und 6 nachkommen;

b) hinsichtlich der dieser Richtlinie unterliegenden Produkte untersagt wird, dass Etiketten, Marken, Symbole oder Beschriftungen verwendet werden, die den in dieser Richtlinie sowie in den einschlägigen delegierten Rechtsakten enthaltenen Anforderungen nicht entsprechen, wenn diese beim Endverbraucher zu Irreführung oder Unklarheit hinsichtlich des Verbrauchs an Energie oder gegebenenfalls anderen wichtigen Ressourcen während des Gebrauchs führen können;

c) anlässlich der Einführung des Systems der Etiketten und Datenblätter über die Angaben zum Verbrauch oder der Einsparung an Energie auch Informationskampagnen zur Verbrauchererziehung und -motivation durchgeführt werden, deren Ziel es ist, die Energieeffizienz und den verantwortungsvolleren Umgang der Endverbraucher mit Energie zu fördern;

d) geeignete Maßnahmen getroffen werden, um die für die Durchführung dieser Richtlinie zuständigen einzelstaatlichen oder regionalen Behörden darin zu bestärken, miteinander zusammenzuarbeiten und einander sowie der Kommission Auskünfte zu erteilen, um zur Anwendung der Richtlinie beizutragen. Für die Verwaltungszusammenarbeit und den Informationsaustausch sind so weit wie möglich elektronische Kommunikationsmittel zu nutzen, und es ist für Kosteneffizienz zu sorgen, wobei eine Unterstützung durch die einschlägigen Programme der Europäischen Union möglich ist. Bei der Zusammenarbeit sind, wo nötig, die Sicherheit und Vertraulichkeit der Verarbeitung und der Schutz sensibler Informationen zu gewährleisten, die im Rahmen dieses Verfahrens übermittelt werden. Die Kommission ergreift geeignete Maßnahmen, um die in diesem Buchstaben beschriebene Zusammenarbeit zwischen den Mitgliedstaaten zu fördern und einen Beitrag dazu zu leisten.

(2) Stellt ein Mitgliedstaat fest, dass ein Produkt nicht allen einschlägigen Anforderungen hinsichtlich des Etiketts und des Datenblatts entspricht, die in dieser Richtlinie und ihren delegierten Rechtsakten festgelegt sind, wird der Lieferant verpflichtet, dafür zu sorgen, dass das Produkt mit diesen Anforderungen gemäß von dem Mitgliedstaat festgelegten wirksamen und verhältnismäßigen Bedingungen in Einklang gebracht wird.

Liegen ausreichende Hinweise dafür vor, dass ein Produkt nicht den einschlägigen Bestimmungen entsprechen könnte, ergreift der betreffende Mitgliedstaat die erforderlichen Vorbeugemaßnahmen sowie Maßnahmen, um innerhalb eines festgelegten Zeitraums die Einhaltung sicherzustellen, wobei er die durch die Nichteinhaltung verursachten Schäden berücksichtigt.

Entspricht das Produkt weiterhin nicht den einschlägigen Bestimmungen, so trifft der betreffende Mitgliedstaat eine Entscheidung, mit der das Inverkehrbringen und/oder die Inbetriebnahme des betreffenden Produkts eingeschränkt oder untersagt wird oder dafür gesorgt wird, dass es vom Markt genommen wird. Wird ein Produkt vom Markt genommen oder das Inverkehrbringen untersagt, so sind die Kommission und die anderen Mitgliedstaaten unverzüglich davon zu unterrichten.

(3) Alle vier Jahre legen die Mitgliedstaaten der Kommission einen Bericht vor, der Einzelheiten über ihre Tätigkeiten zur Durchsetzung der Bestimmungen und über das Niveau der Einhaltung der Bestimmungen in ihrem Hoheitsgebiet enthält.

Die Kommission kann Einzelheiten zum einheitlichen Inhalt dieser Berichte vorgeben, indem sie Leitlinien festlegt.

(4) Die Kommission legt dem Europäischen Parlament und dem Rat regelmäßig eine Zusammenfassung dieser Berichte zur Information vor.

Artikel 4

Informationspflichten

Die Mitgliedstaaten stellen sicher, dass

a) Angaben über den Verbrauch an elektrischer Energie und anderen Energieträgern sowie gegebenenfalls von anderen wichtigen Ressourcen während des Gebrauchs und die zusätzlichen Angaben den Endverbrauchern gemäß den delegierten Rechtsakten nach dieser Richtlinie auf einem Datenblatt und einem Etikett zur Kenntnis gebracht werden hinsichtlich der Produkte, die den Endverbrauchern unmittelbar oder mittelbar mit Mitteln des Fernverkaufs, einschließlich des Internets, zum Verkauf, zur Vermietung oder zum Ratenkauf angeboten oder für den Endverbraucher ausgestellt werden;

b) die in Buchstabe a genannten Angaben für eingebaute oder installierte Produkte nur bereitgestellt werden, wenn dies in dem anwendbaren delegierten Rechtsakt vorgeschrieben ist;

c) bei der Werbung für ein bestimmtes Modell eines von einem delegierten Rechtsakt gemäß dieser Richtlinie erfassten energieverbrauchsrelevanten Produkts, bei der Informationen über den Energieverbrauch oder den Preis angegeben werden, auf die Energieklasse des Produkts hingewiesen wird;

d) in sämtlichen technischen Werbeschriften für energieverbrauchsrelevante Produkte, in denen die spezifischen technischen Parameter eines Produkts beschrieben sind, insbesondere in technischen Handbüchern oder in Broschüren der Hersteller, die entweder gedruckt vorliegen oder online verfügbar sind, den Endverbrauchern die erforderlichen Informationen über den Energieverbrauch zur Verfügung gestellt werden oder ein Hinweis auf die Energieklasse des Produkts enthalten ist.

Artikel 5

Verantwortlichkeiten der Lieferanten

Die Mitgliedstaaten stellen sicher, dass

a) Lieferanten, die die unter einen delegierten Rechtsakt fallenden Produkte vertreiben oder in Betrieb nehmen, Etiketten und Datenblätter gemäß der vorliegenden Richtlinie und dem delegierten Rechtsakt mitliefern;

b) Lieferanten eine ausreichende technische Dokumentation erstellen, anhand deren die Richtigkeit der Angaben auf dem Etikett und dem Datenblatt überprüft werden kann. Diese technische Dokumentation beinhaltet:

i) eine allgemeine Beschreibung des Produkts;

ii) gegebenenfalls die Ergebnisse der ausgeführten Konstruktionsberechnungen;

iii) Testberichte, soweit verfügbar, einschließlich der Prüfberichte einschlägiger gemeldeter Stellen, die in anderen Rechtsvorschriften der Union festgelegt sind;

iv) falls bestimmte Werte für ähnliche Modelle verwendet worden sind: Bezugsangaben, die eine Identifizierung dieser Modelle ermöglichen.

Hierzu darf der Lieferant Unterlagen verwenden, die bereits gemäß den Anforderungen in einschlägigen Rechtsvorschriften der Union erstellt wurden;

c) Lieferanten diese technische Dokumentation über eine Zeitspanne von fünf Jahren nach der Herstellung des letzten betreffenden Produkts für eine Überprüfung zur Einsicht bereithalten.

Lieferanten stellen den Marktaufsichtsbehörden der Mitgliedstaaten und der Kommission auf Anforderung innerhalb von zehn Arbeitstagen nach Eingang eines Antrags der zuständigen Behörde eines Mitgliedstaats oder der Kommission eine elektronische Fassung der technischen Dokumentation zur Verfügung;

d) im Hinblick auf die Etikettierung und Produktinformation die Lieferanten den Händlern die erforderlichen Etiketten kostenlos zur Verfügung stellen.

Unbeschadet des von den Lieferanten gewählten Verfahrens für die Lieferung der Etiketten liefern die Lieferanten die von Händlern angeforderten Etiketten unverzüglich;

e) die Lieferanten zusätzlich zu den Etiketten ein Datenblatt für das Produkt liefern;

f) Lieferanten ein Datenblatt für das Produkt in alle Produktbroschüren aufnehmen. Falls der Lieferant keine Produktbroschüren ausgibt, stellt der Lieferant das Datenblatt zusammen mit anderen Unterlagen zur Verfügung, die zu dem Produkt mitgeliefert werden;

g) Lieferanten für die Richtigkeit der Angaben auf den mitgelieferten Etiketten und Datenblättern verantwortlich sind;

h) die Zustimmung des Lieferanten zur Veröffentlichung der auf dem Etikett und dem Datenblatt enthaltenen Angaben als erteilt gilt.

Artikel 6

Verantwortlichkeiten der Händler

Die Mitgliedstaaten stellen sicher, dass

a) Händler die Etiketten in lesbarer und sichtbarer Form ordnungsgemäß ausstellen und das Datenblatt in der Produktbroschüre oder in anderen das Produkt beim Verkauf an Endverbraucher begleitenden Unterlagen zur Verfügung stellen;

b) bei der Ausstellung eines von einem delegierten Rechtsakt erfassten Produkts die Händler an der in dem entsprechenden delegierten Rechtsakt vorgeschriebenen Stelle ein geeignetes Etikett in der entsprechenden Sprache deutlich sichtbar anbringen.

Artikel 7

Fernverkauf und andere Arten des Verkaufs

Werden Produkte zum Verkauf, zur Vermietung oder zum Ratenkauf über den Versandhandel, in Katalogen, über das Internet, über Telefonmarketing oder auf einem anderen Wege angeboten, bei dem davon ausgegangen werden muss, dass der potenzielle Endverbraucher das Produkt nicht ausgestellt sieht, so wird durch die delegierten Rechtsakte sichergestellt, dass dem potenziellen Endverbraucher die auf dem Etikett für das Produkt und dem Datenblatt enthaltenen Angaben vor dem Kauf des Produkts zur Kenntnis gelangen. Gegebenenfalls wird im Rahmen von delegierten Rechtsakten die Form festgelegt, in der das Etikett oder das Datenblatt oder die auf dem Etikett oder dem Datenblatt enthaltenen Angaben dargestellt oder dem potenziellen Endverbraucher zur Kenntnis gebracht werden.

Artikel 8

Freier Warenverkehr

(1) Die Mitgliedstaaten dürfen das Inverkehrbringen oder die Inbetriebnahme innerhalb ihres Hoheitsgebiets von Produkten, die von dieser Richtlinie und dem anwendbaren delegierten Rechtsakt erfasst sind und deren Bestimmungen entsprechen, nicht untersagen, beschränken oder behindern.

(2) Bis zum Beweis des Gegenteils gehen die Mitgliedstaaten davon aus, dass Etiketten und Datenblätter mit den Bestimmungen der vorliegenden Richtlinie und den delegierten Rechtsakten übereinstimmen. Die Mitgliedstaaten verlangen von den Lieferanten den Nachweis für die Richtigkeit der auf den Etiketten oder den Datenblättern enthaltenen Angaben im Sinne des Artikels 5, wenn sie Grund zu der Annahme haben, dass diese Angaben unrichtig sind.

Artikel 9

Öffentliche Beschaffung und Anreize

(1) Fällt ein Produkt unter einen delegierten Rechtsakt, so sind Vergabebehörden, die öffentliche Bauaufträge, Lieferaufträge oder Dienstleistungsaufträge gemäß der Richtlinie 2004/18/EG des Europäischen Parlaments und des Rates vom 31. März 2004 über die Koordinierung der Verfahren zur Vergabe öffentlicher Bauaufträge, Lieferaufträge und Dienstleistungsaufträge [1] vergeben, die nicht aufgrund von Artikel 12 bis 18 der genannten Richtlinie ausgeschlossen sind, bestrebt, nur Produkte zu beschaffen, die folgende Kriterien erfüllen: sie haben die höchsten Leistungsniveaus und gehören zur höchsten Energieeffizienzklasse. Die Mitgliedstaaten können außerdem verlangen, dass die Vergabebehörden nur Produkte beschaffen, die diese Kriterien erfüllen. Die Mitgliedstaaten können die Anwendung dieser Kriterien von den Aspekten Kostenwirksamkeit, wirtschaftliche Durchführbarkeit und technische Eignung sowie ausreichender Wettbewerb abhängig machen.

(2) Absatz 1 gilt für Aufträge mit einem Wert, der mindestens den in Artikel 7 der Richtlinie 2004/18/EG festgelegten Schwellen entspricht.

(3) Schaffen die Mitgliedstaaten Anreize für ein Produkt, das unter einen delegierten Rechtsakt fällt, streben sie die höchsten Leistungsniveaus an, einschließlich der höchsten Energieeffizienzklasse gemäß der Festlegung in dem anwendbaren delegierten Rechtsakt. Steuer- und finanzpolitische Maßnahmen stellen keine Anreizmaßnahmen im Sinne dieser Richtlinie dar.

(4) Schaffen die Mitgliedstaaten Produktanreize, die sowohl auf Endverbraucher abzielen, die hocheffiziente Produkte verwenden, als auch auf Unternehmen, die solche Produkte vertreiben und herstellen, so drücken sie die Leistungsniveaus in Klassen gemäß der Festlegung in dem anwendbaren delegierten Rechtsakt aus, es sei denn, sie schreiben Leistungsniveaus vor, die oberhalb der Schwelle für die höchste Energieeffizienzklasse in dem delegierten Rechtsakt liegen. Mitgliedstaaten dürfen Leistungsniveaus vorschreiben, die oberhalb der Schwelle für die höchste Energieeffizienzklasse in dem delegierten Rechtsakt liegen.

Artikel 10

Delegierte Rechtsakte

(1) Die Kommission legt Einzelheiten in Bezug auf das Etikett und das Datenblatt in delegierten Rechtsakten gemäß den Artikeln 11, 12 und 13 bezüglich jedes Produkttyps gemäß diesem Artikel fest.

[1] ABl. L 134 vom 30.4.2004, S. 114.

Erfüllt ein Produkt die in Absatz 2 genannten Kriterien, so wird es von einem delegierten Rechtsakt im Sinne von Absatz 4 erfasst.

Bestimmungen in delegierten Rechtsakten bezüglich Angaben auf dem Etikett und im Datenblatt über den Verbrauch an Energie und anderen wichtigen Ressourcen während des Gebrauchs haben es dem Endverbraucher zu ermöglichen, Kaufentscheidungen besser informiert zu treffen, und haben den Marktaufsichtsbehörden die Prüfung zu ermöglichen, ob Produkte den Angaben entsprechen.

Enthält ein delegierter Rechtsakt Bestimmungen sowohl bezüglich der Energieeffizienz als auch des Verbrauchs eines Produkts an anderen wichtigen Ressourcen, ist durch Gestaltung und Inhalt des Etiketts die Energieeffizienz des Produkts zu betonen.

(2) Die in Absatz 1 genannten Kriterien sind die Folgenden:

a) laut den neuesten verfügbaren Angaben und in Anbetracht der auf dem Unionsmarkt platzierten Mengen weisen die Produkte ein erhebliches Potenzial für die Einsparung von Energie und gegebenenfalls anderen wichtigen Ressourcen auf;

b) auf dem Markt verfügbare Produkte mit gleichwertigen Funktionen weisen große Unterschiede bei den einschlägigen Leistungsniveaus auf;

c) die Kommission berücksichtigt einschlägige unionsrechtliche Bestimmungen und Maßnahmen zur Selbstregulierung, wie freiwillige Vereinbarungen, von denen zu erwarten ist, dass sie die Erreichung der politischen Ziele schneller oder kostengünstiger als zwingende Vorschriften ermöglichen.

(3) Bei der Ausarbeitung eines Entwurfs eines delegierten Rechtsakts geht die Kommission wie folgt vor:

a) Sie berücksichtigt diejenigen in Anhang I Teil 1 der Richtlinie 2009/125/EG aufgeführten Umweltparameter, die in der einschlägigen aufgrund der Richtlinie 2009/125/EG erlassenen Durchführungsmaßnahme als signifikant angegeben und für den Endverbraucher während des Gebrauchs von Belang sind;

b) sie führt eine Bewertung der Auswirkungen des Rechtsakts auf die Umwelt, die Endverbraucher und die Hersteller, einschließlich kleiner und mittlerer Unternehmen (KMU), in Bezug auf Wettbewerbsfähigkeit, auch auf Märkten außerhalb der Union, Innovation, Marktzugang sowie Kosten und Nutzen durch;

c) sie führt eine geeignete Konsultation der Beteiligten durch;

d) sie macht Terminvorgaben für die Durchführung, legt abgestufte Maßnahmen oder Übergangsmaßnahmen oder -zeiträume fest und berücksichtigt dabei insbesondere die möglichen Auswirkungen auf KMU oder auf spezifische, hauptsächlich von KMU hergestellte Produktgruppen.

(4) In den delegierten Rechtsakten ist insbesondere Folgendes festzulegen:

a) eine genaue Definition des betreffenden Produkttyps;

b) die zur Erstellung der Angaben nach Artikel 1 Absatz 1 zu verwendenden Messnormen und -verfahren;

c) die Einzelheiten der technischen Dokumentation gemäß Artikel 5;

d) Form und Inhalt des in Artikel 4 genannten Etiketts, das für die verschiedenen Produktgruppen möglichst einheitlich gestaltet und unter allen Umständen deutlich sichtbar und gut lesbar sein soll. Das Format des Etiketts enthält als grundlegende Angabe die Klassifizierung (Buchstaben A bis G); die Abstufung der Klassen entspricht den signifikanten Energie- und Kosteneinsparungen aus Sicht des Endverbrauchers.

Drei zusätzliche Klassen können der Klassifizierung hinzugefügt werden, wenn dies durch den technischen Fortschritt erforderlich wird. Diese drei zusätzlichen Klassen tragen die Bezeichnungen A+, A++ bzw. A+++ für die energieeffizienteste Klasse. Grundsätzlich wird die Gesamtzahl der Klassen auf sieben beschränkt, es sei denn, Produkte in weiteren Klassen sind noch auf dem Markt.

Die Farbpalette umfasst höchstens sieben unterschiedliche Farben von Dunkelgrün bis Rot. Nur der Farbcode der höchsten Klasse ist immer Dunkelgrün. Gibt es mehr als sieben Klassen, so kann für die überzähligen Klassen nur die Farbe Rot verwendet werden.

Die Klassifizierung wird insbesondere dann überprüft, wenn ein erheblicher Anteil der Produkte im Binnenmarkt die zwei höchsten Energieeffizienzklassen erreicht und wenn zusätzliche Einsparungen durch eine weitere Differenzierung der Produkte erzielt werden können.

Genaue Kriterien für eine mögliche Neueinstufung von Produkten sind, soweit angezeigt, auf Einzelfallbasis in dem jeweiligen delegierten Rechtsakt festzulegen.

e) die Stelle des Produkts, an der das Etikett anzubringen ist sowie die Art und Weise, in der das Etikett und/oder die Informationen bei Verkaufsangeboten im Sinne des Artikels 7 bereitzustellen sind. Gegebenenfalls können die delegierten Rechtsakte die Anbringung des Etiketts am Produkt oder den Aufdruck des Etiketts auf der Verpackung oder detaillierte Kennzeichnungsanforderungen für den Abdruck in Katalogen, für den Fernverkauf und Internet-Verkäufe vorsehen;

f) der Inhalt und gegebenenfalls das Format sowie sonstige Einzelheiten in Bezug auf das in Artikel 4 und 5 Buchstabe c genannte Datenblatt bzw. die weiteren Angaben. Die auf dem Etikett enthaltenen Angaben sind ebenfalls in das Datenblatt aufzunehmen;

g) der spezifische Inhalt von Etiketten für die Werbung, gegebenenfalls einschließlich der Energieklasse und anderer einschlägiger Leistungsniveaus des betreffenden Produkts in lesbarer und sichtbarer Form;

h) gegebenenfalls die Geltungsdauer der auf dem Etikett angegebenen Klassifizierung gemäß Buchstabe d;

i) die Genauigkeit der Angaben auf Etiketten und Datenblättern;

j) das Datum für die Bewertung und mögliche Änderung des delegierten Rechtsakts unter Berücksichtigung der Schnelligkeit des technischen Fortschritts.

Artikel 11

Ausübung der Befugnisübertragung

(1) Die Befugnis zum Erlass der in Artikel 10 genannten delegierten Rechtsakte wird der Kommission für einen Zeitraum von fünf Jahren ab dem 19. Juni 2010 übertragen. Die Kommission legt spätestens sechs Monate vor Ablauf des Zeitraums von fünf Jahren einen Bericht über die übertragenen Befugnisse vor. Die Befugnisübertragung verlängert sich automatisch um Zeiträume gleicher Länge, es sei denn, das Europäische Parlament oder der Rat widerrufen sie gemäß Artikel 12.

(2) Sobald die Kommission einen delegierten Rechtsakt erlässt, übermittelt sie ihn gleichzeitig dem Europäischen Parlament und dem Rat.

(3) Die der Kommission übertragene Befugnis zum Erlass delegierter Rechtakte unterliegt den in den Artikeln 12 und 13 festgelegten Bedingungen.

Artikel 12

Widerruf der Befugnisübertragung

(1) Die in Artikel 10 genannte Befugnisübertragung kann vom Europäischen Parlament oder vom Rat widerrufen werden.

(2) Das Organ, das ein internes Verfahren eingeleitet hat, um darüber zu entscheiden, ob die Befugnisübertragung widerrufen werden soll, bemüht sich, das andere Organ und die Kommission innerhalb einer angemessenen Frist vor der endgültigen Beschlussfassung zu unterrichten, und nennt dabei die übertragenen Befugnisse, die widerrufen werden könnten, sowie die etwaigen Gründe für einen Widerruf.

(3) Der Beschluss über den Widerruf beendet die Übertragung der in diesem Beschluss angegebenen Befugnisse. Der Beschluss wird sofort oder zu einem darin angegebenen späteren Zeitpunkt wirksam. Die Gültigkeit von Rechtsakten, die bereits in Kraft sind, wird davon nicht berührt. Der Beschluss wird im *Amtsblatt der Europäischen Union* veröffentlicht.

Artikel 13

Einwände gegen delegierte Rechtsakte

(1) Das Europäische Parlament oder der Rat können gegen den delegierten Rechtsakt innerhalb einer Frist von zwei Monaten ab dem Datum der Übermittlung Einwände erheben.

Auf Initiative des Europäischen Parlaments oder des Rates wird diese Frist um zwei Monate verlängert.

(2) Haben bis zum Ablauf dieser Frist weder das Europäische Parlament noch der Rat Einwände gegen den delegierten Rechtsakt erhoben, so wird dieser im *Amtsblatt der Europäischen Union* veröffentlicht und tritt zu dem darin genannten Zeitpunkt in Kraft.

Der delegierte Rechtsakt kann vor Ablauf dieser Frist im *Amtsblatt der Europäischen Union* veröffentlicht werden und in Kraft treten, wenn das Europäische Parlament und der Rat beide der Kommission mitgeteilt haben, dass sie nicht die Absicht haben, Einwände zu erheben.

(3) Erheben das Europäische Parlament oder der Rat Einwände gegen einen delegierten Rechtsakt, so tritt dieser nicht in Kraft. Das Organ, das Einwände erhebt, erläutert die Gründe für seine Einwände gegen den delegierten Rechtsakt.

Artikel 14

Bewertung

Die Kommission überprüft die Wirksamkeit dieser Richtlinie und ihrer delegierten Rechtsakte spätestens bis zum 31. Dezember 2014 und unterbreitet dem Europäischen Parlament und dem Rat einen Bericht.

Bei dieser Gelegenheit bewertet die Kommission außerdem Folgendes:

a) den Beitrag des Artikels 4 Buchstabe c zur Erreichung der Ziele dieser Richtlinie;

b) die Wirksamkeit des Artikels 9 Absatz 1;

c) die Notwendigkeit einer Änderung des Artikels 10 Absatz 4 Buchstabe d, wobei sie die technische Entwicklung und die Verständlichkeit der Gestaltung des Etiketts für die Verbraucher berücksichtigt.

Artikel 15

Sanktionen

Die Mitgliedstaaten legen Sanktionen für Verstöße gegen die aufgrund dieser Richtlinie und ihrer delegierten Rechtsakte erlassenen nationalen Vorschriften — einschließlich der unbefugten Verwendung des Etiketts — fest und treffen die zu ihrer Anwendung erforderlichen Maßnahmen. Die Sanktionen müssen wirksam, verhältnismäßig und abschreckend sein. Die Mitgliedstaaten teilen der Kommission die entsprechenden Bestimmungen bis zum 20. Juni 2011 mit und melden der Kommission umgehend alle Änderungen dieser Bestimmungen.

Artikel 16

Umsetzung

(1) Die Mitgliedstaaten setzen spätestens am 20. Juni 2011 die Rechts- und Verwaltungsvorschriften in Kraft, die erforderlich sind, um dieser Richtlinie nachzukommen. Sie teilen der Kommission unverzüglich den Wortlaut dieser Vorschriften mit.

Sie wenden diese Vorschriften ab dem 20. Juli 2011 an.

Bei Erlass dieser Vorschriften nehmen die Mitgliedstaaten in den Vorschriften selbst oder durch einen Hinweis bei der amtlichen Veröffentlichung auf die vorliegende Richtlinie Bezug. In diese Vorschriften fügen sie die Erklärung ein, dass Bezugnahmen in den geltenden Rechts- und Verwaltungsvorschriften auf die Richtlinie 92/75/EWG als Bezugnahmen auf die vorliegende Richtlinie gelten. Die Mitgliedstaaten regeln die Einzelheiten dieser Bezugnahme und die Formulierung dieser Erklärung.

(2) Die Mitgliedstaaten teilen der Kommission den Wortlaut der wichtigsten innerstaatlichen Rechtsvorschriften mit, die sie auf dem unter diese Richtlinie fallenden Gebiet erlassen.

Artikel 17

Aufhebung

Die Richtlinie 92/75/EWG in der Fassung der in Anhang I Teil A aufgeführten Verordnung wird unbeschadet der Verpflichtungen der Mitgliedstaaten hinsichtlich der in Anhang I Teil B genannten Fristen für die Umsetzung der dort genannten Richtlinie in innerstaatliches Recht und für die Anwendung dieser Richtlinie mit Wirkung vom 21. Juli 2011 aufgehoben.

Bezugnahmen auf die Richtlinie 92/75/EWG gelten als Bezugnahmen auf die vorliegende Richtlinie und sind nach Maßgabe der Entsprechungstabelle in Anhang II zu lesen.

Artikel 18

Inkrafttreten

Diese Richtlinie tritt am Tag nach ihrer Veröffentlichung im *Amtsblatt der Europäischen Union* in Kraft.

Artikel 5 Buchstaben d, g und h gelten ab dem 31. Juli 2011.

Artikel 19

Adressaten

Diese Richtlinie ist an die Mitgliedstaaten gerichtet.

Geschehen zu Straßburg am 19. Mai 2010.

Im Namen des Europäischen Parlaments	*Im Namen des Rates*
Der Präsident	*Der Präsident*
J. BUZEK	D. LÓPEZ GARRIDO

ANHANG I

TEIL A

Aufgehobene Richtlinie mit ihren nachfolgenden Änderungen

(gemäß Artikel 17)

Richtlinie 92/75/EWG des Rates (ABl. L 297 vom 13.10.1992, S. 16)	
Verordnung (EG) Nr. 1882/2003 (ABl. L 284 vom 31.10.2003, S. 1)	Nur Anhang III Nummer 32

TEIL B

Fristen für die Umsetzung in innerstaatliches Recht

(gemäß Artikel 16)

Richtlinie	Frist für die Umsetzung
92/75/EWG	1. Januar 1994

ANHANG II

Entsprechungstabelle

Richtlinie 92/75/EWG	Vorliegende Richtlinie
Artikel 1 Absatz 1, einleitender Wortlaut, Satz 1	Artikel 1 Absatz 1
Artikel 1 Absatz 1, einleitender Wortlaut, Satz 2	Artikel 1 Absatz 2
Artikel 1 Absatz 1 erster bis siebter Gedankenstrich	—
Artikel 1 Absatz 2	—
—	Artikel 1 Absatz 3 Buchstaben a und b
Artikel 1 Absatz 3	Artikel 1 Absatz 3 Buchstabe c
—	Artikel 2 Buchstaben a und b
Artikel 1 Absatz 4 erster und zweiter Gedankenstrich	Artikel 2 Buchstaben g und h
Artikel 1 Absatz 4 dritter Gedankenstrich	—
Artikel 1 Absatz 4 vierter Gedankenstrich	Artikel 2 Buchstabe c
Artikel 1 Absatz 4 fünfter Gedankenstrich	Artikel 2 Buchstabe d
—	Artikel 2 Buchstaben e, f, i, j und k
Artikel 1 Absatz 5	—
Artikel 2 Absatz 1	Artikel 4 Buchstabe a
—	Artikel 4 Buchstabe b, c und d
Artikel 2 Absatz 2	—
Artikel 2 Absatz 3	Artikel 5 Buchstabe b
Artikel 2 Absatz 4	Artikel 5 Buchstaben b und c
Artikel 3 Absatz 1	Artikel 5 Buchstabe a
Artikel 3 Absatz 2	Artikel 5 Buchstaben e und f
Artikel 3 Absatz 3	Artikel 5 Buchstabe g
Artikel 3 Absatz 4	Artikel 5 Buchstabe h
—	Artikel 6 Buchstabe a
Artikel 4 Buchstabe a	Artikel 6 Buchstabe b
Artikel 4 Buchstabe b	Artikel 5 Buchstabe d
Artikel 5	Artikel 7
Artikel 6	—
Artikel 7 Buchstabe a	Artikel 3 Absatz 1 Buchstabe a
Artikel 7 Buchstabe b	Artikel 3 Absatz 1 Buchstabe b
Artikel 7 Buchstabe c	Artikel 3 Absatz 1 Buchstabe c
—	Artikel 3 Absatz 1 Buchstabe d
—	Artikel 3 Absätze 2, 3 und 4
Artikel 8 Absatz 1	Artikel 8 Absatz 1
Artikel 8 Absatz 2	Artikel 8 Absatz 2
Artikel 9	—

Richtlinie 92/75/EWG	Vorliegende Richtlinie
—	Artikel 9
Artikel 10	—
—	Artikel 10 Absätze 1, 2 und 3
Artikel 11	—
Artikel 12 Buchstabe a	Artikel 10 Absatz 4 Buchstabe a
Artikel 12 Buchstabe b	Artikel 10 Absatz 4 Buchstabe b
Artikel 12 Buchstabe c	Artikel 10 Absatz 4 Buchstabe c
Artikel 12 Buchstabe d	Artikel 10 Absatz 4 Buchstabe d
Artikel 12 Buchstabe e	Artikel 10 Absatz 4 Buchstabe e
Artikel 12 Buchstabe f	Artikel 10 Absatz 4 Buchstabe f
Artikel 12 Buchstabe g	—
—	Artikel 10 Absatz 4 Buchstaben g, h, i und j
—	Artikel 11, 12, 13, 14, 15
Artikel 13	Artikel 17
Artikel 14	Artikel 16
—	Artikel 18
Artikel 15	Artikel 19
—	ANHANG I
—	ANHANG II

23 EU-Verordnung 548/2014 für Kleinleistungs-, Mittelleistungs- und Großleistungstransformatoren

22.5.2014 DE Amtsblatt der Europäischen Union L 152/1

II

(Rechtsakte ohne Gesetzescharakter)

VERORDNUNGEN

VERORDNUNG (EU) Nr. 548/2014 DER KOMMISSION

vom 21. Mai 2014

zur Umsetzung der Richtlinie 2009/125/EG des Europäischen Parlaments und des Rates hinsichtlich Kleinleistungs-, Mittelleistungs- und Großleistungstransformatoren

DIE EUROPÄISCHE KOMMISSION —

gestützt auf den Vertrag über die Arbeitsweise der Europäischen Union,

gestützt auf die Richtlinie 2009/125/EG des Europäischen Parlaments und des Rates vom 21. Oktober 2009 zur Schaffung eines Rahmens für die Festlegung von Anforderungen an die umweltgerechte Gestaltung energieverbrauchsrelevanter Produkte [1], insbesondere auf Artikel 15 Absatz 1,

nach Anhörung des Ökodesign-Konsultationsforums,

in Erwägung nachstehender Gründe:

(1) Die Kommission hat in einer vorbereitenden Studie die umweltbezogenen und wirtschaftlichen Aspekte von Transformatoren untersucht. Die Studie wurde zusammen mit Interessengruppen und interessierten Kreisen aus der Union entwickelt und die Ergebnisse wurden der Öffentlichkeit zugänglich gemacht. Transformatoren gelten als energieverbrauchsrelevante Produkte im Sinne von Artikel 2 Absatz 1 der Richtlinie 2009/125/EG.

(2) Die Studie zeigte, dass der wichtigste Umweltaspekt, der durch die Produktentwicklung beeinflusst werden kann, die Energie in der Nutzungsphase ist. Für die Herstellung von Transformatoren werden zwar beträchtliche Mengen an Rohstoffen (Kupfer, Eisen, Harz, Aluminium) benötigt, doch scheinen die Marktmechanismen eine angemessene Entsorgung zu gewährleisten, weshalb es nicht erforderlich ist, diesbezügliche Ökodesign-Anforderungen festzulegen.

(3) Die in Anhang I genannten Ökodesign-Anforderungen gelten für in Verkehr gebrachte oder in Betrieb genommene Produkte, unabhängig davon, wo sie betrieben werden. Solche Anforderungen können daher nicht von der Anwendung, in der das Produkt verwendet wird, abhängig gemacht werden.

(4) Transformatoren werden in der Regel mittels Rahmenvereinbarungen angeschafft. „Anschaffung" bezieht sich in diesem Zusammenhang auf den Abschluss eines Vertrags mit dem Hersteller über die Lieferung einer bestimmten Anzahl von Transformatoren. Als Inkrafttreten des Vertrags wird das Datum der Unterzeichnung durch die Vertragsparteien erachtet.

(5) Bestimmte Kategorien von Transformatoren sollten aufgrund ihrer speziellen Funktion nicht unter diese Verordnung fallen. Der Energieverbrauch und das Einsparpotenzial von solchen Transformatoren fallen im Vergleich zu anderen Transformatoren nicht ins Gewicht.

(6) Aufgrund der Gewichtsbeschränkungen für die Befestigung von Transformatoren an Freileitungsmasten werden Ausnahmen von den Vorschriften gewährt. Um die Fehlverwendung von speziell zum Betrieb an Masten hergestellten Transformatoren zu vermeiden, sollten solche Transformatoren den sichtbaren Hinweis „Nur zum Betrieb an Freileitungsmasten" tragen, damit die Arbeit der nationalen Marktaufsichtsbehörden erleichtert wird.

[1] ABl. L 285 vom 31.10.2009, S. 10.

(7) Ausnahmen von den Vorschriften werden für Transformatoren gewährt, die mit Spannungsregelungsfunktionen ausgestattet sind, um dezentral aus erneuerbaren Energieträgern erzeugten Strom in das Verteilungsnetz einzuspeisen. Solche Ausnahmeregelungen sollten allmählich auslaufen, da diese aufstrebende Technologie zunehmend ausgereift ist und Messnormen verfügbar werden, mit denen die Verluste im Zusammenhang mit dem Kerntransformator von den Verlusten im Zusammenhang mit Ausrüstungsteilen für andere Funktionen getrennt werden können.

(8) Es sollten Ökodesign-Anforderungen an die Energieeffizienz von Mittelleistungstransformatoren und an die Energieeffizienz von Großleistungstransformatoren festgelegt werden, um die Ökodesign-Anforderungen an diese Geräte unionsweit zu harmonisieren. Solche Anforderungen würden auch zum reibungslosen Funktionieren des Binnenmarktes und zur Verbesserung der Umweltschutzleistungen der Mitgliedstaaten beitragen.

(9) Die Festlegung von Ökodesign-Anforderungen an Mittelleistungs- und Großleistungstransformatoren ist ferner nötig, um die Marktdurchdringung von Technologien und Bauformoptionen zu verbessern, wodurch die Energieleistung oder -effizienz dieser Transformatoren gesteigert würde. Die Gesamtverluste aller Transformatoren in den 27 Mitgliedstaaten der EU beliefen sich 2008 auf 93,4 TWh jährlich. Das kostenwirksame Verbesserungspotenzial durch effizientere Bauformen wurde für das Jahr 2025 auf etwa 16,2 TWh jährlich geschätzt, was 3,7 Mt CO_2-Emissionen entspricht.

(10) Es muss für ein stufenweises Inkrafttreten der Ökodesign-Anforderungen gesorgt werden, damit den Herstellern ausreichend Zeit gegeben wird, ihre Produkte anzupassen. Die Fristen für die Anwendung dieser Anforderungen sollten so gesetzt werden, dass die Auswirkungen für die Hersteller, insbesondere für kleine und mittlere Unternehmen, berücksichtigt werden, andererseits aber auch das rechtzeitige Erreichen der politischen Ziele gewährleistet ist.

(11) Damit die Verordnung wirksam durchgeführt werden kann, wird den nationalen Regulierungsbehörden dringend geraten, immer wenn dies bei Betrachtung des gesamten Lebenszyklus (unter Berücksichtigung einer angemessenen Beurteilung der Reduzierung der Verluste) wirtschaftlich gerechtfertigt ist, die Auswirkung von Mindesteffizienzanforderungen auf die Anschaffungskosten des Transformators zu berücksichtigen und die Installation effizienterer Transformatoren als die von der Verordnung vorgeschriebenen in Betracht zu ziehen.

(12) Um die Konformitätsprüfung zu erleichtern, sollten die Hersteller in den technischen Unterlagen gemäß den Anhängen IV und V der Richtlinie 2009/125/EG die entsprechenden Angaben machen.

(13) Die in dieser Verordnung vorgesehenen Maßnahmen entsprechen der Stellungnahme des nach Artikel 19 Absatz 1 der Richtlinie 2009/125/EG eingesetzten Ausschusses —

HAT FOLGENDE VERORDNUNG ERLASSEN:

Artikel 1

Gegenstand und Geltungsbereich

(1) In dieser Verordnung werden Ökodesign-Anforderungen an das Inverkehrbringen und die Inbetriebnahme von Leistungstransformatoren mit einer Mindestnennleistung von 1 kVA festgelegt, die in mit 50 Hz betriebenen Stromübertragungs- und -verteilungsnetzen oder in industriellen Anwendungen verwendet werden. Diese Verordnung gilt nur für nach Inkrafttreten der Verordnung beschaffte Transformatoren.

(2) Diese Verordnung gilt nicht für Transformatoren, die eigens für die folgenden Verwendungszwecke ausgelegt sind und eingesetzt werden:

— Messwandler, die eigens zur Versorgung von Messgeräten, Zählern, Relais und ähnlichen Geräten ausgelegt sind;

— Transformatoren mit Unterspannungswicklungen, die eigens zur Verwendung mit Gleichrichtern ausgelegt sind, um Gleichstrom zu liefern;

— Transformatoren, die eigens dazu ausgelegt sind, direkt mit einem Ofen verbunden zu werden;

— Transformatoren, die eigens zur Verwendung in Offshore-Anlagen und schwimmenden Offshore-Anlagen ausgelegt sind;

— Transformatoren, die eigens für den Notfallbetrieb ausgelegt sind;

— Transformatoren und Spartransformatoren, die eigens für die Stromversorgung von Eisenbahnen ausgelegt sind;

— Erdungstransformatoren, d. h. Dreiphasentransformatoren, die einen Neutralpunkt für die Erdung einer Anlage bieten sollen;

— auf Schienenfahrzeugen montierte Fahrzeugtransformatoren, d. h. direkt oder über einen Umformer mit einer Wechselstrom- oder Gleichstrom-Oberleitung verbundene Transformatoren zur Verwendung in ortsfesten Eisenbahnanlagen;

— Anfahrtransformatoren, die eigens für das Einschalten von Drehstrommotoren ausgelegt sind, um Spannungseinbrüche zu verhindern;

— Prüftransformatoren, die eigens für die Verwendung in einem Stromkreis zur Erzeugung einer bestimmten Spannung oder Stromstärke zur Prüfung elektrischer Betriebsmittel ausgelegt sind;

— Schweißtransformatoren, die eigens zur Verwendung in Lichtbogenschweißeinrichtungen oder Widerstandsschweißeinrichtungen ausgelegt sind;

— Transformatoren, die eigens für explosionsgeschützte Anwendungen und Anwendungen im Untertagebau ausgelegt sind ([1]);

— Transformatoren, die eigens für Tiefwasser-Anwendungen (unter Wasser) ausgelegt sind;

— Mittelspannungs-/Mittelspannungs-Transformatoren bis zu 5 MVA;

— Großleistungstransformatoren, wenn nachgewiesen wird, dass für eine bestimmte Anwendung technisch realisierbare Alternativen nicht verfügbar sind, um die durch diese Verordnung vorgeschriebenen Mindestenergieeffizienzanforderungen zu erfüllen;

— Großleistungstransformatoren, die als gleichwertiger Ersatz für bestehende Großleistungstransformatoren am gleichen physischen Standort/in der gleichen Anlage dienen, wenn der Ersatz nicht ohne unverhältnismäßige Kosten im Zusammenhang mit der Beförderung und/oder Installation möglich ist;

dies betrifft nicht die Anforderungen an die Produktinformationen und die technischen Unterlagen gemäß Anhang I Nummern 3 und 4.

Artikel 2

Begriffsbestimmungen

Im Sinne dieser Verordnung und ihrer Anhänge gelten folgende Begriffsbestimmungen:

1. „Leistungstransformator" bezeichnet ein ortsfestes Gerät mit zwei oder mehr Wicklungen, das mittels elektromagnetischer Induktion ein Wechselspannungs- und -stromsystem in ein anderes Wechselspannungs- und -stromsystem umwandelt, das in der Regel unterschiedliche Werte, aber dieselbe Frequenz aufweist, um elektrische Leistung zu übertragen.

2. „Kleinleistungstransformator" bezeichnet einen Leistungstransformator mit einer höchsten Spannung für Betriebsmittel von höchstens 1,1 kV.

3. „Mittelleistungstransformator" bezeichnet einen Leistungstransformator mit einer höchsten Spannung für Betriebsmittel über 1,1 kV bis zu 36 kV und einer Nennleistung von mindestens 5 kVA und weniger als 40 MVA.

4. „Großleistungstransformator" bezeichnet einen Leistungstransformator mit einer höchsten Spannung für Betriebsmittel von mehr als 36 kV und einer Nennleistung von mindestens 5 kVA oder mit einer Nennleistung von mindestens 40 MVA, unabhängig von der höchsten Spannung für Betriebsmittel.

5. „Flüssigkeitsgefüllter Transformator" bezeichnet einen Transformator, in dem der magnetische Kreis und die Wicklungen in Flüssigkeit getaucht sind.

6. „Trockentransformator" bezeichnet einen Transformator, in dem der magnetische Kreis und die Wicklungen nicht in Isolierflüssigkeit getaucht sind.

7. „Am Mast montierter Mittelleistungstransformator" bezeichnet einen für den Außenbereich geeigneten Leistungstransformator mit einer Nennleistung bis zu 315 kVA, der für die Anbringung an der Tragestruktur von Stromfreileitungen bestimmt ist.

([1]) Geräte zur Verwendung in explosionsgefährdeten Bereichen fallen unter die Richtlinie 94/9/EG des Europäischen Parlaments und des Rates (ABl. L 100 vom 19.4.1994, S. 1).

8. „Verteilungstransformator mit Spannungsregelung" bezeichnet einen Mittelleistungstransformator, der mit zusätzlichen Komponenten innerhalb oder außerhalb des Transformatorgehäuses ausgerüstet ist, die der automatischen Steuerung der Eingangs- oder Ausgangsspannung des Transformators zwecks Regelung der Betriebsspannung unter Last dienen.

9. „Wicklung" bezeichnet eine Spulenbaugruppe, die einen Stromkreis mit einer der dem Transformator zugewiesenen Spannungen bildet.

10. „Nennspannung einer Wicklung" (U_r) bezeichnet die anzulegende oder im Leerlauf zu entwickelnde Spannung zwischen den Anschlüssen einer Wicklung ohne Anzapfungen oder einer Wicklung mit Anzapfungen, die miteinander auf der Hauptanzapfung verbunden sind.

11. „Oberspannungswicklung" bezeichnet die Wicklung mit der höchsten Nennspannung.

12. „Höchste Spannung für Betriebsmittel" (U_m) einer Transformatorwicklung bezeichnet den höchsten Effektivwert der Außenleiterspannung, auf den eine Transformatorwicklung entsprechend ihrer Isolation ausgelegt ist.

13. „Nennleistung" (S_r) bezeichnet die Bezugsgröße für die Scheinleistung einer Wicklung, die zusammen mit der Nennspannung der Wicklung den Nennstrom bestimmt.

14. „Kurzschlussverluste" (P_k) bezeichnet die aufgenommene Wirkleistung eines Wicklungspaars bei Nennfrequenz und Bezugstemperatur, wenn der Nennstrom (Anzapfungsstrom) durch den Außenleiteranschluss (bzw. die Außenleiteranschlüsse) einer der Wicklungen fließt und die Anschlüsse der anderen Wicklungen mit sämtlichen eventuell vorhandenen Wicklungen, die über Anzapfungen mit der Hauptanzapfung verbunden sind, kurzgeschlossen sind, während eventuell vorhandene weitere Wicklungen offen sind.

15. „Leerlaufverluste" (P_o) bezeichnet die aktive Leistungsaufnahme bei Nennfrequenz, wenn der Transformator versorgt wird und der Sekundärstromkreis geöffnet ist. Die angelegte Spannung ist die Nennspannung, und die Erregerwicklung, falls mit einer Anzapfung versehen, ist an ihre Hauptanzapfung angeschlossen.

16. „Effizienzindex" (PEI) bezeichnet den Höchstwert für das Verhältnis der abgegebenen Scheinleistung eines Transformators abzüglich der elektrischen Verluste zur abgegebenen Scheinleistung des Transformators.

Artikel 3

Ökodesign-Anforderungen

Kleinleistungs-, Mittelleistungs- und Großleistungstransformatoren müssen den in Anhang I festgelegten Ökodesign-Anforderungen entsprechen.

Artikel 4

Konformitätsbewertung

Die Konformitätsbewertung erfolgt unter Anwendung des Verfahrens der internen Entwurfskontrolle gemäß Anhang IV der Richtlinie 2009/125/EG oder des Managementsystems gemäß Anhang V derselben Richtlinie.

Artikel 5

Überprüfungsverfahren im Rahmen der Marktaufsicht

Bei der Durchführung der in Artikel 3 Absatz 2 der Richtlinie 2009/125/EG genannten Marktaufsichtsprüfungen wenden die Behörden der Mitgliedstaaten das in Anhang III der vorliegenden Verordnung beschriebene Überprüfungsverfahren an.

Artikel 6

Unverbindliche Referenzwerte

Die unverbindlichen Referenzwerte der leistungsfähigsten Transformatoren, die zum Zeitpunkt der Verabschiedung dieser Verordnung technisch möglich sind, sind in Anhang IV aufgeführt.

Artikel 7

Überprüfung

Spätestens drei Jahre nach ihrem Inkrafttreten überprüft die Kommission diese Verordnung unter Berücksichtigung des technischen Fortschritts und legt die Ergebnisse dieser Überprüfung dem Konsultationsforum vor. In der Überprüfung werden mindestens die folgenden Aspekte bewertet:

— die Möglichkeit, Mindestwerte des maximalen Wirkungsgrads für alle Mittelleistungstransformatoren, einschließlich derjenigen mit einer Nennleistung unter 3 150 kVA, festzulegen;

— die Möglichkeit, gegebenenfalls die mit dem reinen Transformator verbundenen Verluste von den Verlusten der Ausrüstungsteile für die Spannungsregelung zu trennen;

— die Zweckmäßigkeit der Festlegung von Mindestleistungsanforderungen für Einphasen-Leistungstransformatoren sowie für kleine Leistungstransformatoren;

— die Frage, ob Ausnahmen für am Mast montierte Transformatoren und für bestimmte Kombinationen von Wicklungsspannungen für Mittelleistungstransformatoren noch zweckmäßig sind;

— die Möglichkeit, auch andere Umweltauswirkungen außer der Energie in der Betriebsphase zu erfassen.

Artikel 8

Inkrafttreten

Diese Verordnung tritt am zwanzigsten Tag nach ihrer Veröffentlichung im *Amtsblatt der Europäischen Union* in Kraft.

Diese Verordnung ist in allen ihren Teilen verbindlich und gilt unmittelbar in jedem Mitgliedstaat.

Brüssel, den 21. Mai 2014

Für die Kommission
Der Präsident
José Manuel BARROSO

ANHANG I

Ökodesign-Anforderungen

1. Mindestanforderungen an die Energieleistung oder -effizienz von Mittelleistungstransformatoren

Mittelleistungstransformatoren müssen den höchstzulässigen Werten für Kurzschlussverluste und Leerlaufverluste oder den maximalen Wirkungsgrad gemäß den Tabellen I.1 bis I.5 entsprechen; ausgenommen sind an Masten befestigte Mittelleistungstransformatoren, die den höchstzulässigen Werten für Kurzschlussverluste und Leerlaufverluste gemäß Tabelle I.6 entsprechen müssen.

1.1. Anforderungen an Dreiphasen-Mittelleistungstransformatoren mit einer Nennleistung ≤ 3 150 kVA

Tabelle I.1 Höchste Kurzschluss- und Leerlaufverluste (in W) für dreiphasige **flüssigkeitsgefüllte** Mittelleistungstransformatoren mit einer Wicklung mit U_m ≤ 24 kV und einer mit U_m ≤ 1,1 kV

	Stufe 1 (ab 1. Juli 2015)		Stufe 2 (ab 1. Juli 2021)	
Nennleistung (kVA)	Höchste Kurzschlussverluste P_k (W) (*)	Höchste Leerlaufverluste P_o (W) (*)	Höchste Kurzschlussverluste P_k (W) (*)	Höchste Leerlaufverluste P_o (W) (*)
≤ 25	C_k (900)	A_o (70)	A_k (600)	A_o – 10 % (63)
50	C_k (1 100)	A_o (90)	A_k (750)	A_o – 10 % (81)
100	C_k (1 750)	A_o (145)	A_k (1 250)	A_o – 10 % (130)
160	C_k (2 350)	A_o (210)	A_k (1 750)	A_o – 10 % (189)
250	C_k (3 250)	A_o (300)	A_k (2 350)	A_o – 10 % (270)
315	C_k (3 900)	A_o (360)	A_k (2 800)	A_o – 10 % (324)
400	C_k (4 600)	A_o (430)	A_k (3 250)	A_o – 10 % (387)
500	C_k (5 500)	A_o (510)	A_k (3 900)	A_o – 10 % (459)
630	C_k (6 500)	A_o (600)	A_k (4 600)	A_o – 10 % (540)
800	C_k (8 400)	A_o (650)	A_k (6 000)	A_o – 10 % (585)
1 000	C_k (10 500)	A_o (770)	A_k (7 600)	A_o – 10 % (693)
1 250	B_k (11 000)	A_o (950)	A_k (9 500)	A_o – 10 % (855)
1 600	B_k (14 000)	A_o (1 200)	A_k (12 000)	A_o – 10 % (1080)
2 000	B_k (18 000)	A_o (1 450)	A_k (15 000)	A_o – 10 % (1 305)
2 500	B_k (22 000)	A_o (1 750)	A_k (18 500)	A_o – 10 % (1 575)
3 150	B_k (27 500)	A_o (2 200)	A_k (23 000)	A_o – 10 % (1 980)

(*) Höchstverluste für Nennleistungen in kVA, die zwischen denjenigen in Tabelle I.1 liegen, werden durch lineare Interpolation ermittelt.

Tabelle I.2 Höchste Kurzschluss- und Leerlaufverluste (in W) für dreiphasige Mittelleistungs-**Trockentransformatoren** mit einer Wicklung mit $U_m \leq 24$ kV und einer mit $U_m \leq 1{,}1$ kV

	Stufe 1 (1. Juli 2015)		Stufe 2 (1. Juli 2021)	
Nenn-leistung (kVA)	Höchste Kurzschlussverluste P_k (W) (*)	Höchste Leerlaufverluste P_o (W) (*)	Höchste Kurzschlussverluste P_k (W) (*)	Höchste Leerlaufverluste P_o (W) (*)
≤ 50	B_k (1 700)	A_o (200)	A_k (1 500)	A_o – 10 % (180)
100	B_k (2 050)	A_o (280)	A_k (1 800)	A_o – 10 % (252)
160	B_k (2 900)	A_o (400)	A_k (2 600)	A_o – 10 % (360)
250	B_k (3 800)	A_o (520)	A_k (3 400)	A_o – 10 % (468)
400	B_k (5 500)	A_o (750)	A_k (4 500)	A_o – 10 % (675)
630	B_k (7 600)	A_o (1 100)	A_k (7 100)	A_o – 10 % (990)
800	A_k (8 000)	A_o (1 300)	A_k (8 000)	A_o – 10 % (1 170)
1 000	A_k (9 000)	A_o (1 550)	A_k (9 000)	A_o – 10 % (1 395)
1 250	A_k (11 000)	A_o (1 800)	A_k (11 000)	A_o – 10 % (1 620)
1 600	A_k (13 000)	A_o (2 200)	A_k (13 000)	A_o – 10 % (1 980)
2 000	A_k (16 000)	A_o (2 600)	A_k (16 000)	A_o – 10 % (2 340)
2 500	A_k (19 000)	A_o (3 100)	A_k (19 000)	A_o – 10 % (2 790)
3 150	A_k (22 000)	A_o (3 800)	A_k (22 000)	A_o – 10 % (3 420)

(*) Höchstverluste für Nennleistungen in kVA, die zwischen denjenigen in Tabelle I.2 liegen, werden durch lineare Interpolation ermittelt.

Tabelle I.3 Korrektur der Kurzschluss- und Leerlaufverluste bei anderen Kombinationen von Wicklungsspannungen oder Doppelspannung in einer oder beiden Wicklungen (Nennleistung ≤ 3 150 kVA)

Eine Wicklung mit $U_m \leq 24$ kV und eine mit $U_m > 1{,}1$ kV	Die höchstzulässigen Verluste in den Tabellen I.1 und I.2 müssen bei den Leerlaufverlusten um 10 % und bei den Kurzschlussverlusten um 10 % erhöht werden.
Eine Wicklung mit $U_m = 36$ kV und eine mit $U_m \leq 1{,}1$ kV	Die höchstzulässigen Verluste in den Tabellen I.1 und I.2 müssen bei den Leerlaufverlusten um 15 % und bei den Kurzschlussverlusten um 10 % erhöht werden.
Eine Wicklung mit $U_m = 36$ kV und eine mit $U_m > 1{,}1$ kV	Die in den Tabellen I.1 und I.2 angegebenen höchstzulässigen Verluste müssen bei den Leerlaufverlusten um 20 % und bei den Kurzschlussverlusten um 15 % erhöht werden.

Doppelspannung an einer Wicklung	Bei Transformatoren mit einer Hochspannungswicklung und zwei Spannungen aus einer angezapften Niederspannungswicklung werden die Verluste auf der Grundlage der höheren Spannung der Niederspannungswicklung berechnet; sie müssen den höchstzulässigen Verlusten in den Tabellen I.1 und I.2 entsprechen. Bei solchen Transformatoren ist die höchste verfügbare Leistung bei der niedrigeren Spannung an der Niederspannungswicklung begrenzt auf 0,85-mal die Nennleistung, die der Niederspannungswicklung bei ihrer höheren Spannung zugewiesen ist.
	Bei Transformatoren mit einer Niederspannungswicklung mit zwei Spannungen aus einer angezapften Hochspannungswicklung werden die Verluste auf der Grundlage der höheren Hochspannung berechnet; sie müssen den höchstzulässigen Verlusten in den Tabellen I.1 und I.2 entsprechen. Bei solchen Transformatoren ist die höchste verfügbare Leistung bei der niedrigeren Spannung der Hochspannungswicklung begrenzt auf 0,85-mal die Nennleistung, die der Hochspannungswicklung bei ihrer höheren Spannung zugewiesen ist.
	Ist die volle Nennleistung unabhängig von der Kombination der Spannungen verfügbar, kann die in den Tabellen I.1 und I.2 angegebene Höhe der Verluste bei den Leerlaufverlusten um 15 % und bei den Kurzschlussverlusten um 10 % erhöht werden.
Doppelspannung an beiden Wicklungen	Bei Transformatoren mit Doppelspannung an beiden Wicklungen können die höchstzulässigen Verluste in den Tabellen I.1 und I.2 bei den Leerlaufverlusten und bei den Kurzschlussverlusten um jeweils 20 % erhöht werden. Die Höhe der Verluste bezieht sich auf die höchstmögliche Nennspannung und auf die Annahme, dass die Nennleistung unabhängig von der Kombination der Spannungen dieselbe ist.

1.2. **Anforderungen an Mittelleistungstransformatoren mit einer Nennleistung > 3 150 kVA**

Tabelle I.4 Mindestwerte für den maximalen Wirkungsgrad von **flüssigkeitsgefüllten** Mittelleistungstransformatoren

Nennleistung (kVA)	Stufe 1 (1. Juli 2015)	Stufe 2 (1. Juli 2021)
	Mindestwert für den maximalen Wirkungsgrad (in %)	
3 150 < S_r ≤ 4 000	99,465	99,532
5 000	99,483	99,548
6 300	99,510	99,571
8 000	99,535	99,593
10 000	99,560	99,615
12 500	99,588	99,640
16 000	99,615	99,663
20 000	99,639	99,684
25 000	99,657	99,700
31 500	99,671	99,712
40 000	99,684	99,724

Mindestwerte für den maximalen Wirkungsgrad für Nennleistungen in kVA, die zwischen denjenigen in Tabelle I.4 liegen, werden durch lineare Interpolation ermittelt.

Tabelle I.5 Mindestwerte für den maximalen Wirkungsgrad von Mittelleistungs-**Trockentransformatoren**

Nennleistung (kVA)	Stufe 1 (1. Juli 2015)	Stufe 2 (1. Juli 2021)
	Mindestwert für den maximalen Wirkungsgrad (in %)	
$3\,150 < S_r \leq 4\,000$	99,348	99,382
5 000	99,354	99,387
6 300	99,356	99,389
8 000	99,357	99,390
≥ 10 000	99,357	99,390

Mindestwerte für den maximalen Wirkungsgrad für Nennleistungen in kVA, die zwischen denjenigen in Tabelle I.5 liegen, werden durch lineare Interpolation ermittelt.

1.3. Anforderungen an Mittelleistungstransformatoren mit einer Nennleistung ≤ 3 150 kVA, die mit Anzapfungsverbindungen ausgerüstet sind, die sich für den Betrieb unter Spannung oder unter Last zur Spannungsregelung eignen. Zu dieser Kategorie gehören auch Verteilungstransformatoren mit Spannungsregelung.

Die in den Tabellen I.1 und I.2 dieses Anhangs genannten höchstzulässigen Verluste müssen in Stufe 1 bei den Leerlaufverlusten um 20 % und bei den Kurzschlussverlusten um 5 % und in Stufe 2 bei den Leerlaufverlusten um 10 % erhöht werden.

1.4. Anforderungen hinsichtlich an Masten montierter Mittelleistungstransformatoren

Die Höhe der in den Tabellen I.1 und I.2 angegebenen Kurzschluss- und Leerlaufverluste gilt nicht für an Masten montierte flüssigkeitsgefüllte Transformatoren mit Nennleistungen zwischen 25 kVA und 315 kVA. Die für diese spezifischen Modelle von an Masten montierten Mittelleistungstransformatoren höchstzulässigen Verluste werden in Tabelle I.6 genannt.

Tabelle I.6 Höchste Kurzschluss- und Leerlaufverluste (in W) für an Masten montierte flüssigkeitsgefüllte Mittelleistungstransformatoren

	Stufe 1 (1. Juli 2015)		Stufe 2 (1. Juli 2021)	
Nenn-leistung (kVA)	Höchste Kurzschlussverluste (in W) (*)	Höchste Leerlaufverluste (in W) (*)	Höchste Kurzschlussverluste (in W) (*)	Höchste Leerlaufverluste (in W) (*)
25	C_k (900)	A_o (70)	B_k (725)	A_o (70)
50	C_k (1 100)	A_o (90)	B_k (875)	A_o (90)
100	C_k (1 750)	A_o (145)	B_k (1 475)	A_o (145)
160	C_k + 32 % (3 102)	C_o (300)	C_k + 32 % (3 102)	C_o – 10 % (270)

	Stufe 1 (1. Juli 2015)		Stufe 2 (1. Juli 2021)	
Nenn-leistung (kVA)	Höchste Kurzschlussverluste (in W) (*)	Höchste Leerlaufverluste (in W) (*)	Höchste Kurzschlussverluste (in W) (*)	Höchste Leerlaufverluste (in W) (*)
200	C_k (2 750)	C_o (356)	B_k (2 333)	B_o (310)
250	C_k (3 250)	C_o (425)	B_k (2 750)	B_o (360)
315	C_k (3 900)	C_o (520)	B_k (3 250)	B_o (440)

(*) Höchstverluste für Nennleistungen in kVA, die zwischen denjenigen in Tabelle I.6 liegen, werden durch lineare Interpolation ermittelt.

2. **Mindestanforderungen an die Energieeffizienz von Großleistungstransformatoren**

Die Mindesteffizienzanforderungen an Großleistungstransformatoren werden in den Tabellen I.7 und I.8 genannt.

Tabelle I.7 Mindestanforderungen an den maximalen Wirkungsgrad von flüssigkeitsgefüllten Großleistungstransformatoren

Nennleistung (MVA)	Stufe 1 (1. Juli 2015)	Stufe 2 (1. Juli 2021)
	Mindestwert für den maximalen Wirkungsgrad (in %)	
≤ 4	99,465	99,532
5	99,483	99,548
6,3	99,510	99,571
8	99,535	99,593
10	99,560	99,615
12,5	99,588	99,640
16	99,615	99,663
20	99,639	99,684
25	99,657	99,700
31,5	99,671	99,712
40	99,684	99,724
50	99,696	99,734
63	99,709	99,745
80	99,723	99,758
≥ 100	99,737	99,770

Mindestwerte für den maximalen Wirkungsgrad für Nennleistungen in MVA, die zwischen denjenigen in Tabelle I.7 liegen, werden durch lineare Interpolation ermittelt.

Tabelle I.8 Mindestanforderungen an den maximalen Wirkungsgrad von Trocken-Großleistungstransformatoren

Nennleistung (MVA)	Stufe 1 (1. Juli 2015)	Stufe 2 (1. Juli 2021)
	Mindestwert für den maximalen Wirkungsgrad (in %)	
≤ 4	99,158	99,225
5	99,200	99,265
6,3	99,242	99,303
8	99,298	99,356
10	99,330	99,385
12,5	99,370	99,422
16	99,416	99,464
20	99,468	99,513
25	99,521	99,564
31,5	99,551	99,592
40	99,567	99,607
50	99,585	99,623
≥ 63	99,590	99,626

Mindestwerte für den maximalen Wirkungsgrad für Nennleistungen in MVA, die zwischen denjenigen in Tabelle I.8 liegen, werden durch lineare Interpolation ermittelt.

3. **Anforderungen an die Produktinformationen**

Ab dem 1. Juli 2015 müssen die folgenden Anforderungen an die Produktinformation für Transformatoren, die in den Geltungsbereich dieser Verordnung fallen (siehe Artikel 1), in allen zugehörigen Produktunterlagen, einschließlich frei zugänglicher Internetseiten der Hersteller, berücksichtigt werden:

a) Angaben zu Nennleistung, Kurzschlussverlusten und Leerlaufverlusten und zur elektrischen Leistung jedes im Leerlaufbetrieb erforderlichen Kühlsystems;

b) bei Mittelleistungstransformatoren (sofern zutreffend) und Großleistungstransformatoren der Mindestwert für den maximalen Wirkungsgrad und die Leistung, bei der er auftritt;

c) bei Doppelspannungswandlern die höchste Nennleistung bei der niedrigeren Spannung nach Tabelle I.3;

d) Angaben zum Gewicht aller Hauptbestandteile eines Leistungstransformators (mindestens den Leiter, die Art des Leiters und das Gehäusematerial umfassend);

e) bei an Masten montierten Mittelleistungstransformatoren der sichtbare Hinweis „Nur zum Betrieb an Freileitungsmasten".

Die Angaben unter a, c und d müssen ebenfalls auf dem Leistungsschild der Leistungstransformatoren vorhanden sein.

4. **Technische Unterlagen**

Folgende Angaben müssen in den technischen Unterlagen von Leistungstransformatoren enthalten sein:

a) Name und Anschrift des Herstellers;

b) Modellkennung, alphanumerischer Code zur Unterscheidung eines Modells von anderen Modellen desselben Herstellers;

c) die gemäß Punkt 3 erforderlichen Angaben.

Wenn die technischen Unterlagen (oder Teile davon) auf den technischen Unterlagen (oder Teilen davon) zu einem anderen Modell beruhen, ist die Modellkennung dieses Modells anzugeben und muss in den technischen Unterlagen genau angegeben werden, wie die Angaben aus den technischen Unterlagen des anderen Modells abgeleitet werden, z. B. durch welche Berechnungen oder Extrapolationen, einschließlich der Prüfungen, die der Hersteller durchgeführt hat, um die Berechnungen oder Extrapolationen zu überprüfen.

24 EU-Verordnung 640/2009 für die umweltgerechte Gestaltung von Elektromotoren

L 191/26 DE Amtsblatt der Europäischen Union 23.7.2009

VERORDNUNG (EG) Nr. 640/2009 DER KOMMISSION

vom 22. Juli 2009

zur Durchführung der Richtlinie 2005/32/EG des Europäischen Parlaments und des Rates im Hinblick auf die Festlegung von Anforderungen an die umweltgerechte Gestaltung von Elektromotoren

(Text von Bedeutung für den EWR)

DIE KOMMISSION DER EUROPÄISCHEN GEMEINSCHAFTEN —

gestützt auf den Vertrag zur Gründung der Europäischen Gemeinschaft,

gestützt auf die Richtlinie 2005/32/EG des Europäischen Parlaments und des Rates vom 6. Juli 2005 zur Schaffung eines Rahmens für die Festlegung von Anforderungen an die umweltgerechte Gestaltung energiebetriebener Produkte und zur Änderung der Richtlinie 92/42/EWG des Rates sowie der Richtlinien 96/57/EG und 2000/55/EG des Europäischen Parlaments und des Rates ([1]), insbesondere auf Artikel 15 Absatz 1,

nach Anhörung des Ökodesign-Konsultationsforums,

in Erwägung nachstehender Gründe:

(1) Gemäß der Richtlinie 2005/32/EG legt die Kommission Anforderungen an die umweltgerechte Gestaltung („Ökodesign") energiebetriebener Produkte fest, die ein erhebliches Vertriebs- und Handelsvolumen, eine erhebliche Umweltauswirkung und ein erhebliches Potenzial für Verbesserungen ihrer Umweltauswirkung ohne übermäßig hohe Kosten aufweisen.

(2) Gemäß Artikel 16 Absatz 2 erster Gedankenstrich der Richtlinie 2005/32/EG erlässt die Kommission nach dem in Artikel 19 Absatz 3 genannten Verfahren unter Einhaltung der in Artikel 15 Absatz 2 festgelegten Kriterien und nach Anhörung des Ökodesign-Konsultationsforums gegebenenfalls eine Durchführungsmaßnahme für Produkte, die in elektrischen Antriebssystemen Einsatz finden.

(3) Für diejenigen Industriebetriebe in der Gemeinschaft, die im Rahmen ihrer Produktionsprozesse Motoren einsetzen, sind Elektromotoren der wichtigste elektrische Verbraucher. Auf die Antriebssysteme, in denen diese Motoren zum Einsatz kommen, entfallen circa 70 % des Stromverbrauchs der Industrie. Die Energieeffizienz dieser Antriebssysteme kann kostengünstig um insgesamt 20 bis 30 % gesteigert werden. Einer der wichtigsten Faktoren bei dieser Effizienzsteigerung ist die Nutzung energieeffizienter Motoren. Die Motoren in elektrischen Antriebssystemen sind daher ein vorrangiges Produkt, für das Ökodesign-Anforderungen festgelegt werden sollten.

(4) Elektrische Antriebssysteme umfassen eine Reihe energiebetriebener Produkte, zum Beispiel Motoren, Steuerungen, Pumpen oder Ventilatoren. Motoren und Drehzahlregelungen gehören dabei zu den wichtigsten Produkten. Deshalb wird in dieser Verordnung vorgeschrieben, dass bestimmte Motortypen mit Drehzahlregelung ausgestattet sein müssen.

(5) Viele Motoren sind in andere Erzeugnisse eingebaut und werden nicht einzeln im Sinne von Artikel 5 der Richtlinie 2005/32/EG und der Richtlinie 2006/42/EG des Europäischen Parlaments und des Rates ([2]) in Verkehr gebracht und in Betrieb genommen. Damit das gesamte Energieeinsparpotenzial kosteneffizient realisiert werden kann, sollten die in andere Erzeugnisse eingebauten Motoren den Bestimmungen dieser Verordnung unterliegen.

(6) Die Kommission hat in einer vorbereitenden Studie die technischen, ökologischen und wirtschaftlichen Aspekte von Elektromotoren untersucht. Die Studie wurde zusammen mit Interessengruppen und betroffenen Kreisen aus der EU und Drittländern durchgeführt, und die Ergebnisse wurden öffentlich zugänglich gemacht.

(7) Aus der vorbereitenden Studie geht hervor, dass Elektromotoren in großen Mengen auf den Gemeinschaftsmarkt kommen, dass deren Energieverbrauch während der Betriebsphase der wichtigste Umweltaspekt sämtlicher Phasen ihres Lebenszyklus ist und dass 2005 der jährliche Stromverbrauch durch Elektromotoren 1 067 TWh betrug, was der Emission von 427 Mio. t CO_2 entspricht. Der Verbrauch soll Vorhersagen zufolge bis auf 1 252 TWh im Jahr 2020 ansteigen, falls keine spezifischen Maßnahmen zu dessen Begrenzung getroffen werden. Es wurde festgestellt, dass der Energieverbrauch über den gesamten Lebenszyklus und der Energieverbrauch während der Betriebsphase erheblich verbessert werden können, insbesondere wenn die mit unterschiedlichen Geschwindigkeiten und Lasten betriebenen Motoren mit Steuerungen ausgestattet sind.

(8) Aus der vorbereitenden Studie geht hervor, dass der Stromverbrauch im Betrieb der einzige wichtige Ökodesign-Parameter ist, der im Sinne von Anhang I Teil 1 der Richtlinie 2005/32/EG mit der Produktgestaltung zusammenhängt.

(9) Verbesserungen beim Stromverbrauch von Elektromotoren sollten durch Anwendung bestehender kostengünstiger und nichtproprietärer Technologien erreicht werden, die zu einer Verringerung der kombinierten Gesamtausgaben für die Anschaffung und den Betrieb dieser Geräte führen können.

([1]) ABl. L 191 vom 22.7.2005, S. 29.

([2]) ABl. L 157 vom 9.6.2006, S. 24.

(10) Die Anforderungen an den Energieverbrauch von Motoren sollten gemeinschaftsweit durch Ökodesign-Anforderungen harmonisiert werden; dadurch würde ein Beitrag zum Funktionieren des Binnenmarktes und zur Verbesserung der Umweltverträglichkeit dieser Produkte geleistet.

(11) Den Herstellern sollte ein angemessener zeitlicher Rahmen für die Anpassung der Produkte gewährt werden. Der Zeitplan sollte so festgelegt werden, dass einerseits negative Auswirkungen auf die Betriebseigenschaften von Motoren vermieden und Auswirkungen auf die Kosten der Hersteller, insbesondere kleiner und mittlerer Unternehmen, berücksichtigt werden, andererseits aber auch das rechtzeitige Erreichen der Ziele dieser Verordnung gewährleistet ist.

(12) Der Energieverbrauch sollte durch zuverlässige, genaue und reproduzierbare Messverfahren ermittelt werden, die dem anerkannten Stand der Technik sowie gegebenenfalls harmonisierten Normen Rechnung tragen, die von den in Anhang I der Richtlinie 98/34/EG des Europäischen Parlaments und des Rates vom 22. Juni 1998 über ein Informationsverfahren auf dem Gebiet der Normen und technischen Vorschriften [1] aufgeführten europäischen Normungsgremien erlassen wurden.

(13) Diese Verordnung sollte die Marktdurchdringung von Technologien zur Verbesserung der Umweltverträglichkeit von Elektromotoren über die Lebensdauer erhöhen und damit bis 2020 zu geschätzten Einsparungen beim Energieverbrauch über die Lebensdauer in Höhe von 5 500 PJ [2] sowie zu Stromeinsparungen in Höhe von 135 TWh im Vergleich zum Szenario ohne Maßnahmen führen.

(14) Nach Artikel 8 der Richtlinie 2005/32/EG sollten in dieser Verordnung die geltenden Konformitätsbewertungsverfahren festgelegt werden.

(15) Um die Konformitätsprüfung zu erleichtern, sollten die Hersteller verpflichtet werden, in den technischen Unterlagen gemäß den Anhängen IV und V der Richtlinie 2005/32/EG Angaben zu machen.

(16) Im Interesse einer weiteren Begrenzung der Umweltauswirkungen von Elektromotoren sollten die Hersteller einschlägige Informationen zum Zerlegen, zum Recycling und zur Entsorgung nach der endgültigen Außerbetriebnahme bereitstellen.

(17) Es sollten Referenzwerte für derzeit verfügbare Technologien mit hoher Energieeffizienz ermittelt werden. Dies wird dazu beitragen, die breite Verfügbarkeit und leichte Zugänglichkeit von Informationen insbesondere für kleine und mittlere Unternehmen (KMU) und Kleinstunternehmen zu gewährleisten, was die Integration der besten Entwurfstechnologien zur Verringerung des Energieverbrauchs weiter erleichtern wird.

[1] ABl. L 204 vom 21.7.1998, S. 37.
[2] 1 TWh = 3,6 PJ.

(18) Die in dieser Verordnung vorgesehenen Maßnahmen entsprechen der Stellungnahme des nach Artikel 19 Absatz 1 der Richtlinie 2005/32/EG eingesetzten Ausschusses —

HAT FOLGENDE VERORDNUNG ERLASSEN:

Artikel 1

Gegenstand und Geltungsbereich

(1) Durch diese Verordnung werden Anforderungen an die umweltgerechte Gestaltung („Ökodesign") von Elektromotoren in Hinblick auf das Inverkehrbringen und die Inbetriebnahme dieser Geräte festgelegt, die auch gelten, wenn sie in andere Produkte eingebaut sind.

(2) Diese Verordnung gilt nicht für

a) Motoren, die dafür ausgelegt sind, ganz in eine Flüssigkeit eingetaucht betrieben zu werden;

b) vollständig in ein Produkt (z. B. ein Getriebe, eine Pumpe, einen Ventilator oder einen Kompressor) eingebaute Motoren, deren Energieeffizienz nicht unabhängig von diesem Produkt erfasst werden kann;

c) Motoren, die speziell für den Betrieb unter folgenden Bedingungen ausgelegt sind:

i) in Höhen über 1 000 Meter über dem Meeresspiegel;

ii) bei Umgebungstemperaturen über 40 °C;

iii) bei Betriebshöchsttemperaturen über 400 °C;

iv) bei Umgebungstemperaturen unter − 15 °C (beliebiger Motor) bzw. bei Umgebungstemperaturen unter 0 °C (luftgekühlter Motor);

v) bei Kühlflüssigkeitstemperaturen am Einlass eines Produkts unter 5 °C oder über 25 °C;

vi) in explosionsgefährdeten Bereichen im Sinne der Richtlinie 94/9/EG des Europäischen Parlaments und des Rates [3];

d) Bremsmotoren,

ausgenommen in Bezug auf die Anforderungen an die Produktinformationen gemäß Anhang I Nummer 2 Punkte 3, 4, 5, 6 und 12.

[3] ABl. L 100 vom 19.4.1994, S. 1.

Artikel 2

Begriffsbestimmungen

Zusätzlich zu den Begriffsbestimmungen in der Richtlinie 2005/32/EG gelten folgende Begriffsbestimmungen:

1. „Motor" bezeichnet einen eintourigen Dreiphasen-50-Hz- oder -50/60-Hz-Käfigläufer-Induktionsmotor mit folgenden Eigenschaften:

   — 2- bis 6-polig;

   — Nennspannung U_N bis 1 000 V;

   — Nennausgangsleistung P_N zwischen 0,75 kW und 375 kW;

   — für Dauerbetrieb ausgelegt.

2. „Drehzahlregelung" bezeichnet einen elektronischen Leistungswandler, der die elektrische Energie, mit der ein Elektromotor gespeist wird, kontinuierlich anpasst, um die von dem Motor abgegebene mechanische Leistung nach Maßgabe der Drehmoment-Drehzahl-Kennlinie der (am Motor anliegenden) Last zu steuern, indem der Dreiphasen-50-Hz-Netzstrom in Strom variabler Frequenz und Spannung umgewandelt wird.

3. „Käfigläufermotor" bezeichnet einen Elektromotor ohne Bürsten, Kommutatoren, Schleifringe oder elektrische Verbindungen zum Rotor.

4. „Phase" bezeichnet die Konfiguration der Netzstromversorgung;

5. „Pol" bezeichnet die Gesamtzahl der durch das rotierende Magnetfeld des Motors erzeugten magnetischen Nord- und Südpole. Die Zahl der Pole bestimmt die Grunddrehzahl des Motors.

6. „Dauerlastbetrieb" bezeichnet das ununterbrochene Funktionieren eines Elektromotors mit integriertem Kühlsystem bei Nennlast unterhalb der Betriebshöchsttemperatur.

7. „Bremsmotor" bezeichnet einen Motor mit einer elektromechanischen Bremseinheit, die unmittelbar ohne Kupplungen auf die Antriebswelle einwirkt.

Artikel 3

Ökodesign-Anforderungen

Die Ökodesign-Anforderungen an Motoren sind in Anhang I aufgeführt.

Die einzelnen Ökodesign-Anforderungen treten nach folgendem Zeitplan in Kraft:

1. Ab 16. Juni 2011 müssen Motoren mindestens das in Anhang I Nummer 1 definierte Effizienzniveau IE2 erreichen.

2. Ab 1. Januar 2015 gilt:

   i) Motoren mit einer Nennausgangsleistung von 7,5—375 kW müssen entweder mindestens das in Anhang I Nummer 1 definierte Effizienzniveau IE3 erreichen oder dem in Anhang I Nummer 1 definierten Effizienzniveau IE2 entsprechen und mit einer Drehzahlregelung ausgestattet sein.

3. Ab 1. Januar 2017 gilt:

   i) Alle Motoren mit einer Nennausgangsleistung von 0,75—375 kW müssen entweder mindestens das in Anhang I Nummer 1 definierte Effizienzniveau IE3 erreichen oder dem in Anhang I Nummer 1 definierten Effizienzniveau IE2 entsprechen und mit einer Drehzahlregelung ausgestattet sein.

Die Anforderungen an die Produktinformationen zu Motoren sind in Anhang I aufgeführt. Die Einhaltung der Ökodesign-Anforderungen wird anhand der in Anhang II aufgeführten Anforderungen gemessen und berechnet.

Artikel 4

Konformitätsbewertung

Das in Artikel 8 der Richtlinie 2005/32/EG genannte Verfahren zur Konformitätsbewertung ist das in Anhang IV der Richtlinie 2005/32/EG beschriebene interne Entwurfskontrollsystem oder das in Anhang V der Richtlinie 2005/32/EG beschriebene Managementsystem für die Konformitätsbewertung.

Artikel 5

Nachprüfungsverfahren zur Marktaufsicht

Bei der Durchführung der in Artikel 3 Absatz 2 der Richtlinie 2005/32/EG genannten Kontrollen im Rahmen der Marktaufsicht wenden die Behörden der Mitgliedstaaten das in Anhang III dieser Verordnung beschriebene Nachprüfverfahren an.

Artikel 6

Unverbindliche Referenzwerte

Die Werte der effizientesten Motoren, die zurzeit auf dem Markt sind, sind in Anhang IV als unverbindliche Referenzwerte aufgeführt.

Artikel 7

Überprüfung

Die Kommission überprüft diese Verordnung spätestens sieben Jahre nach ihrem Inkrafttreten unter Berücksichtigung des technischen Fortschritts bei Motoren und Steuerungen und übermittelt dem Ökodesign-Konsultationsforum die Ergebnisse dieser Überprüfung. Die Überprüfung erstreckt sich auf Ressourceneffizienz, Wiederverwendung und Recycling sowie das Niveau der Messunsicherheit.

Artikel 8

Inkrafttreten

Diese Verordnung tritt am zwanzigsten Tag nach ihrer Veröffentlichung im *Amtsblatt der Europäischen Union* in Kraft.

Diese Verordnung ist in allen ihren Teilen verbindlich und gilt unmittelbar in jedem Mitgliedstaat.

Brüssel, den 22. Juli 2009

Für die Kommission
Andris PIEBALGS
Mitglied der Kommission

ANHANG I

ÖKODESIGN-ANFORDERUNGEN AN MOTOREN

1. ANFORDERUNGEN AN DIE MOTOREFFIZIENZ

Die Anforderungen an die Nenn-Mindesteffizienz von Motoren sind in den Tabellen 1 und 2 aufgeführt.

Tabelle 1

Nenn-Mindesteffizienzen (η) für das Effizienzniveau IE2 (50 Hz)

Nennausgangsleistung (kW)	Anzahl der Pole		
	2	4	6
0,75	77,4	79,6	75,9
1,1	79,6	81,4	78,1
1,5	81,3	82,8	79,8
2,2	83,2	84,3	81,8
3	84,6	85,5	83,3
4	85,8	86,6	84,6
5,5	87,0	87,7	86,0
7,5	88,1	88,7	87,2
11	89,4	89,8	88,7
15	90,3	90,6	89,7
18,5	90,9	91,2	90,4
22	91,3	91,6	90,9
30	92,0	92,3	91,7
37	92,5	92,7	92,2
45	92,9	93,1	92,7
55	93,2	93,5	93,1
75	93,8	94,0	93,7
90	94,1	94,2	94,0
110	94,3	94,5	94,3
132	94,6	94,7	94,6
160	94,8	94,9	94,8
200 bis 375	95,0	95,1	95,0

Tabelle 2

Nenn-Mindesteffizienzen (η) für das Effizienzniveau IE3 (50 Hz)

Nennausgangsleistung (kW)	Anzahl der Pole		
	2	4	6
0,75	80,7	82,5	78,9
1,1	82,7	84,1	81,0
1,5	84,2	85,3	82,5
2,2	85,9	86,7	84,3

Nennausgangsleistung (kW)	Anzahl der Pole		
	2	4	6
3	87,1	87,7	85,6
4	88,1	88,6	86,8
5,5	89,2	89,6	88,0
7,5	90,1	90,4	89,1
11	91,2	91,4	90,3
15	91,9	92,1	91,2
18,5	92,4	92,6	91,7
22	92,7	93,0	92,2
30	93,3	93,6	92,9
37	93,7	93,9	93,3
45	94,0	94,2	93,7
55	94,3	94,6	94,1
75	94,7	95,0	94,6
90	95,0	95,2	94,9
110	95,2	95,4	95,1
132	95,4	95,6	95,4
160	95,6	95,8	95,6
200 bis 375	95,8	96,0	95,8

2. ANFORDERUNGEN AN DIE PRODUKTINFORMATIONEN ZU MOTOREN

Ab 16. Juni 2011 müssen die unter den Punkten 1 bis 12 genannten Informationen zu den betreffenden Motoren wie folgt sichtbar bereitgestellt werden:

a) in den technischen Unterlagen zu Motoren;

b) in den technischen Unterlagen zu Produkten, in die Motoren eingebaut sind;

c) auf frei zugänglichen Internetseiten der Motorenhersteller;

d) auf frei zugänglichen Internetseiten der Hersteller von Produkten, in die Motoren eingebaut sind.

In den technischen Unterlagen sind die Informationen in der Reihenfolge gemäß den Punkten 1 bis 12 bereitzustellen. Dabei müssen nicht genau die in der Aufstellung gebrauchten Formulierungen verwendet werden. Die Angaben können auch in Form von Grafiken, Schaubildern und Symbolen erfolgen.

1. Nenneffizienz (η) bei 100 %, 75 % und 50 % der Nennlast und Nennspannung (U_N);

2. Effizienzniveau: „IE2" oder „IE3";

3. Herstellungsjahr;

4. Name oder Warenzeichen, amtliche Registrierungsnummer und Niederlassungsort des Herstellers;

5. Modellnummer des Produkts;

6. Zahl der Pole des Motors;

7. Nennausgangsleistung(en) oder Nennausgangsleistungsintervall [kW];

8. Nenneingangsfrequenz(en) des Motors (Hz);

9. Nennspannung(en) oder Nennspannungsintervall [V];

10. Nenndrehzahl(en) oder Nenndrehzahlintervall [min^{-1}];

11. für das Zerlegen, das Recycling oder die Entsorgung nach der endgültigen Außerbetriebnahme relevante Informationen;

12. Informationen zum Spektrum der Betriebsbedingungen, für die der Motor speziell ausgelegt ist:

i) Höhen über dem Meeresspiegel;

ii) Umgebungslufttemperaturen, auch für Motoren mit Luftkühlung;

iii) Kühlflüssigkeitstemperatur am Einlass des Produkts;

iv) Betriebshöchsttemperatur;

v) explosionsgefährdete Bereiche.

Die unter den Punkten 1, 2 und 3 genannten Informationen sind dauerhaft auf oder nahe dem Leistungsschild anzugeben.

Für nach Kundenspezifikationen maßgefertigte Motoren mit besonderen mechanischen und elektrischen Konstruktionsmerkmalen brauchen die unter den Punkten 1 bis 12 genannten Informationen nicht auf den frei zugänglichen Internetseiten der Hersteller veröffentlicht zu werden. Informationen zur obligatorischen Ausrüstung von Motoren, die nicht das Effizienzniveau IE3 erreichen, mit einer Drehzahlregelung sind sichtbar auf dem Leistungsschild und in den technischen Unterlagen des Motors anzugeben:

a) ab dem 1. Januar 2015 für Motoren mit einer Nennausgangsleistung von 7,5—375 kW,

b) ab dem 1. Januar 2017 für Motoren mit einer Nennausgangsleistung von 0,75—375 kW.

Die Hersteller machen in den technischen Unterlagen Angaben zu etwaigen besonderen Sicherheitsvorkehrungen, die beim Zusammenbau, beim Einbau, bei der Wartung oder beim Einsatz von Motoren mit Drehzahlregelung zu treffen sind, u. a. zur Minimierung elektromagnetischer Felder von Drehzahlregelungen.

3. BEGRIFFSBESTIMMUNGEN FÜR ANHANG I

1. „Nenn-Mindesteffizienz“ (η) bezeichnet den Wirkungsgrad bei voller Nennlast und Nennspannung ohne Toleranzen.

2. „Toleranz“ bezeichnet die höchstzulässige Abweichung gemessener Werte von den auf dem Leistungsschild oder in den technischen Unterlagen angegebenen Werten eines Motors.

ANHANG II

MESSUNGEN UND BERECHNUNGEN

Für die Feststellung und Überprüfung der Konformität mit den Anforderungen dieser Verordnung werden Messungen und Berechnungen unter Verwendung zuverlässiger, genauer und reproduzierbarer Verfahren vorgenommen, die dem anerkannten Stand der Technik Rechnung tragen und deren Ergebnisse als mit geringer Unsicherheit behaftet gelten; dies schließt Methoden gemäß Dokumenten ein, deren Nummern zu diesem Zweck im *Amtsblatt der Europäischen Union* veröffentlicht wurden. Sie müssen allen nachstehenden technischen Parametern entsprechen.

Die Energieeffizienz ist das Verhältnis der mechanischen Ausgangsleistung zur elektrischen Eingangsleistung.

Das Effizienzniveau des Motors gemäß Anhang I wird bei Nennausgangsleistung (P_N), Nennspannung (U_N) und Nennfrequenz (f_N) ermittelt.

Die Differenz zwischen der mechanischen Ausgangsleistung und der elektrischen Eingangsleistung geht auf Verluste innerhalb des Motors zurück.

Die Gesamtverluste werden mittels einer der folgenden Methoden ermittelt:

— Messung der Gesamtverluste oder

— Ermittlung und Addition der Einzelverluste.

ANHANG III

PRÜFVERFAHREN

Bei der Durchführung der in Artikel 3 Absatz 2 der Richtlinie 2005/32/EG genannten Kontrollen im Rahmen der Marktaufsicht wenden die Behörden der Mitgliedstaaten für die Anforderungen in Anhang I das folgende Prüfverfahren an:

1. Die Behörden der Mitgliedstaaten prüfen eine einzige Einheit.

2. Weichen bei den Ergebnissen für die Nenneffizienz (η) die Verluste (1-η) im Leistungsintervall 0,75-150 kW nicht um mehr als 15 % und im Leistungsintervall > 150-375 kW nicht um mehr als 10 % von den in Anhang I festgelegten Werten ab, so wird angenommen, dass das Modell den Bestimmungen dieser Verordnung entspricht.

3. Wird das in Nummer 2 genannte Ergebnis nicht erreicht, so unterzieht die Marktaufsichtsbehörde drei zufällig ausgewählte weitere Einheiten einer Prüfung, sofern die betreffenden Motoren nicht in einer jährlichen Stückzahl von weniger als fünf hergestellt werden.

4. Weichen bei der durchschnittlichen Nenneffizienz (η) der unter Nummer 3 genannten drei Einheiten die Verluste (1-η) im Leistungsintervall 0,75-150 kW nicht um mehr als 15 % und im Leistungsintervall > 150-375 kW nicht um mehr als 10 % von den in Anhang I festgelegten Werten ab, so wird angenommen, dass dasselbe Modell den Bestimmungen dieser Verordnung entspricht.

5. Werden die unter Nummer 4 geforderten Ergebnisse nicht erreicht, so wird angenommen, dass das Modell die Anforderungen dieser Verordnung nicht erfüllt.

Für die Feststellung und Überprüfung der Konformität mit den Anforderungen dieser Verordnung wenden die Mitgliedstaaten das in Anhang II genannte Verfahren sowie zuverlässige, genaue und reproduzierbare Messverfahren an, die den anerkannten Regeln der Technik entsprechen; dies schließt Methoden gemäß Normen ein, deren Nummern zu diesem Zweck im *Amtsblatt der Europäischen Union* veröffentlicht wurden.

ANHANG IV

UNVERBINDLICHE REFERENZWERTE GEMÄSS ARTIKEL 6

Als zur Zeit der Verabschiedung dieser Verordnung beste auf dem Markt verfügbare Technik wurde das in Anhang I definierte Effizienzniveau IE3 bzw. ein Motor des Effizienzniveaus IE3 mit Drehzahlregelung ermittelt.

25 EU-Verordnung 874/2012 für die Energieverbrauchskennzeichnung von elektrischen Lampen und Leuchten

26.9.2012 DE Amtsblatt der Europäischen Union L 258/1

II

(Rechtsakte ohne Gesetzescharakter)

VERORDNUNGEN

DELEGIERTE VERORDNUNG (EU) Nr. 874/2012 DER KOMMISSION

vom 12. Juli 2012

zur Ergänzung der Richtlinie 2010/30/EU des Europäischen Parlaments und des Rates im Hinblick auf die Energieverbrauchskennzeichnung von elektrischen Lampen und Leuchten

(Text von Bedeutung für den EWR)

DIE EUROPÄISCHE KOMMISSION —

gestützt auf den Vertrag über die Arbeitsweise der Europäischen Union,

gestützt auf die Richtlinie 2010/30/EU des Europäischen Parlaments und des Rates vom 19. Mai 2010 über die Angabe des Verbrauchs an Energie und anderen Ressourcen durch energieverbrauchsrelevante Produkte mittels einheitlicher Etiketten und Produktinformationen [1], insbesondere auf Artikel 10,

in Erwägung nachstehender Gründe:

(1) Die Kommission hat gemäß der Richtlinie 2010/30/EU delegierte Rechtsakte zur Kennzeichnung energieverbrauchsrelevanter Produkte zu erlassen, die ein erhebliches Potenzial zur Einsparung von Energie sowie große Unterschiede in den Leistungsniveaus bei gleichwertigen Funktionen aufweisen.

(2) Mit der Richtlinie 98/11/EG [2] der Kommission wurden Regelungen für die Energieetikettierung von Haushaltslampen erlassen.

(3) Auf elektrische Lampen entfällt ein wesentlicher Teil des Gesamtstromverbrauchs in der Union. Über die bereits erzielten Energieeffizienzsteigerungen hinaus besteht ein erhebliches Potenzial für die weitere Verringerung des Energieverbrauchs von elektrischen Lampen.

(4) Durch diese Verordnung sollten die Richtlinie 98/11/EG aufgehoben und neue Bestimmungen festgelegt werden, um zu gewährleisten, dass das Energieetikett den Lieferanten dynamische Anreize dafür bietet, die Energieeffizienz elektrischer Lampen weiter zu verbessern und die Marktumstellung auf energieeffiziente Technologien zu beschleunigen. Der Geltungsbereich der Richtlinie 98/11/EG ist auf bestimmte Technologien innerhalb der Kategorie der Haushaltslampen beschränkt. Damit das Etikett zur Verbesserung der Energieeffizienz anderer Lampentechnologien, auch im Bereich der professionellen Beleuchtung, verwendet werden kann, sollten auch Lampen mit gebündeltem Licht, Niedrigstvoltlampen, Leuchtdioden und Lampen, die überwiegend für professionelle Beleuchtungszwecke verwendet werden (z. B. Hochdruckentladungslampen), unter diese Verordnung fallen.

(5) Leuchten werden oftmals mit eingebauten oder mitgelieferten Lampen verkauft. Diese Verordnung sollte dafür sorgen, dass Verbraucher über die Kompatibilität der Leuchte mit Energiesparlampen und über die Energieeffizienz der zur Leuchte gehörenden Lampe informiert werden. Die Verordnung sollte dabei weder zu einem unverhältnismäßigen Verwaltungsaufwand bei den Leuchtenherstellern und Einzelhändlern führen, noch hinsichtlich der Verpflichtung, Verbrauchern Informationen über die Energieeffizienz zur Verfügung zu stellen, Unterschiede zwischen verschiedenen Leuchten machen.

(6) Die Angaben auf dem Etikett sollten durch zuverlässige, genaue und reproduzierbare Messverfahren ermittelt werden, die dem anerkannten Stand der Messtechnik sowie vorhandenen harmonisierten Normen Rechnung tragen, die von den in Anhang I der Richtlinie 98/34/EG des Europäischen Parlaments und des Rates [3] aufgeführten europäischen Normungsgremien erlassen wurden.

(7) Die Verordnung sollte eine einheitliche Gestaltung und einen einheitlichen Inhalt des Etiketts für elektrische Lampen und Leuchten vorgeben.

(8) Außerdem sollten in dieser Verordnung Anforderungen an die technischen Unterlagen für elektrische Lampen und Leuchten und für das Datenblatt für elektrische Lampen festgelegt werden.

[1] ABl. L 153 vom 18.6.2010, S. 1.
[2] ABl. L 71 vom 10.3.1998, S. 1.
[3] ABl. L 204 vom 21.7.1998, S. 37.

(9) Ferner sollten in dieser Verordnung Anforderungen an die Informationen festgelegt werden, die beim Verkauf von elektrischen Lampen und Leuchten in jeglicher Form des Fernabsatzes sowie bei der Werbung und in technischem Werbematerial bereitzustellen sind.

(10) Es ist zweckmäßig, eine Überprüfung der Bestimmungen dieser Verordnung im Lichte des technischen Fortschritts vorzusehen.

(11) Um die Umstellung von der Richtlinie 98/11/EG auf diese Verordnung zu erleichtern, sollten Haushaltslampen, die gemäß dieser Verordnung gekennzeichnet sind, als der Richtlinie 98/11/EG entsprechend angesehen werden.

(12) Die Richtlinie 98/11/EG sollte daher aufgehoben werden —

HAT FOLGENDE VERORDNUNG ERLASSEN:

Artikel 1

Gegenstand und Geltungsbereich

(1) In dieser Verordnung werden Anforderungen an die Kennzeichnung von elektrischen Lampen sowie an die Bereitstellung ergänzender Produktinformationen zu elektrischen Lampen festgelegt, z. B. für

a) Glühlampen,

b) Leuchtstofflampen,

c) Hochdruckentladungslampen,

d) LED-Lampen und LED-Module.

In dieser Verordnung werden außerdem Anforderungen an die Kennzeichnung von Leuchten festgelegt, die für den Betrieb solcher Lampen ausgelegt sind und an Endnutzer vermarktet werden, auch wenn sie in andere Produkte eingebaut sind, die für die Erfüllung ihres primären Zwecks nicht auf die Zufuhr von Energie angewiesen sind (z. B. Möbel).

(2) Diese Verordnung gilt nicht für die folgenden Produkte:

a) Lampen und LED-Module mit einem Lichtstrom von unter 30 Lumen (lm);

b) Lampen und LED-Module, die für den Betrieb mit Batterien vermarktet werden;

c) Lampen und LED-Module, die für Anwendungen vermarktet werden, deren primärer Zweck nicht die Beleuchtung ist, wie

i) das Aussenden von Licht als Agens in chemischen oder biologischen Prozessen (z. B. Polymerisation, fotodynamische Therapie, Gartenbau, Tierpflege, Insektenschutzmittel),

ii) die Bildaufnahme und die Bildprojektion (z. B. Foto-Blitzlichtgeräte, Fotokopierer, Video-Projektoren),

iii) die Wärmeerzeugung (z. B. Infrarotlampen),

iv) die Signalgebung (z. B. Lampen für die Flugplatzbefeuerung).

Diese Lampen und LED-Module sind von der Verordnung nicht ausgenommen, wenn sie für Beleuchtungszwecke vermarktet werden;

d) Lampen und LED-Module, die als Teil einer Leuchte vermarktet werden und nicht dafür bestimmt sind, vom Endnutzer entfernt zu werden, außer wenn sie dem Endnutzer getrennt (z. B. als Ersatzteile) zum Kauf, zur Vermietung oder zum Ratenkauf angeboten oder ausgestellt werden;

e) Lampen und LED-Module, die als Teil eines Produkts vermarktet werden, dessen primärer Zweck nicht die Beleuchtung ist. Wenn sie jedoch getrennt (z. B. als Ersatzteile) zum Kauf, zur Vermietung oder zum Ratenkauf angeboten oder ausgestellt werden, fallen sie unter diese Verordnung;

f) Lampen und LED-Module, die nicht die Anforderungen erfüllen, die aufgrund von Verordnungen zur Durchführung der Richtlinie 2009/125/EG des Europäischen Parlaments und des Rates [1] ab 2013 und 2014 anzuwenden sind;

g) Leuchten, die für den ausschließlichen Betrieb mit den in den Buchstaben a bis c aufgeführten Lampen und LED-Modulen ausgelegt sind.

Artikel 2

Begriffsbestimmungen

Zusätzlich zu den Begriffsbestimmungen des Artikels 2 der Richtlinie 2010/30/EU gelten für die Zwecke dieser Verordnung folgende Begriffsbestimmungen:

1. „Lichtquelle" bezeichnet eine Oberfläche oder ein Objekt, die bzw. das dafür ausgelegt ist, hauptsächlich sichtbares Licht auszusenden, das durch die Umwandlung von Energie erzeugt wird. Der Begriff „sichtbar" bezieht sich auf eine Wellenlänge von 380-780 nm;

2. „Beleuchtung" bezeichnet die Anwendung von Licht auf eine Szene, Objekte oder deren Umgebung, sodass sie von Menschen gesehen werden können;

3. „Akzentbeleuchtung" bezeichnet eine Form der Beleuchtung, bei der Licht so gerichtet wird, dass ein Objekt oder ein Teil eines Gebiets hervorgehoben werden;

4. „Lampe" bezeichnet eine Einheit, deren Leistung unabhängig geprüft werden kann und die aus einer oder mehreren Lichtquellen besteht. Sie kann zusätzliche Einrichtungen einschließen, die für die Zündung, Stromversorgung und Stabilisierung der Einheit oder für die Verteilung, Filterung oder Umwandlung des Lichts erforderlich ist, sofern diese Einrichtungen nicht entfernt werden können, ohne dass die Einheit dauerhaft beschädigt wird;

5. „Lampensockel" bezeichnet den Teil einer Lampe, der über einen Lampenhalter oder einen Lampenstecker den Anschluss an die Stromversorgung ermöglicht und auch dazu dienen kann, die Lampe im Lampenhalter zu befestigen;

6. „Lampenhalterung" oder „Lampenfassung" bezeichnet eine Vorrichtung, die die Lampe hält, und zwar in der Regel, indem sie den Sockel aufnimmt; in diesem Fall dient sie auch zum Anschluss der Lampe an die Stromversorgung;

7. „Lampe mit gebündeltem Licht" bezeichnet eine Lampe, die mindestens 80 % ihres Lichtstromes in einem Raumwinkel von π sr (entspricht einem Kegel mit einem Winkel von 120°) ausstrahlt;

[1] ABl. L 285 vom 31.10.2009, S. 10.

8. „Lampe mit ungebündeltem Licht" bezeichnet eine Lampe, die keine Lampe mit gebündeltem Licht ist;

9. „Glühlampe" bezeichnet eine Lampe, bei der das Licht erzeugt wird, indem ein feiner Draht von einem ihn durchfließenden Strom zum Glühen gebracht wird. Der Draht wird von einer Hülle umschlossen, die mit einem den Glühvorgang beeinflussenden Gas gefüllt sein kann;

10. „herkömmliche Glühlampe" bezeichnet eine Glühlampe, deren Glühfaden von einer evakuierten oder mit einem Inertgas gefüllten Hülle umschlossen ist;

11. „Wolfram-Halogenglühlampe" bezeichnet eine Glühlampe, deren Glühfaden aus Wolfram besteht und von einer mit Halogenen oder Halogenverbindungen gefüllten Hülle umschlossen ist. Sie können mit eingebautem Netzteil in Verkehr gebracht werden;

12. „Entladungslampe" bezeichnet eine Lampe, in der Licht direkt oder indirekt mittels einer elektrischen Entladung durch ein Gas, einen Metalldampf oder ein Gemisch verschiedener Gase und Dämpfe erzeugt wird;

13. „Leuchtstofflampe" bezeichnet eine mit Quecksilberdampf gefüllte Niederdruck-Entladungslampe, in der das Licht größtenteils von einer oder mehreren Schichten von Leuchtstoffen erzeugt wird, die durch die ultraviolette Strahlung der Entladung angeregt werden. Leuchtstofflampen können mit eingebautem Vorschaltgerät in Verkehr gebracht werden;

14. „Leuchtstofflampe ohne eingebautes Vorschaltgerät" bezeichnet eine Einsockel- oder Zweisockel-Leuchtstofflampe ohne eingebautes Vorschaltgerät;

15. „Hochdruckentladungslampe" bezeichnet eine Lampe mit elektrischer Entladung, in der der Lichtbogen durch die Wandtemperatur stabilisiert wird und der Bogen eine Kolbenwandladung von über 3 Watt pro Quadratzentimeter aufweist;

16. „Leuchtdiode" oder „LED" bezeichnet eine Lichtquelle, die aus einem Halbleiterbauelement mit einem p-n-Übergang besteht. An diesem Übergang wird Licht emittiert, wenn er durch einen elektrischen Strom angeregt wird;

17. „LED-Paket" bezeichnet eine aus einer oder mehreren Leuchtdioden bestehende Baugruppe. Die Baugruppe kann ein optisches Element sowie thermische, mechanische und elektrische Schnittstellen einschließen;

18. „LED-Modul" bezeichnet eine Baugruppe ohne Sockel, die mit einem oder mehreren LED Paketen auf einer Leiterplatte angeordnet ist. Die Baugruppe kann über elektrische, optische, mechanische und thermische Einrichtungen sowie ein Betriebsgerät verfügen;

19. „LED-Lampe" bezeichnet eine Lampe mit einem oder mehreren LED-Modulen. Die Lampe kann über einen Sockel verfügen;

20. „Betriebsgerät für Lampen" bezeichnet eine Einrichtung zwischen der Stromversorgung und einer oder mehreren Lampen, die eine den Betrieb der Lampe(n) betreffende Funktion bereitstellt, etwa die Umwandlung der Versorgungsspannung, die Strombegrenzung der Lampe(n) auf den erforderlichen Wert, die Bereitstellung der Zündspannung und des Vorheizstroms, die Verhütung eines Kaltstarts, die Korrektur des Leistungsfaktors oder die Verringerung der Funkstörung. Die Einrichtung kann für den Anschluss an andere Betriebsgeräte für Lampen ausgelegt sein, um diese Funktionen auszuführen. In diesem Begriff nicht enthalten sind

— Steuergeräte,

— Stromversorgungsgeräte, die die Netzspannung in eine andere Versorgungsspannung umwandeln und dafür ausgelegt sind, in ein und der selben Anlage sowohl Beleuchtungsprodukte als auch Produkte, deren primärer Zweck nicht die Beleuchtung ist, mit Strom zu versorgen;

21. „Steuergerät" bezeichnet eine elektronische oder mechanische Einrichtung, die den Lichtstrom der Lampe auf andere Weise als durch das Stromrichten für die Lampe steuert oder überwacht, z. B. Zeitschaltuhren, Anwesenheitssensoren, Lichtsensoren und tageslichtabhängige Regelungseinrichtungen. Außerdem gelten Dimmer mit Phasentrennung auch als Steuergeräte;

22. „externes Betriebsgerät für Lampen" bezeichnet ein nicht eingebautes Betriebsgerät für Lampen, das dafür ausgelegt ist, außerhalb des Gehäuses einer Lampe oder Leuchte installiert oder ohne eine dauerhafte Beschädigung der Lampe oder der Leuchte aus dem Gehäuse entfernt zu werden;

23. „Vorschaltgerät" bezeichnet ein Betriebsgerät für Lampen, das zwischen der Stromquelle und einer oder mehreren Entladungslampen angeordnet ist und durch Induktivität, Kapazität oder eine Kombination von Induktivität und Kapazität hauptsächlich dazu dient, den Strom der Lampe(n) auf den erforderlichen Wert zu begrenzen;

24. „Betriebsgerät für Halogenlampen" bezeichnet ein Betriebsgerät für Lampen, das die Netzspannung für Halogenlampen in eine besonders niedrige Spannung umwandelt;

25. „Kompaktleuchtstofflampe" bezeichnet eine Leuchtstofflampe, die alle zum Zünden und zum stabilen Betrieb der Lampe notwendigen Einrichtungen enthält;

26. „Leuchte" bezeichnet ein Gerät zur Verteilung, Filterung oder Umwandlung des von einer oder mehreren Lampen übertragenen Lichts, das alle zur Aufnahme, zur Fixierung und zum Schutz der Lampen notwendigen Teile und erforderlichenfalls Hilfselemente zusammen mit den Vorrichtungen zu ihrem Anschluss an die Stromquelle umfasst;

27. „Verkaufsstelle" bezeichnet einen physischen Ort, an dem das Produkt ausgestellt oder dem Endnutzer zum Verkauf, zur Vermietung oder zum Mietkauf angeboten wird;

28. „Endnutzer" bezeichnet eine natürliche Person, die eine elektrische Lampe oder eine Leuchte für Zwecke, die nicht ihrer gewerblichen, geschäftlichen, handwerklichen oder beruflichen Tätigkeit zugerechnet werden können, kauft oder voraussichtlich kauft;

29. „endgültiger Eigentümer" bezeichnet die Person oder die Einrichtung, die Eigentümer eines Produkts während der Nutzungsphase des Lebenszyklus des Produkts ist, oder jede Person oder Einrichtung, die im Namen einer solchen Person oder Einrichtung handelt.

Artikel 3

Pflichten der Lieferanten

(1) Lieferanten von elektrischen Lampen, die als Einzelprodukte in Verkehr gebracht werden, sorgen dafür, dass

a) ein Produktdatenblatt gemäß Anhang II bereitgestellt wird;

b) die technischen Unterlagen gemäß Anhang III auf Antrag den Behörden der Mitgliedstaaten und der Kommission zur Verfügung gestellt werden;

c) in jeglicher Werbung sowie in allen offiziellen Preisangeboten oder Ausschreibungsangeboten, in denen energiebezogene Informationen oder Preisinformationen zu einer bestimmten Lampe bekannt gegebenen werden, die Energieeffizienzklasse angegeben wird;

d) in technischem Werbematerial zu einer bestimmten Lampe mit Informationen zu deren spezifischen technischen Parametern auch die Energieeffizienzklasse der Lampe angegeben wird;

e) Falls die Lampe über eine Verkaufsstelle in Verkehr gebracht werden soll, wird ein Etikett, das gemäß dem Format und mit den Informationen hergestellt wird, die in Anhang I Abschnitt 1 festgelegt sind, an der Außenseite der Einzelverpackung angebracht, aufgedruckt oder befestigt, und wird auf der Verpackung die Nennleistung der Lampe außerhalb des Etiketts angegeben.

(2) Lieferanten von Leuchten, die an Endnutzer vermarktet werden sollen, sorgen dafür, dass

a) die technischen Unterlagen gemäß Anhang III auf Antrag den Behörden der Mitgliedstaaten und der Kommission zur Verfügung gestellt werden;

b) die Informationen, die das Etikett gemäß Anhang I Abschnitt 2 enthält, in folgenden Fällen bereitgestellt werden:

   i) in jeglicher Werbung sowie in allen offiziellen Preisangeboten oder Ausschreibungsangeboten, in denen energiebezogene Informationen oder Preisinformationen zu einer bestimmten Leuchte bekannt gegebenen werden,

   ii) in technischem Werbematerial zu einer bestimmten Leuchte mit Informationen zu deren spezifischen technischen Parametern.

   In diesen Fällen können die Informationen in anderen Formaten als dem in Anhang I Abschnitt 2 festgelegten Format zur Verfügung gestellt werden, z. B. in reiner Textform;

c) Falls die Leuchte über eine Verkaufsstelle in Verkehr gebracht werden soll, wird ein Etikett, das gemäß dem Format und mit den Informationen, die in Anhang I festgelegt sind, hergestellt wird, den Händlern in elektronischer Form oder auf Papier unentgeltlich zur Verfügung gestellt. Falls der Lieferant ein Lieferverfahren wählt, bei dem Etiketten nur auf Anforderung der Händler zur Verfügung gestellt werden, liefert der Lieferant unverzüglich die angeforderten Etiketten;

d) Wenn die Leuchte in einer für Endnutzer bestimmten Verpackung, die elektrische Lampen enthält, die der Endnutzer in der Leuchte austauschen kann, in Verkehr gebracht wird, ist die Originalverpackung dieser Lampen in der Verpackung der Leuchte enthalten. Ist dies nicht der Fall, müssen in einer anderen Form auf der Außen- oder Innenseite der Leuchtenverpackung die Informationen ausgewiesen werden, die auf der Originalverpackung der Lampen angegeben und aufgrund dieser Verordnung und anderer Verordnungen der Kommission zur Festlegung von Ökodesign-Anforderungen für Lampen gemäß der Richtlinie 2009/125/EG erforderlich sind.

Von Lieferanten von Leuchten, deren Vermarktung über eine Verkaufsstelle erfolgen soll, die Informationen gemäß dieser Verordnung zur Verfügung stellen, wird angenommen, dass sie ihre Verpflichtungen als Händler hinsichtlich der Anforderungen an die Produktinformationen für Lampen erfüllt haben, die in den Verordnungen der Kommission zur Festlegung von Ökodesign-Anforderungen für Lampen gemäß der Richtlinie 2009/125/EG geregelt sind.

Artikel 4

Pflichten der Händler

(1) Die Händler elektrischer Lampen sorgen dafür, dass

a) jedes Modell, das in einer Weise zum Verkauf, zur Vermietung oder zum Ratenkauf angeboten wird, bei der nicht davon auszugehen ist, dass der endgültige Eigentümer das Produkt ausgestellt sieht, bei der Vermarktung mit den vom Lieferanten gemäß Anhang IV bereitzustellenden Informationen versehen ist;

b) in jeglicher Werbung sowie in allen offiziellen Preisangeboten oder Ausschreibungsangeboten, in denen energiebezogene Informationen oder Preisinformationen für ein bestimmtes Modell bekannt gegebenen werden, die Energieeffizienzklasse angegeben wird;

c) in technischem Werbematerial zu einem bestimmten Modell mit Informationen zu dessen spezifischen technischen Parametern auch die Energieeffizienzklasse des Modells angegeben wird.

(2) Lieferanten von Leuchten, die an Endnutzer vermarktet werden, sorgen dafür, dass

a) die Informationen, die das Etikett gemäß Anhang I Abschnitt 2 enthält, in folgenden Fällen bereitgestellt werden:

   i) in jeglicher Werbung sowie in allen offiziellen Preisangeboten oder Ausschreibungsangeboten, in denen energiebezogene Informationen oder Preisinformationen zu einer bestimmten Leuchte bekannt gegebenen werden,

   ii) in technischem Werbematerial zu einer bestimmten Leuchte mit Informationen zu deren spezifischen technischen Parametern.

   In diesen Fällen können die Informationen in anderen Formaten als dem in Anhang I.2 festgelegten Format zur Verfügung gestellt werden, z. B. in reiner Textform.

b) Jedem in einer Verkaufsstelle ausgestellten Modell wird ein Etikett beigefügt, das der Beschreibung in Anhang I.2 entspricht. Das Etikett wird auf eine der beiden oder auf beide nachstehende Weisen ausgestellt:

   i) in der Nähe der ausgestellten Leuchte, um deutlich sichtbar und als das zu dem Modell gehörige Etikett erkennbar zu sein, ohne dass der Markenname und die Modellnummer auf dem Etikett gelesen werden müssen;

   ii) als klare Begleitung der am unmittelbarsten sichtbaren Informationen (z. B. Preisinformationen oder technische Informationen) zu der in der Verkaufsstelle ausgestellten Leuchte.

c) Wenn die Leuchte in einer für Endnutzer bestimmten Verpackung verkauft wird, die elektrische Lampen enthält, die der Endnutzer in der Leuchte austauschen kann, ist die Originalverpackung dieser Lampen in der Verpackung der Leuchte enthalten. Ist dies nicht der Fall, müssen in einer anderen Form auf der Außen- oder Innenseite der Leuchtenverpackung die Informationen ausgewiesen werden, die auf der Originalverpackung der Lampen angegeben und aufgrund dieser Verordnung und anderer Verordnungen der Kommission zur Festlegung von Ökodesign-Anforderungen für Lampen gemäß der Richtlinie 2009/125/EG erforderlich sind.

Artikel 5

Messverfahren

Die gemäß Artikel 3 und 4 bereitzustellenden Informationen werden durch zuverlässige, genaue und reproduzierbare Messverfahren ermittelt, die dem anerkannten Stand der Messtechnik gemäß Anhang V Rechnung tragen.

Artikel 6

Nachprüfungsverfahren zur Marktaufsicht

Bei der Prüfung der Einhaltung der angegebenen Energieeffizienzklasse und des Energieverbrauchs wenden die Mitgliedstaaten das Verfahren gemäß Anhang V an.

Artikel 7

Überprüfung

Die Kommission überprüft diese Verordnung spätestens drei Jahre nach ihrem Inkrafttreten im Lichte des technischen Fortschritts. Bei der Überprüfung werden insbesondere die Prüftoleranzen nach Anhang V bewertet.

Artikel 8

Aufhebung

Die Richtlinie 98/11/EG wird mit Wirkung vom 1. September 2013 aufgehoben.

Verweise auf die Richtlinie 98/11/EG der Kommission gelten als Verweise auf die vorliegende Verordnung. Verweise auf Anhang IV der Richtlinie 98/11/EG gelten als Verweise auf Anhang VI der vorliegenden Verordnung.

Artikel 9

Übergangsbestimmungen

(1) Artikel 3 Absatz 2 und Artikel 4 Absatz 2 gelten für Leuchten nicht vor dem 1. März 2014.

(2) Artikel 3 Absatz 1 Buchstaben c bis d und Artikel 4 Absatz 1 Buchstaben a bis c gelten nicht für gedruckte Werbung und gedrucktes technisches Werbematerial, welche(s) vor dem 1. März 2014 veröffentlicht wird.

(3) Die in Artikel 1 Absätze 1 und 2 der Richtlinie 98/11/EG genannten Lampen, die vor dem 1. September 2013 in Verkehr gebracht werden, müssen die Bestimmungen der Richtlinie 98/11/EG einhalten.

(4) Die in Artikel 1 Absätze 1 und 2 der Richtlinie 98/11/EG genannten Lampen, die die Bestimmungen dieser Verordnung einhalten und vor dem 1. September 2013 in Verkehr gebracht oder zum Verkauf, zur Vermietung oder zum Mietkauf angeboten werden, sind als den Bestimmungen der Richtlinie 98/11/EG entsprechend anzusehen.

Artikel 10

Inkrafttreten und Geltung

(1) Diese Verordnung tritt am zwanzigsten Tag nach ihrer Veröffentlichung im *Amtsblatt der Europäischen Union* in Kraft.

(2) Sie gilt mit Ausnahme der in Artikel 9 genannten Fälle ab dem 1. September 2013.

Diese Verordnung ist in allen ihren Teilen verbindlich und gilt unmittelbar in jedem Mitgliedstaat.

Brüssel, den 12. Juli 2012

Für die Kommission

Der Präsident

José Manuel BARROSO

ANHANG I

Etikett

1. ETIKETT FÜR ELEKTRISCHE LAMPEN, DIE IN EINER VERKAUFSSTELLE AUSGESTELLT WERDEN

1. Für das Etikett ist das nachstehende Muster zu verwenden, wenn es nicht auf die Verpackung aufgedruckt wird:

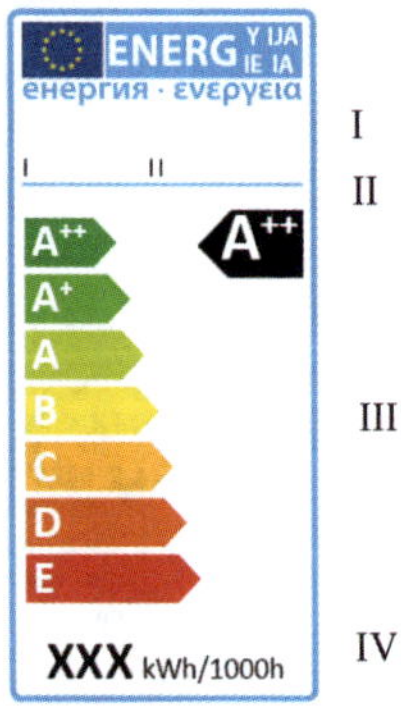

2. Das Etikett muss die folgenden Informationen enthalten:

I. Name oder Warenzeichen des Lieferanten;

II. Modellkennung des Lieferanten, d. h. der üblicherweise alphanumerische Code, der ein bestimmtes Lampenmodell von anderen Modellen des gleichen Warenzeichens oder mit dem gleichen Lieferantennamen unterscheidet;

III. Energieeffizienzklasse gemäß Anhang VI; die Spitze des Pfeils, der die Energieeffizienzklasse der Lampe angibt, ist auf derselben Höhe zu platzieren wie die Spitze des Pfeils der entsprechenden Energieeffizienzklasse;

IV. gewichteter Energieverbrauch (E_C) in kWh/1 000 Stunden, gemäß Anhang VII berechnet und auf die nächste Ganzzahl aufgerundet.

3. Wird das Etikett auf die Verpackung aufgedruckt und stehen die Angaben gemäß Nummer 2 Ziffern I, II und IV an anderer Stelle auf der Verpackung, können sie auf dem Etikett entfallen. Für das Etikett ist dann eines der nachstehenden Muster zu verwenden:

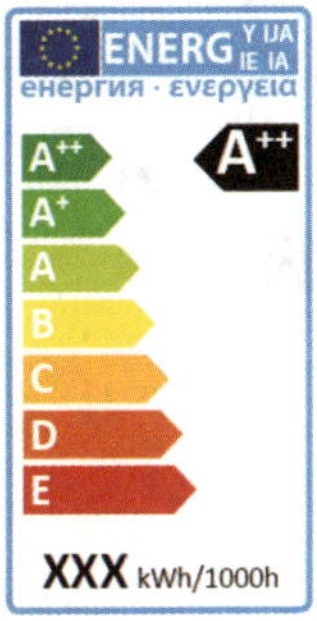

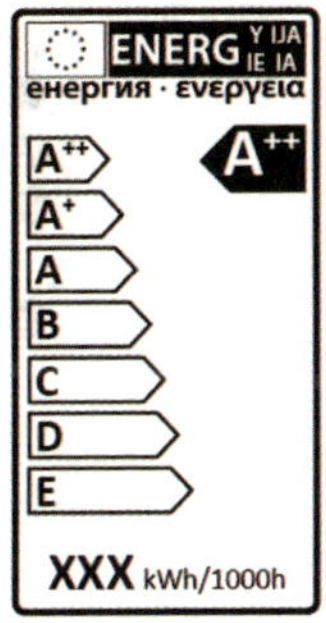

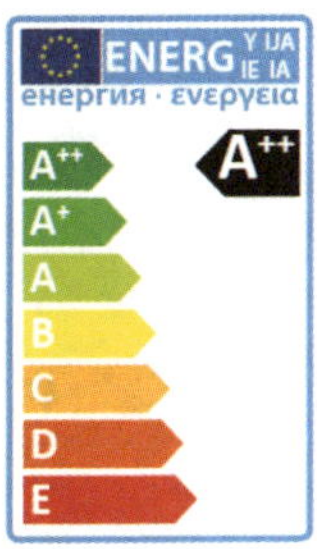

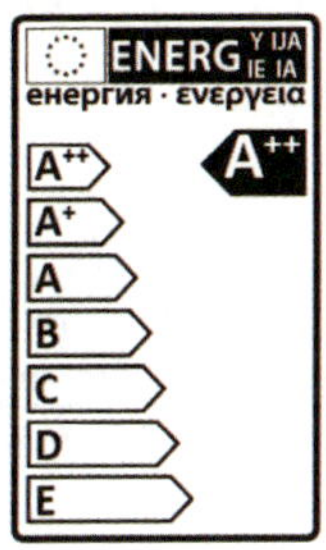

4. Die Gestaltung des Etiketts muss wie folgt sein:

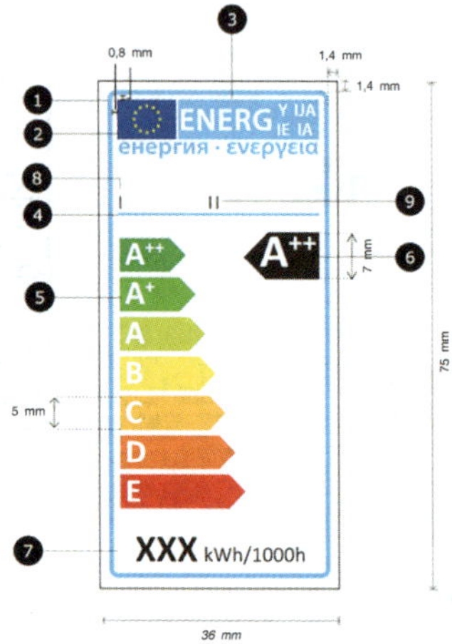

Dabei gilt:

a) Die Größenangaben in der obigen Abbildung und unter Buchstabe d gelten für ein Lampenetikett mit einer Breite von 36 mm und einer Höhe von 75 mm. Wird das Etikett in einem anderen Format gedruckt, so müssen die Proportionen der obigen Spezifikationen gewahrt bleiben.

Die in den Nummern 1 und 2 angegebene Version des Etiketts muss mindestens 36 mm breit und 75 mm hoch sein, und die in Nummer 3 angegebenen Versionen müssen mindestens 36 mm breit und 68 mm hoch bzw. mindestens 36 mm breit und 62 mm hoch sein. Wenn die Verpackung nicht genügend Platz für das Etikett und dessen Rand bietet oder dadurch mehr als 50 % der Oberfläche der größten Seite eingenommen würde, können das Etikett und der Rand so lange verkleinert werden, wie beide Voraussetzungen erfüllt bleiben. Das Etikett darf jedoch in keinem Fall auf weniger als 40 % seiner Standardgröße (der Höhe nach) verkleinert werden. Ist die Verpackung für ein solches verkleinertes Etikett zu klein, muss ein 36 mm breites und 75 mm hohes Etikett an der Lampe oder der Verpackung befestigt werden.

b) Der Hintergrund muss sowohl bei der mehrfarbigen als auch bei der einfarbigen Version des Etiketts weiß sein.

c) Bei der mehrfarbigen Version des Etiketts müssen die Farben CMGS — Cyan, Magenta, Gelb und Schwarz entsprechend dem folgenden Beispiel sein: 00-70-X-00: 0 % Cyan, 70 % Magenta, 100 % Gelb, 0 % Schwarz.

d) Das Etikett muss alle folgenden Anforderungen erfüllen (die Zahlen beziehen sich auf die obige Abbildung; die Farbangaben gelten nur für die mehrfarbige Version des Etiketts):

❶ **Begrenzungslinie:** 2 pt — Farbe: Cyan 100 % — abgerundete Ecken: 1 mm.

❷ **EU-Logo** — Farben: X-80-00-00 und 00-00-X-00.

❸ **Energie-Logo:** Farbe: X-00-00-00. Piktogramm wie abgebildet: EU-Logo und Energie-Logo (kombiniert): Breite: 30 mm, Höhe: 9 mm.

❹ **Trennlinie unter dem Etikettenkopf:** 1 pt — Farbe: Cyan 100 % — Länge: 30 mm.

❺ **Skala A++-E**

— **Pfeil:** Höhe: 5 mm, Zwischenraum: 0,8 mm — Farben:

Höchste Effizienzklasse: X-00-X-00,

Zweite Effizienzklasse: 70-00-X-00,

Dritte Effizienzklasse: 30-00-X-00,

Vierte Effizienzklasse: 00-00-X-00,

Fünfte Effizienzklasse: 00-30-X-00,

Sechste Effizienzklasse: 00-70-X-00,

Letzte Effizienzklasse: 00-X-X-00.

— **Text:** Calibri fett 15 pt, Großbuchstaben, weiß; ‚+'-Symbole: Calibri fett 15 pt, hochgestellt, weiß, in einer einzigen Zeile ausgerichtet.

❻ **Energieeffizienzklasse**

— **Pfeil:** Breite: 11,2 mm, Höhe: 7 mm, 100 % schwarz.

— **Text:** Calibri fett 20 pt, Großbuchstaben, weiß; ‚+'-Symbole: Calibri fett 20 pt, hochgestellt, weiß, in einer einzigen Zeile ausgerichtet.

❼ **Gewichteter Energieverbrauch**

Wert: Calibri fett 16 pt, 100 % schwarz, und Calibri normal 9 pt, 100 % schwarz

❽ **Name oder Warenzeichen des Lieferanten**

❾ **Modellkennung des Lieferanten**

Der Name oder das Warenzeichen des Lieferanten und die Modellkennung müssen in eine Fläche von 30 × 7 mm passen.

Deutlichkeit und Sichtbarkeit des Etiketts dürfen nicht durch andere Angaben oder Aufdrucke, die auf der Einzelverpackung angebracht, aufgedruckt oder an ihr befestigt sind, beeinträchtigt werden.

Abweichend hiervon gilt, dass das EU-Umweltzeichen hinzugefügt werden kann, wenn für das betreffende Modell ein EU-Umweltzeichen gemäß der Verordnung (EG) Nr. 66/2010 des Europäischen Parlaments und des Rates (1) vergeben wurde.

(1) ABl. L 27 vom 30.1.2010, S. 1.

2. ETIKETT FÜR LEUCHTEN, DIE IN EINER VERKAUFSSTELLE AUSGESTELLT WERDEN

1. Das Etikett muss in der jeweiligen Sprache abgefasst sein und dem folgenden Muster oder den in den Nummern 2 und 3 festgelegten Varianten entsprechen.

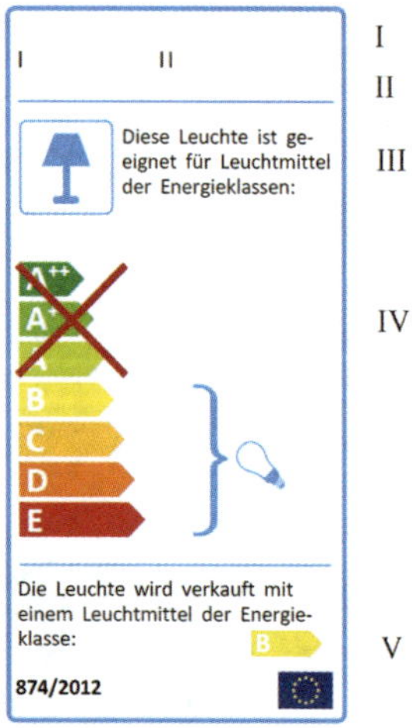

2. Das Etikett muss die folgenden Informationen enthalten:

I. Name oder Warenzeichen des Lieferanten;

II. Modellkennung des Lieferanten, d. h. der üblicherweise alphanumerische Code, der ein bestimmtes Leuchtenmodell von anderen Modellen des gleichen Warenzeichens oder mit dem gleichen Lieferantennamen unterscheidet;

III. den im Beispiel in Nummer 1 dargestellten Satz oder gegebenenfalls eine der Alternativen dazu aus den Beispielen in nachstehender Nummer 3. Statt des Begriffs „Leuchte" kann ein genauerer Begriff verwendet werden, der die konkrete Leuchtenart oder das Produkt, in das die Leuchte eingebaut ist (z. B. Möbelstück), beschreibt, solange klar ist, dass der Begriff sich auf das zum Verkauf stehende Produkt bezieht, mit dem die Lichtquellen betrieben werden;

IV. die Skala der Energieeffizienzklassen gemäß Teil 1 dieses Anhangs, gegebenenfalls mit den folgenden Elementen:

a) einem „Leuchtmittel"-Piktogramm, um die Energieeffizienzklassen der vom Nutzer austauschbaren Lampen anzugeben, mit denen die Leuchte gemäß den Anforderungen an die Kompatibilität nach dem Stand der Technik kompatibel ist,

b) einem Kreuz durch die Energieeffizienzklassen von Lampen, mit denen die Leuchte gemäß den Anforderungen an die Kompatibilität nach dem Stand der Technik nicht kompatibel ist,

c) den Buchstaben „LED", die vertikal neben den Energieeffizienzklassen A bis A++ angeordnet sind, wenn die Leuchte LED-Module enthält, die nicht dafür bestimmt sind, vom Endnutzer entfernt zu werden. Wenn eine solche Leuchte keine Fassungen für vom Nutzer austauschbare Lampen enthält, ist ein Kreuz über den Klassen B bis E anzubringen;

V. gegebenenfalls eine der folgenden Optionen:

a) wenn die Leuchte mit Lampen betrieben wird, die vom Endnutzer ausgetauscht werden können, und wenn solche Lampen in der Verpackung der Leuchte enthalten sind, den Satz gemäß dem Beispiel in Nummer 1 mit den entsprechenden Energieeffizienzklassen. Sofern erforderlich, kann der Satz so angepasst werden, dass er sich auf eine oder auf mehrere Lampen bezieht, und es können mehrere Energieeffizienzklassen angegeben werden,

b) wenn die Leuchte nur LED-Module enthält, die nicht dafür bestimmt sind, vom Endnutzer entfernt zu werden, den Satz gemäß dem Beispiel in Nummer 3 Buchstabe b,

c) wenn die Leuchte sowohl LED-Module, die nicht dafür bestimmt sind, vom Endnutzer entfernt zu werden, als auch Fassungen für austauschbare Lampen enthält und solche Lampen nicht zu der Leuchte gehören, den Satz gemäß dem Beispiel in Nummer 3 Buchstabe d,

d) wenn die Leuchte nur mit Lampen betrieben wird, die vom Endnutzer ausgetauscht werden können, und wenn solche Lampen nicht zu der Leuchte gehören, bleibt das Feld gemäß dem Beispiel in Nummer 3 Buchstabe a leer.

3. Die folgenden Abbildungen enthalten ergänzend zu der Abbildung unter Nummer 1 Beispiele für typische Leuchtenetikette, ohne alle Kombinationsmöglichkeiten aufzuzeigen.

a) Leuchte, die mit Lampen betrieben wird, die vom Nutzer ausgetauscht werden können, und die mit Lampen aller Energieeffizienzklassen kompatibel ist, ohne dazugehörige Lampen:

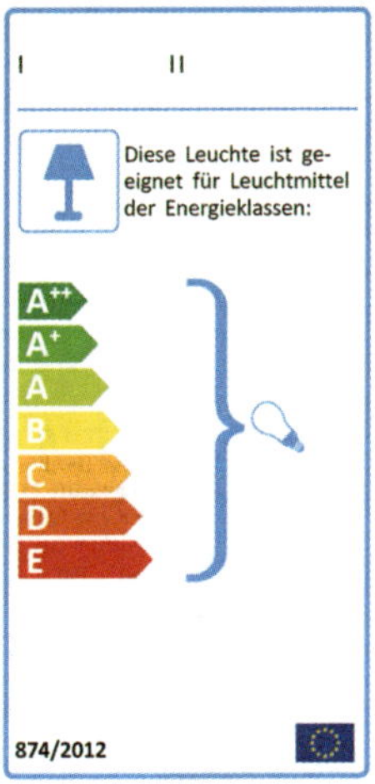

b) Leuchte, die ausschließlich nicht austauschbare LED-Module enthält:

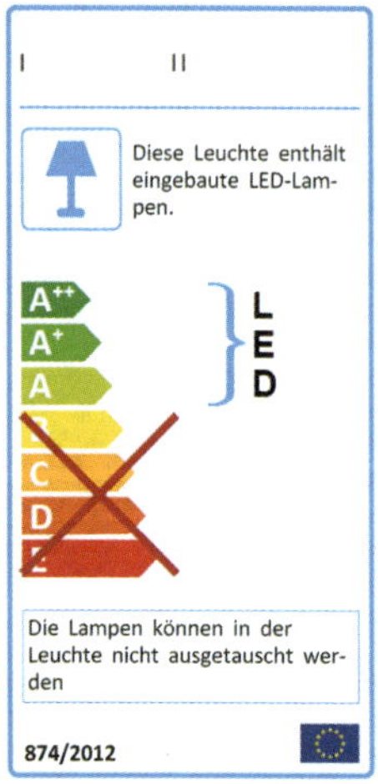

c) Leuchte, die sowohl nicht austauschbare LED-Module als auch Fassungen für vom Nutzer austauschbare Lampen enthält, mit dazugehörigen Lampen:

d) Leuchte, die sowohl nicht austauschbare LED-Module als auch Fassungen für vom Nutzer austauschbare Lampen enthält, ohne dazugehörige Lampen:

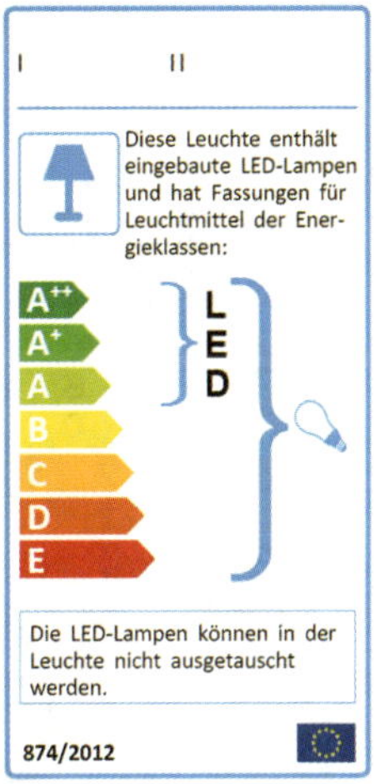

4. Die grafische Gestaltung des Etiketts muss den folgenden Abbildungen entsprechen.

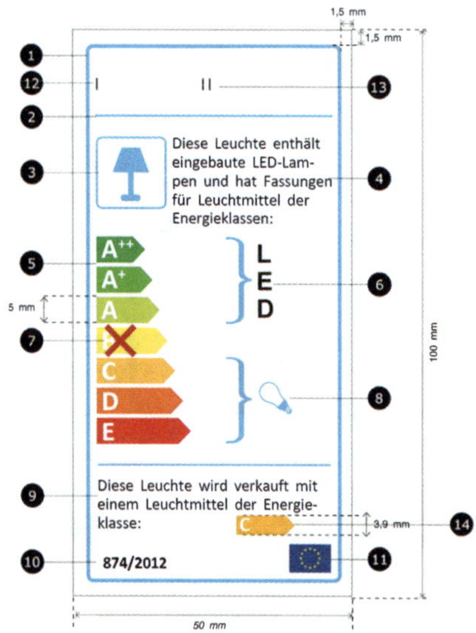

a) Das Etikett muss mindestens 50 mm breit und 100 mm hoch sein.

b) Der Hintergrund muss weiß oder durchsichtig sein. Die Buchstaben der Energieeffizienzklassen müssen jedoch immer weiß sein. Ist der Hintergrund durchsichtig, muss der Händler dafür sorgen, dass das Etikett auf einer Oberfläche angebracht wird, die weiß ist oder einen hellen Grauton aufweist, damit die Lesbarkeit aller Elemente des Etiketts gegeben ist.

c) Die Farben müssen CMGS — Cyan, Magenta, Gelb und Schwarz entsprechend dem folgenden Beispiel sein: 00-70-X-00: 0 % Cyan, 70 % Magenta, 100 % Gelb, 0 % Schwarz.

d) Das Etikett muss folgenden Anforderungen entsprechen (die Nummern beziehen sich auf die obige Abbildung):

❶ **Begrenzungslinie:** 2 pt — Farbe: Cyan 100 % — abgerundete Ecken: 1 mm.

❷ **Trennlinie unter dem Etikettenkopf:** 1 pt — Farbe: Cyan 100 % — Länge: 43 mm.

❸ **Leuchten-Symbol:** Strich: 1 pt — Farbe: Cyan 100 % — Größe: 13 ×13 mm — abgerundete Ecken: 1 mm. Piktogramm wie abgebildet bzw. lieferanteneigenes Piktogramm oder Foto, wenn dieses die zum Etikett gehörige Leuchte besser beschreibt.

❹ **Text:** Calibri normal 9 pt oder größer, 100 % schwarz.

❺ **Skala** A++-E

— **Pfeil:** Höhe: 5 mm, Zwischenraum: 0,8 mm — Farben:

Höchste Effizienzklasse: X-00-X-00,

Zweite Effizienzklasse: 70-00-X-00,

Dritte Effizienzklasse: 30-00-X-00,

Vierte Effizienzklasse: 00-00-X-00,

Fünfte Effizienzklasse: 00-30-X-00,

Sechste Effizienzklasse: 00-70-X-00,

Letzte Effizienzklasse: 00-X-X-00.

— **Text:** Calibri fett 14 pt, Großbuchstaben, weiß; ‚+'-Symbole: Calibri fett 14 pt, hochgestellt, weiß, in einer einzigen Zeile ausgerichtet.

❻ **LED-Text:** Verdana normal 15 pt, 100 % schwarz.

❼ **Kreuz:** Farbe: 13-X-X-04, Strich: 3 pt.

❽ **Leuchtmittel-Symbol:** Piktogramm wie abgebildet.

❾ **Text:** Calibri normal 10 pt oder größer, 100 % schwarz.

❿ **Nummer der Verordnung:** Calibri fett 10 pt, 100 % schwarz.

⓫ **EU-Logo:** Farben: X-80-00-00 und 00-00-X-00.

⓬ **Name oder Warenzeichen des Lieferanten**

⓭ **Modellkennung des Lieferanten:**
Der Name oder das Warenzeichen des Lieferanten und die Modellkennung müssen in eine Fläche von 43 × 10 mm passen.

⓮ **Pfeil für die Energieeffizienzklasse**

— **Pfeil:** Höhe: 3,9 mm, Breite: wie in der Abbildung in Nummer 4 dargestellt, jedoch proportional zur Höhe verkleinert, Farbe: die entsprechende in Punkt ❺ definierte Farbe.

— **Text:** Calibri fett 10,5 pt, Großbuchstaben, weiß; ‚+'-Symbole: Calibri fett 10,5 pt, hochgestellt, weiß, in einer einzigen Zeile ausgerichtet.

Ist in der Fläche mit dem Satz, auf den in Nummer 2 Ziffer V Buchstabe a Bezug genommen wird, nicht genug Platz für die Pfeile für die Energieeffizienzklasse, kann für diesen Zweck die Fläche zwischen der Nummer der Verordnung und dem EU-Logo verwendet werden.

e) Das Etikett kann auch horizontal ausgerichtet ausgestellt werden. In diesem Fall muss es mindestens 100 mm breit und 50 mm hoch sein. Die Komponenten des Etiketts müssen der Beschreibung in Buchstaben b bis d entsprechen und gegebenenfalls gemäß den folgenden Beispielen angeordnet werden. Ist innerhalb der Textbox links von der Skala A++-E nicht genug Platz für die Pfeile für die Energieeffizienzklasse, kann die Textbox soweit erforderlich vertikal vergrößert werden.

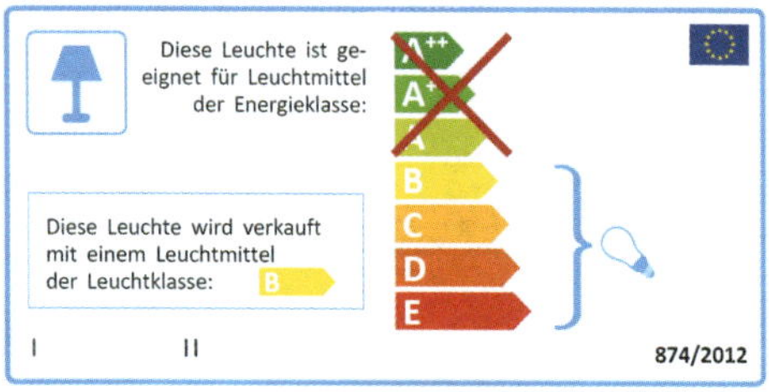

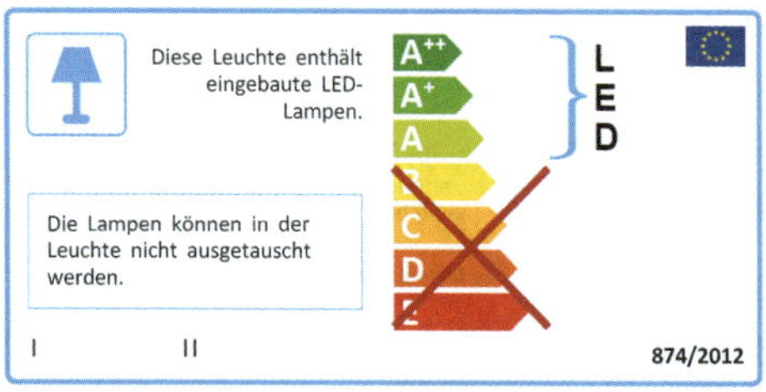

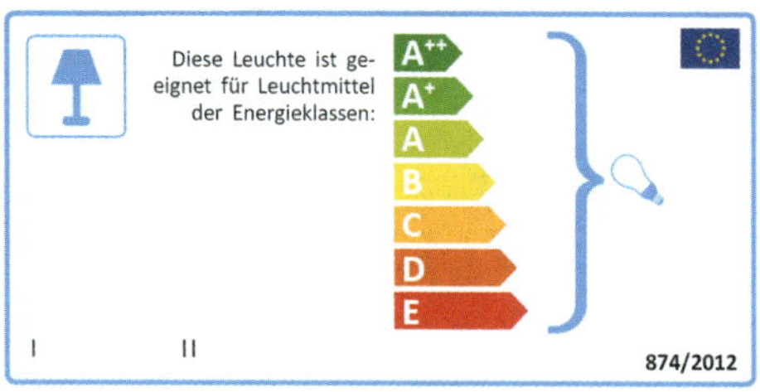

ANHANG II

Produktdatenblatt für elektrische Lampen

Das Datenblatt muss die für das Etikett angegebenen Informationen enthalten. Werden keine Produktbroschüren bereitgestellt, kann das mit dem Produkt mitgelieferte Etikett auch als Datenblatt gelten.

ANHANG III

Technische Unterlagen

Die in Artikel 3 Absatz 1 Buchstabe b und in Artikel 3 Absatz 2 Buchstabe a genannten technischen Unterlagen umfassen:

a) Name und Anschrift des Lieferanten;

b) eine allgemeine, für eine eindeutige und unmittelbare Identifizierung ausreichende Beschreibung des Modells,

c) gegebenenfalls die Fundstellen der angewandten harmonisierten Normen;

d) gegebenenfalls andere Normen oder technische Spezifikationen, die angewandt wurden;

e) Name und Unterschrift der für den Lieferanten zeichnungsberechtigten Person;

f) die technischen Parameter für die Bestimmung des Energieverbrauchs und der Energieeffizienz im Fall von elektrischen Lampen und für die Bestimmung der Kompatibilität mit Lampen im Fall von Leuchten, wobei mindestens eine realistische Kombination der Produkteinstellungen und Bedingungen für die Prüfung des Produkts festzulegen ist;

g) für elektrische Lampen die Ergebnisse von Berechnungen gemäß Anhang VII.

Die Angaben in diesen technischen Unterlagen können in die technischen Unterlagen einfließen, die in Einklang mit Maßnahmen gemäß der Richtlinie 2009/125/EG zur Verfügung gestellt werden.

ANHANG IV

Informationen, die in Fällen bereitzustellen sind, in denen nicht davon auszugehen ist, dass der endgültige Eigentümer das Produkt ausgestellt sieht

1. Die in Artikel 4 Absatz 1 Buchstabe a genannten Informationen sind in der folgenden Reihenfolge anzugeben:

   a) Energieeffizienzklasse gemäß Anhang VI;

   b) sofern aufgrund des Anhangs I erforderlich, der gewichtete Energieverbrauch in kWh pro 1 000 Stunden, berechnet gemäß Anhang VII Teil 2 und aufgerundet auf die nächste Ganzzahl.

2. Werden noch weitere Angaben gemacht, die im Produktdatenblatt enthalten sind, sind sie in der Form und Reihenfolge gemäß Anhang II bereitzustellen.

3. Der Schrifttyp und die Schriftgröße, in der alle in diesem Anhang genannten Informationen aufgeführt werden, müssen lesbar sein.

ANHANG V

Nachprüfungsverfahren zur Marktaufsicht

Bei der Durchführung der Kontrollen im Rahmen der Marktaufsicht unterrichten die Marktaufsichtbehörden die anderen Mitgliedstaaten und die Kommission über die Ergebnisse dieser Kontrollen.

Die Mitgliedstaaten verwenden zuverlässige, genaue und reproduzierbare Messverfahren, die den anerkannten Regeln der Messtechnik entsprechen, einschließlich Verfahren gemäß Dokumenten, deren Fundstellen zu diesem Zweck im *Amtsblatt der Europäischen Union* veröffentlicht wurden.

1. NACHPRÜFUNGSVERFAHREN FÜR ELEKTRISCHE LAMPEN UND LED-MODULE, DIE ALS EINZELPRODUKTE VERMARKTET WERDEN

Zur Prüfung auf Erfüllung der in den Artikeln 3 und 4 festgelegten Anforderungen prüfen die Behörden der Mitgliedstaaten ein Los von mindestens 20 Lampen desselben Modells und desselben Herstellers, die soweit möglich zu gleichen Anteilen aus vier nach dem Zufallsprinzip ausgewählten Quellen stammen, wobei sie die technischen Parameter in den technischen Unterlagen gemäß Anhang III Buchstabe f berücksichtigen.

Wenn der Energieeffizienzindex des Modells seiner angegebenenen Energieeffizienzklasse entspricht und die Durchschnittsergebnisse des Loses nicht um mehr als 10 % von den Grenzwerten, Schwellenwerten oder angegebenen Werten (einschließlich Energieeffizienzindex) abweichen, wird angenommen, dass das Modell die in den Artikeln 3 und 4 festgelegten Anforderungen erfüllt.

Andernfalls wird angenommen, dass das Modell die Anforderungen der Artikel 3 und 4 nicht erfüllt.

Die oben angegebenen Toleranzen für eine Abweichung betreffen nur die Nachprüfung der gemessenen Parameter durch die Behörden der Mitgliedstaaten und sind von dem Lieferanten nicht als zulässige Toleranz für die Werte in den technischen Unterlagen heranzuziehen, um eine effizientere Energieklasse zu erreichen.

Die angegebenen Werte dürfen für den Lieferanten nicht günstiger sein als die in den technischen Unterlagen vermerkten Werte.

2. NACHPRÜFUNGSVERFAHREN FÜR LEUCHTEN, DIE AN ENDNUTZER VERMARKTET WERDEN SOLLEN ODER VERMARKTET WERDEN

Von der Leuchte wird angenommen, dass sie die in den Artikeln 3 und 4 festgelegten Anforderungen erfüllt, wenn ihr die geforderten Produktinformationen beigefügt sind und wenn festgestellt wurde, dass sie mit Lampen kompatibel ist, mit denen sie gemäß Anhang I Nummer 2.2 Ziffer IV Buchstaben a und b kompatibel sein soll, wofür dem Stand der Technik entsprechende Methoden und Kriterien für die Kompatibilitätsbewertung zu verwenden sind.

ANHANG VI

Energieeffizienzklassen

Die Energieeffizienzklasse von Lampen wird auf der Grundlage ihres Energieeffizienzindex (*EEI*) gemäß Tabelle 1 ermittelt.

Der EEI von Lampen wird nach Anhang VII ermittelt.

Tabelle 1

Energieeffizienzklassen für Lampen

Energieeffizienzklasse	Energieeffizienzindex (EEI) für Lampen mit ungebündeltem Licht	Energieeffizienzindex (EEI) für Lampen mit gebündeltem Licht
A++ (höchste Effizienz)	EEI ≤ 0,11	EEI ≤ 0,13
A+	0,11 < EEI ≤ 0,17	0,13 < EEI ≤ 0,18
A	0,17 < EEI ≤ 0,24	0,18 < EEI ≤ 0,40
B	0,24 < EEI ≤ 0,60	0,40 < EEI ≤ 0,95
C	0,60 < EEI ≤ 0,80	0,95 < EEI ≤ 1,20
D	0,80 < EEI ≤ 0,95	1,20 < EEI ≤ 1,75
E (geringste Effizienz)	EEI > 0,95	EEI > 1,75

ANHANG VII

Methode zur Berechnung des Energieeffizienzindex und des Energieverbrauchs

1. BERECHNUNG DES ENERGIEEFFIZIENZINDEX

Für die Berechnung des Energieeffizienzindex (*EEI*) eines Modells wird seine um etwaige Betriebsgeräteverluste korrigierte Leistungsaufnahme mit seiner Referenzleistungsaufnahme verglichen. Die Referenzleistungsaufnahme ergibt sich ausgehend von dem Nutzlichtstrom, der bei Lampen mit ungebündeltem Licht der gesamte Lichtstrom und bei Lampen mit gebündeltem Licht der Lichtstrom in einem Kegel von 90° oder 120° ist.

Der EEI wird wie folgt berechnet und auf zwei Dezimalstellen gerundet:

$EEI = P_{cor}/P_{ref}$

Dabei gilt:

P_{cor} ist bei Modellen ohne externe Betriebsgeräte der Bemessungswert der Leistungsaufnahme (P_{rated}) und bei Modellen mit externen Betriebsgeräten der Bemessungswert der Leistungsaufnahme (P_{rated}), der gemäß Tabelle 2 korrigiert wurde. Der Bemessungswert der Leistungsaufnahme der Lampen wird bei deren Nenneingangsspannung gemessen.

Tabelle 2

Leistungskorrektur, wenn für das Modell externe Betriebsgeräte erforderlich sind

Lampentyp	aufgrund von Betriebsgerätverlusten korrigierte Leistungsaufnahme (P_{cor})
Lampen, die mit externen Betriebsgeräten für Halogenlampen betrieben werden	$P_{rated} \times 1{,}06$
Lampen, die mit externen Betriebsgeräten für LED-Lampen betrieben werden	$P_{rated} \times 1{,}10$
Leuchtstofflampen mit einem Durchmesser von 16 mm (T5-Lampen) und 4-Stift-Einsockel-Leuchtstofflampen, die mit externen Betriebsgeräten für Leuchtstofflampen betrieben werden	$P_{rated} \times 1{,}10$
sonstige Lampen, die mit externen Betriebsgeräten für Leuchtstofflampen betrieben werden	$P_{rated} \times \frac{0{,}24\sqrt{\Phi_{use}} + 0{,}0103\Phi_{use}}{0{,}15\sqrt{\Phi_{use}} + 0{,}0097\Phi_{use}}$
Lampen, die mit externen Hochdruckentladungslampensteuergeräten betrieben werden	$P_{rated} \times 1{,}10$
Lampen, die mit externen Betriebsgeräten für Natriumdampf-Niederdrucklampen betrieben werden	$P_{rated} \times 1{,}15$

P_{ref} ist die Referenzleistungsaufnahme, die sich ausgehend von dem Nutzlichtstrom des Modells (Φ_{use}) anhand der folgenden Formeln ergibt:

Für Modelle mit $\Phi_{use} < 1\,300$ Lumen: $P_{ref} = 0{,}88\sqrt{\Phi_{use}} + 0{,}049\Phi_{use}$

Für Modelle mit $\Phi_{use} \geq 1\,300$ Lumen: $P_{ref} = 0{,}07341\Phi_{use}$

Der Nutzlichtstrom (Φ_{use}) wird gemäß Tabelle 3 festgelegt.

Tabelle 3

Festlegung des Nutzlichtstroms

Modell	Nutzlichtstrom (Φ_{use})
Lampen mit ungebündeltem Licht	Gesamtnennlichtstrom (Φ)
Lampen mit gebündeltem Licht mit einem Strahlöffnungswinkel von ≥ 90° — mit Ausnahme von Glühlampen —, auf deren Verpackung sich ein Warnhinweis in Textform oder in grafischer Form befindet, wonach sie für eine Akzentbeleuchtung nicht geeignet sind	Bemessungs-Lichtstrom in einem Kegel von 120° ($\Phi_{120°}$)
sonstige Lampen mit gebündeltem Licht	Bemessungs-Lichtstrom in einem Kegel von 90° ($\Phi_{90°}$)

2. BERECHNUNG DES ENERGIEVERBRAUCHS

Der gewichtete Energieverbrauch (E_c) wird wie folgt berechnet und auf zwei Dezimalstellen auf- oder abgerundet in kWh/1 000 h angegeben:

$$E_c = \frac{P_{cor} \times 1\,000\,h}{1\,000}$$

Dabei ist P_{cor} die aufgrund etwaiger Betriebsgeräteverluste gemäß vorstehendem Teil 1 korrigierte Leistungsaufnahme.

Abkürzungen

	englischer Begriff	deutscher Begriff
COP	coeffizient of Performance	Effizienzabschätzung
EAC	estimated annual consumption	geschätzter Jahresverbrauch
EE	energy efficiency	Energieeffizienz
EEE	electrical energy efficiency	Elektrische Energieeffizienz
EEG	–	Erneuerbare-Energien-Gesetz
EEMS	electrical energy management system	elektrisches Energiemanagement-system
EEPL	energy efficiency performance level	Energieeffizienz-Performance-Level
EIEC	electrical installation efficiency class	elektrische Energieeffizienzklasse der Anlage
EM	efficiency measures	Effizienzmaßnahmen
EVU	–	Energieversorgungsunternehmen
HVAC	heating, ventilation, air conditioning	Heizung, Lüftung und Klimaanlage
PUE	power usage effectiveness	Leistungsverwertung

Literatur

[1] DIN VDE 0100-801 (**VDE 0100-801**):2015-10 Errichten von Niederspannungsanlagen – Teil 8-1: Energieeffizienz. Berlin · Offenbach: VDE VERLAG

[2] IEC 60364-8-1:2014-10 Low-voltage electrical installations – Part 8-1: Energy efficiency. Genf/Schweiz: Bureau Central de la Commission Electrotechnique. – ISBN 978-2-8322-1883-9

[3] **Energieeinsparverordnung – EnEV**. Verordnung über energiesparenden Wärmeschutz und energiesparende Anlagentechnik bei Gebäuden vom 24. Juli 2007. BGBl. I 67 (2007) Nr. 34, S. 1 519–1 563. – ISSN 0341-1095

[4] DIN EN 61936-1 (**VDE 0101-1**):2014-12 Starkstromanlagen mit Nennwechselspannungen über 1 kV – Teil 1: Allgemeine Bestimmungen. Berlin · Offenbach: VDE VERLAG

[5] DIN VDE 0100-444 (**VDE 0100-444**):2010-10 Errichten von Niederspannungsanlagen – Teil 4-444: Schutzmaßnahmen – Schutz bei Störspannungen und elektromagnetischen Störgrößen. Berlin · Offenbach: VDE VERLAG

[6] DIN VDE 0100-731 (**VDE 0100-731**):2014-10 Errichten von Niederspannungsanlagen – Teil 7-731: Anforderungen für Betriebsstätten, Räume und Anlagen besonderer Art – Abgeschlossene elektrische Betriebsstätten. Berlin · Offenbach: VDE VERLAG

[7] DIN VDE 0100-520 (**VDE 0100-520**):2013-06 Errichten von Niederspannungsanlagen – Teil 5-52: Auswahl und Errichtung elektrischer Betriebsmittel – Kabel- und Leitungsanlagen. Berlin · Offenbach: VDE VERLAG

[8] Deutsches Kupferinstitut Berufsverband e. V., Düsseldorf: www.kupferinstitut.de

[9] DIN EN 50160:2011-02 Merkmale der Spannung in öffentlichen Elektrizitätsnetzen. Berlin: Beuth

[10] ASR A3.4 Technische Regeln für Arbeitsstätten – Beleuchtung vom 29. April 2011. GMBl. 62 (2011) Nr. 16 vom 1.6.2011, S. 303–317, zuletzt geändert GMBl. 65 (2014) Nr. 13 vom 10.4.2014, S. 287. – ISSN 0939-4729

[11] Motoren und geregelte Antriebe – Normen und gesetzliche Anforderungen an die Energieeffizienz von Niederspannungs-Drehstrommotoren. Frankfurt am Main: ZVEI Automation, Zentralverband Elektrotechnik- und Elektronikindustrie e. V., Dezember 2010, 2. Auflage

[12] Niederspannungs-Asynchronmotoren nach neuem Wirkungsgradstandard und neuen Effizienzklassen. Firmenschrift. Nürnberg: Siemens AG, Industry Sector, Drive Technologies and Industry Automation, 2011. – Best.-Nr. E80001-A500-P220

[13] E IEC 60364-8-2/DIN VDE 0100-802 (**VDE 0100-802**) Entwurf 64/1987/CD: 201*x-xx* (noch nicht veröffentlicht) Errichten von Niederspannungsanlagen – Teil 802: Intelligente elektrische Niederspannungsanlagen. Berlin · Offenbach: VDE VERLAG

[14] DIN VDE 0100 Beiblatt 5 (**VDE 0100 Beiblatt 5**):1995-11 Errichten von Starkstromanlagen mit Nennspannungen bis 1 000 V – Maximal zulässige Längen von Kabeln und Leitungen unter Berücksichtigung des Schutzes bei indirektem Berühren, des Schutzes bei Kurzschluß und des Spannungsfalls. Berlin · Offenbach: VDE VERLAG

[15] DIN EN ISO 50001:2011-12 Energiemanagementsysteme – Anforderungen mit Anleitung zur Anwendung. Berlin: Beuth

[16] DIN 18015-5:2015-07 Elektrische Anlagen in Wohngebäuden – Teil 5: Luftdichte und wärmebrückenfreie Elektroinstallationen. Berlin: Beuth

[17] Schlitze und Aussparungen. Mauerwerksbau aktuell. Berlin: Deutsche Gesellschaft für Mauerwerksbau e. V., 2002

[18] DIN 1053-1 Mauerwerk – Teil 1: Berechnung und Ausführung. Berlin: Beuth

[19] Luftdichte und wärmebrückenfreie Elektroinstallation. GED Gesellschaft für Energiedienstleistung GmbH & Co. KG (Hrsg.). Berlin: Initiativkreis Elektro^{+}, 2014

[20] Kaiser GmbH & Co. KG, Schalksmühle: www.kaiser-elektro.de

[21] DIN 18015-3:2007-09 Elektrische Anlagen in Wohngebäuden – Teil 3: Leitungsführung und Anordnung der Betriebsmittel. Berlin: Beuth

[22] DIN 18013:2010-11 Nischen für Zählerplätze (Zählerschränke) für Elektrizitätszähler. Berlin: Beuth

[23] VDE-AR-N 4101:2015-09 Anforderungen an Zählerplätze in elektrischen Anlagen im Niederspannungsnetz. Berlin · Offenbach: VDE VERLAG

[24] Fischerwerke GmbH & Co. KG, Waldachtal: www.fischer.de

[25] DIN EN 60670-1 (**VDE 0606-1**):2014-01 Dosen und Gehäuse für Installationsgeräte für Haushalt und ähnliche ortsfeste elektrische Installationen – Teil 1: Allgemeine Anforderungen. Berlin · Offenbach: VDE VERLAG

[26] *Schmolke, H.*: Elektroinstallation in Wohngebäuden. VDE-Schriftenreihe 45. Berlin · Offenbach: VDE VERLAG, 2015. – ISBN 978-3-8007-4088-8, ISSN 0506-6719

[27] DIN 18012:2008-05 Haus-Anschlusseinrichtungen – Allgemeine Planungsgrundlagen. Berlin: Beuth

[28] DIN VDE 0100-732 (**VDE 0100-732**):1995-07 Errichten von Starkstromanlagen mit Nennspannung bis 1 000 V – Teil 732: Hausanschlüsse in öffentlichen Kabelnetzen. Berlin · Offenbach: VDE VERLAG

[29] Doyma GmbH & Co., Oyten: www.doyma.de

[30] DIN VDE 0100-540 (**VDE 0100-540**):2012-06 Errichten von Niederspannungsanlagen – Teil 5-54: Auswahl und Errichtung elektrischer Betriebsmittel – Erdungsanlagen und Schutzleiter. Berlin · Offenbach: VDE VERLAG

[31] DIN 18014:2014-03 Fundamenterder – Planung, Ausführung und Dokumentation. Berlin: Beuth

[32] DIN 4108-2:2013-02 Wärmeschutz und Energie-Einsparung in Gebäuden – Teil 2: Mindestanforderungen an den Wärmeschutz. Berlin: Beuth

[33] DIN EN 13829:2001-02 Wärmetechnisches Verhalten von Gebäuden – Bestimmung der Luftdurchlässigkeit von Gebäuden – Differenzdruckverfahren. Berlin: Beuth

[34] BlowerDoor GmbH, Springe-Eldagsen: www.blowerdoor.de

Stichwortverzeichnis

VDE
VERLAG
Technik. Wissen.
Weiterwissen.
DIN VDE 0100
Schutzmaßnahmen
Normen
Erdung
Mess- und Prüftechnik
Elektroplanung und -installation
230/400 V
Schutz gegen elektrischen Schlag
Gerhard Kiefer • Herbert Schmolke
VDE 0100
und die Praxis
Wegweiser für Anfänger und Profis
$\omega = 2\pi f$
Mit Technikwissen sichergehen:
Der „Kiefer" – ein „Muss" für jeden Praktiker!
Der Leitfaden beantwortet sämtliche Fragen rund um die Planung und Errichtung elektrischer Niederspannungsanlagen.
Diese Bücher können Sie auch in Ihrem Onlineportal für DIN-VDE-Normen, der Normenbibliothek, erwerben.
Preisänderungen und Irrtümer vorbehalten. Das Kombiangebot bestehend aus Buch und E-Book ist ausschließlich auf www.vde-verlag.de erhältlich.
15., vollständig überarb. Auflage 2014. 1051 Seiten
42,– € (Buch/E-Book)
58,80 € (Kombi)
e-Book
Bestellen Sie jetzt: (030) 34 80 01-222 oder www.vde-verlag.de/151245